全国高等院校土建类应用型规划教材

住房和城乡建设领域关键岗位技术人员培训教材

建筑装饰装修工程施工
质量控制与验收

《建筑装饰装修工程施工
质量控制与验收》编委会　编

主　　编：吴闻超　李双喜
副 主 编：项国平　吴　静
组编单位：住房和城乡建设部干部学院
　　　　　北京土木建筑学会

中国林业出版社

图书在版编目（CIP）数据

建筑装饰装修工程施工质量控制与验收／《建筑装
饰装修工程施工质量控制与验收》编委会编. — 北京：
中国林业出版社，2019.5

住房和城乡建设领域关键岗位技术人员培训教材

ISBN 978-7-5219-0034-7

Ⅰ．①建… Ⅱ．①建… Ⅲ．①建筑装饰－工程质量－
质量控制－技术培训－教材②建筑装饰－工程质量－工程
验收－技术培训－教材 Ⅳ．①TU712

中国版本图书馆 CIP 数据核字（2019）第 065550 号

本书编写委员会

主　　编：吴闻超　李双喜

副主编：项国平　吴　静

组编单位：住房和城乡建设部干部学院　北京土木建筑学会

国家林业和草原局生态文明教材及林业高校教材建设项目

策　　划：杨长峰　纪　亮

责任编辑：陈　惠　王思源　吴　卉　樊　菲

出版：中国林业出版社
　　　（100009 北京西城区德内大街刘海胡同 7 号）
网站：http：//lycb.forestry.gov.cn/
印刷：固安县京平诚乾印刷有限公司
发行：中国林业出版社
电话：(010)83143610
版次：2019 年 5 月第 1 版
印次：2019 年 5 月第 1 次
开本：1/16
印张：18.25
字数：300 千字
定价：110.00 元

编写指导委员会

组编单位：住房和城乡建设部干部学院　北京土木建筑学会

名誉主任：单德启　骆中钊

主　　任：刘文君

副 主 任：刘增强

委　　员：许　科　陈英杰　项国平　吴　静　李双喜　谢　兵
　　　　　李建华　解振坤　张媛媛　阿布都热依木江·库尔班
　　　　　陈斯亮　梅剑平　朱　琳　陈英杰　王天琪　刘启泓
　　　　　柳献忠　饶　鑫　董　君　杨江妮　陈　哲　林　丽
　　　　　周振辉　孟远远　胡英盛　缪同强　张丹莉　陈　年

参编院校：清华大学建筑学院
　　　　　大连理工大学建筑学院
　　　　　山东工艺美术学院建筑与景观设计学院
　　　　　大连艺术学院
　　　　　南京林业大学
　　　　　西南林业大学
　　　　　新疆农业大学
　　　　　合肥工业大学
　　　　　长安大学建筑学院
　　　　　北京农学院
　　　　　西安思源学院建筑工程设计研究院
　　　　　江苏农林职业技术学院
　　　　　江西环境工程职业学院
　　　　　九州职业技术学院
　　　　　上海市城市科技学校
　　　　　南京高等职业技术学校
　　　　　四川建筑职业技术学院
　　　　　内蒙古职业技术学院
　　　　　山西建筑职业技术学院
　　　　　重庆建筑职业技术学院

策　　划：北京和易空间文化有限公司

前　　言

"全国高等院校土建类应用型规划教材"是依据我国现行的规程规范，结合院校学生实际能力和就业特点，根据教学大纲及培养技术应用型人才的总目标来编写。本教材充分总结教学与实践经验，对基本理论的讲授以应用为目的，教学内容以必需、够用为度，突出实训、实例教学，紧跟时代和行业发展步伐，力求体现高职高专、应用型本科教育注重职业能力培养的特点。同时，本套书是结合最新颁布实施的《建筑工程施工质量验收统一标准》（GB50300—2013）对于建筑工程分部分项划分要求，以及国家、行业现行有效的专业技术标准规定，针对各专业应知识、应会和必须掌握的技术知识内容，按照"技术先进、经济适用、结合实际、系统全面、内容简洁、易学易懂"的原则，组织编制而成。

考虑到工程建设技术人员的分散性、流动性以及施工任务繁忙、学习时间少等实际情况，为适应新形势下工程建设领域的技术发展和教育培训的工作特点，一批长期从事建筑专业教育培训的教授、学者和有着丰富的一线施工经验的专业技术人员、专家，根据建筑施工企业最新的技术发展，结合国家及地方对于建筑施工企业和教学需要编制了这套可读性强，技术内容最新，知识系统、全面，适合不同层次、不同岗位技术人员学习，并与其工作需要相结合的教材。

本教材根据国家、行业及地方最新的标准、规范要求，结合了建筑工程技术人员和高校教学的实际，紧扣建筑施工新技术、新材料、新工艺、新产品、新标准的发展步伐，对涉及建筑施工的专业知识，进行了科学、合理的划分，由浅入深，重点突出。

本教材图文并茂，深入浅出，简繁得当，可作为应用型本科院校、高职高专院校土建类建筑工程、工程造价、建设监理、建筑设计技术等专业教材；也可作为面向建筑与市政工程施工现场关键岗位专业技术人员职业技能培训的教材。

目 录

第一章 装饰装修工程质量管理

第一节 建筑装饰装修工程质量管理概述

一、工程质量管理基础知识

1. 质量

我国标准《质量管理体系基础和术语》GB/T 19000—2008/ISO9000：2005关于质量的定义是：一组固有特性满足要求的程度。该定义可理解为：质量不仅是指产品的质量，也包括产品生产活动或过程的工作质量，还包括质量管理体系运行的质量；质量由一组固有的特性来表征（所谓"固有的"特性是指本来就有的、永久的特性），这些固有特性是指满足顾客和其他相关方要求的特性，以其满足要求的程度来衡量；而质量要求是指明示的、隐含的或必须履行的需要和期望，这些要求又是动态的、发展的和相对的。也就是说，质量"好"或者"差"，以其固有特性满足质量要求的程度来衡量。

2. 建设工程项目质量

建设工程项目质量是指通过项目实施形成的工程实体的质量，是反映建筑工程满足相关标准规定或合同约定的要求，包括其在安全、使用功能及其在耐久性能、环境保护等方面所有明显和隐含能力的特性总和。其质量特性主要体现在适用性、安全性、耐久性、可靠性、经济性及与环境的协调性等六个方面。

3. 质量管理

我国标准《质量管理体系基础和术语》GB/T 19000—2008/ISO9000：2005关于质量管理的定义是：在质量方面指挥和控制组织的协调的活动。与质量有关的活动，通常包括质量方针和质量目标的建立、质量策划、质量控制、质量保证和质量改进等。所以，质量管理就是建立和确定质量方针、质量目标及职责，并在质量管理体系中通过质量策划、质量控制、质量保证和质量改进等手段来实施和实现全部质量管理职能的所有活动。

4. 工程项目质量管理

工程项目质量管理是指在工程项目实施过程中，指挥和控制项目参与各方关于质量的相互协调的活动,是围绕着使工程项目满足质量要求,而开展的策划、组织、计划、实施、检查、监督和审核等所有管理活动的总和。它是工程项目的建设、勘察、设计、施工、监理等单位的共同职责,项目参与各方的项目经理必须调动与项目质量有关的所有人员的积极性,共同做好本职工作,才能完成项目质量管理的任务。

二、装饰装修设计阶段的质量管理

(1)装饰设计单位负责设计阶段的质量管理。

(2)建筑装饰装修工程必须进行设计,并出具完整的施工图设计文件。

(3)设计师要按照国家的相关规范进行设计,并且设计深度应满足施工要求,同时做好设计交底工作。

(4)装饰设计师必须按照客户的要求进行设计,如果发生设计变更要及时与客户进行沟通;装饰设计师须要求客户提供尽可能详细的前期资料。

(5)建筑装饰装修设计应符合城市规划、消防、环保、节能等有关规定。

(6)承担建筑装饰装修工程设计的单位应对建筑物进行必要的了解和实地勘察,设计深度应满足施工要求。

(7)建筑装饰装修工程设计必须保证建筑物的结构安全和主要使用功能。当涉及主体和承重结构改动或增加荷载时,必须由原结构设计单位或具备相应资质的设计单位核查有关原始资料,对既有建筑结构的安全性进行核验、确认。

(8)建筑装饰装修工程的防火、防雷和抗震设计应符合现行国家标准的规定。

(9)当墙体或吊顶内的管线可能产生锈蚀、冰冻或结露时,应进行防腐、防冻或防结露设计。

三、装饰装修施工阶段的质量管理

(1)装饰施工单位负责施工过程的质量管理。

(2)建筑装饰装修工程施工原则

1)建筑装饰装修工程施工中,严禁违反设计文件擅自改动建筑主体、承重结构或主要使用功能;严禁未经设计确认和有关部门批准擅自拆改水、暖、电、燃气、通讯等配套设施。

2)施工中,严禁损坏房屋原有绝热设施;严禁损坏受力钢筋;严禁超荷载集中堆放物品;严禁在预制混凝土空心楼板上打孔安装埋件。

(3)施工人员应认真做好质量自检、互检及工序交接检查,做好记录,记录数据要做到真实、全面、及时。

(4)进行施工质量教育:施工主管对每批进场作业的施工人员进行质量教育,让每个施工人员明确质量验收标准,使全员在头脑中牢牢树立"精品"的质量观。

(5)确立图纸"三交底"的施工准备工作:施工主管向施工工长做详细的图纸工艺要求、质量要求交底;工序开始前工长向班组长做详尽的图纸、施工方法、质量标准交底。作业开始前班长向班组成员做具体的操作方法、工具使用、质量要求的详细交底,务求每位施工工人对其作业的工程项目清晰、明确。

(6)工序交接检查:对于重要的工序或对工程质量有重大影响的工序,在自检、互检的基础上,还要组织专职人员进行工序交接检查。

(7)隐蔽工程检查:凡是隐蔽工程均应检查认证后方能掩盖。分项、分部工程完工后,应经检查认可,签署验收记录后,才允许进行下一工程项目施工。

(8)编制切实可行的施工方案,做好技术方案的审批及交底。

(9)成品保护:施工人员应做好已完成装饰工程及其他专业设备的保护工作,减少不必要的重复工作。

四、装饰材料、设备、人员的质量管理

(1)装饰工程涉及的材料品种较多,所确定的材料品种、规格、制作应符合设计图纸和国家现行标准、施工验收规范的要求,使用达到绿色环保标准的材料;主要大宗材料要看样定板进行确定,所需的大宗材料必须经相关人员对材料品种、质量进行书面确认。

(2)装饰施工机械设备的投入应能满足工程质量要求,就是要使施工机械设备的类型、性能、参数等与施工现场的实际条件、施工工艺、技术要求等因素相匹配,符合施工生产的实际要求。其质量控制主要从机械设备的选型、主要性能参数指标的确定和使用操作要求等方面进行。

1)机械设备的选型应按照技术上先进、生产上适用、经济上合理、使用上安全、操作上方便的原则进行。

2)主要性能参数指标是选择机械设备的依据,其参数指标的确定必须满足施工的需要和保证质量的要求,保证正常地施工,不致引起安全质量事故。

3)应贯彻"人机固定"原则,制定和实行定机、定人、定岗位职责的使用管理制度,在使用中严格遵守操作规程和机械设备的技术规定,做好机械设备的例行保养工作,使机械保持良好的技术状态,防止出现安全质量事故,确保工程施工质量。

(3)测量、检测、试验仪器等设备,除精度、性能需满足工程要求外,还需获得相关部门的校验认可,有相应的合格检定校准证书。

(4)装饰施工人员必须包括各工种人员,特种作业人员要持证上岗,重要工作一定要由技术熟练的技术工人把关。

五、建筑装饰装修工程施工质量不符合要求的处理

1. 工程施工质量不符合要求的处理

当建筑装饰装修工程施工质量不符合要求时,应按下列规定进行处理:

(1)经返工或返修的检验批,应重新进行验收;

(2)经有资质的检测机构检测鉴定能够达到设计要求的检验批,应予以验收;

(3)经有资质的检测机构检测鉴定达不到设计要求、但经原设计单位核算认可能够满足安全和使用功能的检验批,可予以验收;

(4)经返修或加固处理的分项、分部工程,满足安全及使用功能要求时,可按技术处理方案和协商文件的要求予以验收。

2. 工程质量控制资料部分资料缺失的处理

工程质量控制资料应齐全完整。当部分资料缺失时,应委托有资质的检测机构按有关标准进行相应的实体检验或抽样试验。

3. 严禁验收

经返修或加固处理仍不能满足安全或重要使用要求的分部工程及单位工程,严禁验收。

第二节　项目施工质量控制

一、质量控制的定义

质量控制的目标就是确保产品的质量能满足顾客、法律法规等方面所提出的质量要求(如适用性、可靠性、安全性、经济性、外观质量与环境协调等)。质量控制的范围涉及产品质量形成全过程的各个环节,如设计过程、采购过程、生产过程、安装过程等。

质量控制的工作内容包括作业技术和活动,也就是包括专业技术和管理技术两个方面。围绕产品质量形成全过程的各个环节,对影响工作质量的人、机、料、法、环五大因素进行控制,并对质量活动的成果进行分阶段验证,以便及时发现问题,采取相应措施,防止不合格重复发生,尽可能地减少损失。因此,质量控制应贯彻预防为主与检验把关相结合的原则。必须对干什么、为何干、怎么干、

谁来干、何时干、何地干作出规定,并对实际质量活动进行监控。

因为质量要求是随时间的进展而在不断更新,为了满足新的质量要求,就要注意质量控制的动态性,要随工艺、技术、材料、设备的不断改进,研究新的控制方法。

二、质量控制过程中应遵循的原则

对施工项目而言,质量控制就是为了确保合同、规范所规定的质量标准所采取的一系列检测、监控措施、手段和方法。在进行施工项目质量控制过程中,应遵循以下几点原则。

(1)坚持"质量第一,用户至上"。社会主义商品经营的原则是"质量第一,用户至上"。建筑产品作为一种特殊的商品,使用年限较长,是"百年大计",直接关系到人民生命财产的安全。所以,工程项目在施工中应自始至终地把"质量第一,用户至上"作为质量控制的基本原则。

(2)坚持"以人为核心"。人是质量的创造者,质量控制必须"以人为核心",把人作为控制的动力,调动人的积极性、创造性;增强人的责任感,树立"质量第一"观念;提高人的素质,避免人的失误;以人的工作质量保工序质量、促进工程质量。

(3)坚持"以预防为主"。"以预防为主",就是要从对质量的事后检查把关,转向对质量的事前控制、事中控制;从对工程质量的检查,转向对工作质量的检查、对工序质量的检查、对中间工程的质量检查。这是确保施工项目的有效措施。

(4)坚持质量标准、严格检查,一切用数据说话。质量标准是评价工程质量的尺度,数据是质量控制的基础和依据。工程质量是否符合质量标准,必须通过严格检查,用数据说话。

(5)贯彻科学、公正、守法的职业规范。建筑施工企业的项目经理,在处理质量问题过程中,应尊重客观事实,尊重科学,正直、公正,不持偏见;遵纪、守法,杜绝不正之风;既要坚持原则、严格要求、秉公办事,又要谦虚谨慎、实事求是、以理服人、热情帮助。

三、质量控制的依据

施工阶段质量控制的依据,大体上有以下三类:

(1)共同性依据

国家及政府有关部门颁布的有关质量管理方面的法律、法规性文件如《建筑法》、《质量管理条例》等有关质量管理方面的法规性文件。

（2）专业技术性依据

有关质量检验与控制的专门技术法规性文件。这类文件一般是针对不同行业、不同的质量控制对象而制定的技术法规性的文件，包括各种有关的标准、规范、规程或规定。技术标准有国际标准、国家标准、行业标准、地方标准和企业标准之分。它们是建立和维护正常的生产和工作秩序应遵守的准则，也是衡量工程、设备和材料质量的尺度。例如，工程质量检验及验收标准，材料、半成品或构配件的技术检验和验收标准等。技术规程或规范，一般是执行技术标准，是为保证施工有序地进行而制定的行动的准则，通常也与质量的形成有密切关系，应严格遵守。概括说来，属于这类专门的技术法规性的依据主要有以下几类：

1）工程项目施工质量验收标准。这类标准主要是由国家或部统一制定的，用以作为检验和验收工程项目质量水平所依据的技术法规性文件。例如，评定建筑工程质量验收的《建筑工程施工质量验收统一标准》GB 50300—2013、《混凝土结构工程施工质量验收规范》GB 50204—2002 等。

2）有关工程材料、半成品和构配件质量控制方面的专门技术法规性依据。

①有关材料及其制品质量的技术标准。诸如水泥、木材及其制品、钢材、砖瓦、砌块、石材、石灰、砂、玻璃、陶瓷及其制品；涂料、保温及吸声材料、防水材料、塑料制品；建筑五金、电缆电线、绝缘材料以及其他材料或制品的质量标准。

②有关材料或半成品等的取样、试验等方面的技术标准或规程。例如，木材的物理力学试验方法总则，钢材的机械及工艺试验取样法，水泥安定性检验方法等。

③有关材料验收、包装、标志方面的技术标准和规定。例如，型钢的验收、包装、标志及质量证明书的一般规定；钢管验收、包装、标志及质量证明书的一般规定等。

3）控制施工作业活动质量的技术规程。例如电焊操作规程、砌砖操作规程、混凝土施工操作规程等。它们是为了保证施工作业活动质量在作业过程中应遵照执行的技术规程。

4）凡采用新工艺、新技术、新材料的工程，事先应进行试验，并应有权威性技术部门的技术鉴定书及有关的质量数据、指标，在此基础上制定有关的质量标准和施工工艺规程，以此作为判断与控制质量的依据。

（3）项目专用性依据

指本项目的工程建设合同、勘察设计文件、设计交底及图纸会审记录、设计修改和技术变更通知，以及相关会议记录和工程联系单等。

四、质量控制的措施

1. 以人的工作质量确保工程质量

工程质量是人(包括参与工程建设的组织者、指挥者和操作者)所创造的。人的政治思想素质、责任感、事业心、质量观、业务能力、技术水平等均直接影响工程质量。据统计资料表明,88％的质量安全事故都是由人的失误所造成。为此,我们对工程质量的控制始终"以人为本",狠抓人的工作质量,避免人的失误;充分调动人的积极性和创造性,发挥人的主导作用,增强人的质量观和责任感,使每个人牢牢树立"百年大计,质量第一"的思想,认真负责地搞好本职工作,以优秀的工作质量来创造优质的工程质量。

2. 严格控制投入品的质量

任何一项工程施工,均需投入大量的各种原材料、成品、半成品、构配件和机械设备;要采用不同的施工工艺和施工方法,这是构成工程质量的基础。投入品质量不符合要求,工程质量也就不可能符合标准,所以,严格控制投入品的质量,是确保工程质量的前提。为此,对投入品的订货、采购、检查、验收、取样、试验均应进行全面控制,从组织货源,优选供货厂家,直到使用认证,做到层层把关;对施工过程中所采用的施工方案要进行充分论证,要做到工艺先进、技术合理、环境协调,这样才有利于安全文明施工,有利于提高工程质量。

3. 全面控制施工过程,重点控制工序质量

任何一个工程项目都是由若干分项、分部工程所组成,要确保整个工程项目的质量,达到整体优化的目的,就必须全面控制施工过程,使每一个分项、分部工程都符合质量标准。而每一个分项、分部工程,又是通过一道道工序来完成。由此可见,工程质量是在工序中所创造的,为此,要确保工程质量就必须重点控制工序质量。对每一道工序质量都必须进行严格检查,当上一道工序质量不符合要求时,决不允许进入下一道工序施工。这样,只要每一道工序质量都符合要求,整个工程项目的质量就能得到保证。

4. 严把分项工程质量检验评定关

分项工程质量等级是分部工程、单位工程质量等级评定的基础;分项工程质量等级不符合标准,分部工程、单位工程的质量也不可能评为合格,而分项工程质量等级评定正确与否,又直接影响分部工程和单位工程质量等级评定的真实性和可靠性。为此,在进行分项工程质量检验评定时,一定要坚持质量标准,严格检查,一切用数据说话,避免出现第一、第二判断错误。

5. 贯彻"以预防为主"的方针

"以预防为主",防患于未然,把质量问题消灭于萌芽之中,这是现代化管理的观念。

6. 严防系统性因素的质量变异

系统性因素,如使用不合格的材料、违反操作规程、混凝土达不到设计强度等级、机械设备发生故障等,必然会造成不合格产品或工程质量事故。系统性因素的特点是易于识别,易于消除,是可以避免的,只要我们增强质量观念,提高工作质量,精心施工,完全可以预防系统性因素引起的质量变异。为此,工程质量的控制,就是要把质量变异控制在偶然性因素引起的范围内,要严防或杜绝由系统性因素引起的质量变异,以免造成工程质量事故。

第三节 装饰装修工程材料有害物质限量的控制

一、无机非金属装修材料

(1)民用建筑工程所使用的无机非金属装修材料,包括石材、建筑卫生陶瓷、石膏板、吊顶材料、无机瓷质砖黏结材料等,进行分类时,其放射性限量应符合表1-1的规定。

表 1-1　无机非金属装修材料放射性限量

测定项目	限　量	
	A	B
内照射指数(I_{Ra})	≤1.0	≤1.3
外照射指数(I_γ)	≤1.3	≤1.9

(2)装修材料放射性核素的检测方法应符合现行国家标准《建筑材料放射性核素限量》GB 6566 的有关规定,表面氡析出率的检测方法应符合《民用建筑工程室内环境污染控制规范》GB 50325—2010 附录 A 的规定。

二、人造木板及饰面人造木板

(1)民用建筑工程室内用人造木板及饰面人造木板,必须测定游离甲醛含量或游离甲醛释放量。

(2)当采用环境测试舱法测定游离甲醛释放量,并依此对人造木板进行分级时,其限量应符合表1-2的规定。

表 1-2　环境测试舱法测定游离甲醛释放量限量

级别	限量（mg/m³）
E₁	≤0.12

（3）当采用穿孔法测定游离甲醛含量，并依此对人造木板进行分级时，其限量应符合国家标准《室内装饰装修材料人造板及其制品中甲醛释放限量》GB 18580 的规定。

（4）当采用干燥器法测定游离甲醛释放量，并依此对人造木板进行分级时，其限量应符合国家标准《室内装饰装修材料人造板及其制品中甲醛释放限量》GB 18580 的规定。

（5）饰面人造木板可采用环境测试舱法或干燥器法测定游离甲醛释放量，当发生争议时应以环境测试舱法的测定结果为准；胶合板、细木工板宜采用干燥器法测定游离甲醛释放量；刨花板、纤维板等宜采用穿孔法测定游离甲醛含量。

（6）环境测试舱法测定游离甲醛释放量，宜按《民用建筑工程室内环境污染控制规范》GB 50325—2010 附录 B 进行。

（7）采用穿孔法及干燥器法进行检测时，应符合国家标准《室内装饰装修材料人造板及其制品中甲醛释放限量》GB 18580 的规定。

三、涂料

（1）民用建筑工程室内用水性涂料和水性腻子，应测定游离甲醛的含量，其限量应符合表 1-3 的规定。

表 1-3　室内用水性涂料和水性腻子中游离甲醛限量

测定项目	限量	
	水性涂料	水性腻子
游离甲醛（mg/kg）	≤100	

（2）民用建筑工程室内用溶剂型涂料和木器用溶剂型腻子，应按其规定的最大稀释比例混合后，测定挥发性有机化合物（VOC）和苯、甲苯＋二甲苯＋乙苯的含量，其限量应符合表 1-4 的规定。

（3）聚氨酯漆测定固化剂中游离二异氰酸酯（TDI、HDI）的含量后，应按其规定的最小稀释比例计算出聚氨酯漆中游离二异氰酸酯（TDI、HDI）含量，且不应大于 4g/kg。测定方法应符合现行国家标准《色漆和清漆用漆基 异氰酸酯树脂中二异氰酸酯单体的测定》GB/T 18446 的规定。

表 1-4　室内用溶剂型涂料和木器用溶剂型腻子中 VOC、苯、甲苯＋二甲苯＋乙苯限量

涂料类别	VOC(g/L)	苯(%)	甲苯＋二甲苯＋乙苯(%)
醇酸类涂料	≤500	≤0.3	≤5
硝基类涂料	≤720	≤0.3	≤30
聚氨酯类涂料	≤670	≤0.3	≤30
酚醛防锈漆	≤270	≤0.3	—
其他溶剂型涂料	≤600	≤0.3	≤30
木器用溶剂型腻子	≤550	≤0.3	≤30

(4)水性涂料和水性腻子中游离甲醛含量的测定方法,宜符合国家标准《室内装饰装修材料 内墙涂料中有害物质限量》GB 18582 的规定。

(5)溶剂型涂料中挥发性有机化合物(VOC)、苯、甲苯＋二甲苯＋乙苯含量测定方法,宜符合《民用建筑工程室内环境污染控制规范》GB 50325—2010 附录 C 的规定。

四、胶黏剂

(1)民用建筑工程室内用水性胶黏剂,应测定挥发性有机化合物(VOC)和游离甲醛的含量,其限量应符合表 1-5 的规定。

表 1-5　室内用水性胶黏剂中 VOC 和游离甲醛限量

测定项目	限　　量			
	聚乙酸乙烯酯胶黏剂	橡胶类胶黏剂	聚氨酯类胶黏剂	其他胶黏剂
挥发性有机化合物 VOC(g/L)	≤110	≤250	≤100	≤350
游离甲醛(g/kg)	≤1.0	≤1.0	—	≤1.0

(2)民用建筑工程室内用溶剂型胶黏剂,应测定挥发性有机化合物(VOC)、苯、甲苯＋二甲苯的含量,其限量应符合表 1-6 的规定。

表 1-6　室内用溶剂型胶黏剂中 VOC、苯、甲苯＋二甲苯限量

项目	限　　量			
	氯丁橡胶胶黏剂	SBS 胶黏剂	聚氨酯类胶黏剂	其他胶黏剂
苯(g/kg)		≤5.0		
甲苯＋二甲苯 g/kg	≤200	≤150	≤150	≤150
挥发性有机物(g/L)	≤700	≤650	≤700	≤700

（3）聚氨酯胶黏剂应测定游离甲苯二异氰酸酯（TDI）的含量，按产品推荐的最小稀释量计算出聚氨酯漆中游离甲苯二异氰酸酯（TDI）含量，且不应大于10g/kg。测定方法宜符合国家标准《室内装饰装修材料 胶黏剂中有害物质限量》GB 18583 附录 D 的规定。

（4）水性胶黏剂中游离甲醛、挥发性有机化合物（VOC）含量的测定方法，宜符合国家标准《室内装饰装修材料 胶黏剂中有害物质限量》GB 18583 附录 A 和附录 F 的规定。

（5）溶剂型胶黏剂中挥发性有机化合物（VOC）、苯、甲苯＋二甲苯含量测定方法，宜符合《民用建筑工程室内环境污染控制规范》GB 50325—2010 附录 C 的规定。

五、水性处理剂

（1）民用建筑工程室内用水性阻燃剂（包括防火涂料）、防水剂、防腐剂等水性处理剂，应测定游离甲醛的含量，其限量应符合表 1-7 的规定。

表 1-7 室内用水性处理剂中游离甲醛限量

测定项目	限量
游离甲醛（mg/kg）	≤100

（2）水性处理剂中游离甲醛含量的测定方法，宜按现行国家标准《室内装饰装修材料 内墙涂料中有害物质限量》GB 18582 的方法进行。

六、其他材料

（1）民用建筑工程中所使用的能释放氨的阻燃剂、混凝土外加剂，氨的释放量不应大于 0.10％，测定方法应符合现行国家标准《混凝土外加剂中释放氨的限量》GB 18588 的有关规定。

（2）能释放甲醛的混凝土外加剂，其游离甲醛含量不应大于 500mg/kg，测定方法应符合国家标准《室内装饰装修材料 内墙涂料中有害物质限量》GB 18582 的有关规定。

（3）民用建筑工程中使用的黏合木结构材料，游离甲醛释放量不应大于 0.12mg/m³，其测定方法应符合《民用建筑工程室内环境污染控制规范》GB 50325—2010 附录 B 的有关规定。

（4）民用建筑工程室内装修时，所使用的壁布、帷幕等游离甲醛释放量不应大于 0.12mg/m³，其测定方法应符合《民用建筑工程室内环境污染控制规范》GB 50325—2010 附录 B 的有关规定。

（5）民用建筑工程室内用壁纸中甲醛含量不应大于 120mg/kg，测定方法应符合国家标准《室内装饰装修材料 壁纸中有害物质限量》GB 18585 的有关规定。

（6）民用建筑工程室内用聚氯乙烯卷材地板中挥发物含量测定方法应符合国家标准《室内装饰装修材料 聚氯乙烯卷材地板中有害物质限量》GB 18586 的规定，其限量应符合表 1-8 的有关规定。

表 1-8　聚氯乙烯卷材地板中挥发物限量

名称		限量（g/m²）
发泡类卷材地板	玻璃纤维基材	≤75
	其他基材	≤35
非发泡类卷材地板	玻璃纤维基材	≤40
	其他基材	≤10

（7）民用建筑工程室内用地毯、地毯衬垫中总挥发性有机化合物和游离甲醛的释放量测定方法应符合《民用建筑工程室内环境污染控制规范》GB 50325—2010 附录 B 的规定，其限量应符合表 1-9 的有关规定。

表 1-9　地毯、地毯衬垫中有害物质释放限量

名称	有害物质项目	限量（mg/m²·h）	
		A 级	B 级
地毯	总挥发性有机化合物	≤0.500	≤0.600
	游离甲醛	≤0.050	≤0.050
地毯衬垫	总挥发性有机化合物	≤1.000	≤1.200
	游离甲醛	≤0.050	≤0.050

第四节　工程质量问题、质量事故及处理

一、工程质量问题的分类

1. 工程质量缺陷

工程质量缺陷是建筑工程施工质量中不符合规定要求的检验项或检验点，按其程度可分为严重缺陷和一般缺陷。严重缺陷是指对结构构件的受力性能或

安装使用性能有决定性影响的缺陷；一般缺陷是指对结构构件的受力性能或安装使用性能无决定性影响的缺陷。

2. 工程质量通病

工程质量通病是指各类影响工程结构、使用功能和外形观感的常见性质量损伤。犹如"多发病"一样，故称质量通病，例如结构表面不平整、局部漏浆、管线不顺直等。

3. 工程质量事故

工程质量事故是指由于建设、勘察、设计、施工、监理等单位违反工程质量有关法律法规和工程建设标准，使工程产生结构安全、重要使用功能等方面的质量缺陷，造成人身伤亡或者重大经济损失的事故。

二、工程质量事故的分类

依据住房和城乡建设部《关于做好房屋建筑和市政基础设施工程质量事故报告和调查处理工作的通知》（建质〔2010〕111 号）文件要求，按工程量事故造成的人员伤亡或者直接经济损失将工程质量事故分为四个等级：一般事故、较大事故、重大事故、特别重大事故，具体如下（"以上"包括本数，"以下"不包括本数）：

（1）特别重大事故，是指造成 30 人以上死亡，或者 100 人以上重伤，或者 1 亿元以上直接经济损失的事故；

（2）重大事故，是指造成 10 人以上 30 人以下死亡，或者 50 人以上 100 人以下重伤，或者 5000 万元以上 1 亿元以下直接经济损失的事故；

（3）较大事故，是指造成 3 人以上 10 人以下死亡，或者 10 人以上 50 人以下重伤，或者 1000 万元以上 5000 万元以下直接经济损失的事故；

（4）一般事故，是指造成 3 人以下死亡，或者 10 人以下重伤，或者 100 万元以上 1000 万元以下直接经济损失的事故。

三、施工项目质量问题分析处理的程序

施工项目质量问题分析、处理的程序，一般可按图 1-1 所示进行。

事故发生后，应及时组织调查处理。调查的主要目的，是要确定事故的范围、性质、影响和原因等，通过调查为事故的分析与处理提供依据，一定要力求全面、准确、客观。调查结果要整理撰写成事故调查报告，其内容如下。

1）工程概况，重点介绍事故有关部分的工程情况。

2）事故情况，事故发生时间、性质、现状及发展变化的情况。

3）是否需要采取临时应急防护措施。

4）事故调查中的数据、资料。

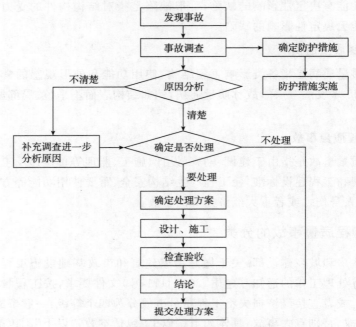

图 1-1 质量问题分析、处理程序图

5）事故原因的初步判断。

6）事故涉及人员与主要责任者的情况。

事故的原因分析，要建立在事故情况调查的基础上，避免情况不明就主观分析判断事故的原因。尤其是有些事故，其原因错综复杂，往往涉及勘察、设计、施工、材质、使用管理等几方面，只有对调查提供的数据、资料进行详细分析后，才能去伪存真，找到造成事故的主要原因。

事故的处理要建立在原因分析的基础上，对有些事故一时认识不清时，只要事故不致产生严重的恶化，可以继续观察一段时间，做进一步调查分析，不要急于求成，以免造成同一事故多次处理的不良后果。事故处理的基本要求是：安全可靠，不留隐患，满足建筑功能和使用要求，技术可行，经济合理，施工方便。在事故处理中，还必须加强质量检查和验收。对每一个质量事故，无论是否需要处理都要经过分析，做出明确的结论。

四、施工项目质量问题处理方案

质量问题处理方案，应当在正确地分析和判断质量问题原因的基础上进行。对于工程质量问题，通常可以根据质量问题的情况，做出以下四类不同性质的处理方案。

（1）修补处理。这是最常采用的一类处理方案。通常当工程的某些部分的质量虽未达到规定的规范、标准或设计要求，存在一定的缺陷，但经过修补后还可达到要求的标准，又不影响使用功能或外观要求，在此情况下，可以做出进行修补处理的决定。

属于修补这类方案的具体方案有很多，诸如封闭保护、复位纠偏、结构补强、表面处理等。例如，某些混凝土结构表面出现蜂窝麻面，经调查、分析，该部位经修补处理后，不会影响其使用及外观；又如某些结构混凝土发生表面裂缝，根据其受力情况，仅作表面封闭保护即可。

（2）返工处理。当工程质量未达到规定的标准或要求，有明显的严重质量问题，对结构的使用和安全有重大影响，而又无法通过修补的办法纠正所出现的缺陷情况下，可以做出返工处理的决定。例如，某防洪堤坝的填筑压实后，其压实土的干密度未达到规定的要求干密度值，核算将影响土体的稳定和抗渗要求，可以进行返工处理，即挖除不合格土，重新填筑。又如某工程预应力按混凝土规定张力系数为 1.3，但实际仅为 0.8，属于严重的质量缺陷，也无法修补，必须返工处理。

（3）限制使用。当工程质量问题按修补方案处理无法保证达到规定的使用要求和安全，而又无法返工处理的情况下，不得已时可以做出诸如结构卸荷或减荷以及限制使用的决定。

（4）不做处理。某些工程质量问题虽然不符合规定的要求或标准，但如果情况不严重，对工程或结构的使用及安全影响不大，经过分析、论证和慎重考虑后，也可做出不作专门处理的决定。可以不做处理的情况一般有以下几种。

1）不影响结构安全和使用要求者。例如，有的建筑物出现放线定位偏差，若要纠正则会造成重大经济损失，若其偏差不大，不影响使用要求，在外观上也无明显影响，经分析论证后，可不做处理；又如某些隐蔽部位的混凝土表面裂缝，经检查分析，属于表面养护不够的干缩微裂，不影响使用及外观，也可不做处理。

2）有些不严重的质量问题，经过后续工序可以弥补的，例如，混凝土的轻微蜂窝麻面或墙面，可通过后续的抹灰、喷涂或刷白等工序弥补，可以不对该缺陷进行专门处理。

3）出现的质量问题，经复核验算，仍能满足设计要求者。例如，某一结构断面做小了，但复核后仍能满足设计的承载能力，可考虑不再处理。这种做法实际上是挖掘设计潜力或降低设计的安全系数，因此需要慎重处理。

五、施工项目质量问题处理的鉴定验收

质量问题处理是否达到预期的目的，是否留有隐患，需要通过检查验收来做

出结论。事故处理质量检查验收,必须严格按施工验收规范中有关规定进行,必要时,还要通过实测、实量,荷载试验,取样试压,仪表检测等方法来获取可靠的数据。这样,才可能对事故做出明确的处理结论。

事故处理结论的内容有以下几种。

(1)事故已排除,可以继续施工。

(2)隐患已经消除,结构安全可靠。

(3)经修补处理后,完全满足使用要求。

(4)基本满足使用要求,但附有限制条件,如限制使用荷载,限制使用条件等。

(5)对耐久性影响的结论。

(6)对建筑外观影响的结论。

(7)对事故责任的结论等。

此外,对一时难以做出结论的事故,还应进一步提出观测检查的要求。

事故处理后,还必须提交完整的事故处理报告,其内容包括:事故调查的原始资料、测试数据;事故的原因分析、论证;事故处理的依据;事故处理方案、方法及技术措施;检查验收记录;事故无须处理的论证;事故处理结论等。

第五节　项目质量管理体系

一、ISO 9000 族系列标准的产生、构成

1. ISO 9000 族标准的制定

国际标准化组织(ISO)是目前世界上最大的、最具权威性的国际标准化专门机构,是由 131 个国家标准化机构参加的世界性组织。它成立于 1947 年 2 月 23 日,它的前身是"国际标准化协会国际联合会"(简称 ISA)和"联合国标准化协会联合会"(简称 UNSCC)。ISO 9000 族标准是由国际化组织(ISO)组织制定并颁布的国际标准。ISO 工作是通过约 2800 个技术机构来进行的,到 1999 年 10 月,ISO 标准总数已达到 12235 个,每年制订 1000 份标准化文件。ISO 为适应质量认证制度的实施,1971 年正式成立了认证委员会,1985 年改称合格评定委员会(CASCO),并决定单独建立质量保证技术委员会 TC176,专门研究质量保证领域内的标准化问题,并负责制定质量体系的国际标准。ISO 9000 族标准的修订工作就是由 TCl76 下属的分委员会负责相应标准的修订。

2. ISO 9000 族的构成

GB/T 19000 族标准可帮助各种类型和规模的组织建立并运行有效的质量

管理体系。这些标准包括：

——GB/T 19000,表述质量管理体系基础知识并规定质量管理体系术语；

——GB/T 19001,规定质量管理体系要求,用于证实组织具有能力提供满足顾客要求和适用的法规要求的产品,目的在于增进顾客满意；

——GB/T 19004,提供考虑质量管理体系的有效性和效率两方面的指南。该标准的目的是改进组织业绩并达到顾客及其他相关方满意；

——GB/T 19011,提供质量和环境管理体系审核指南。

上述标准共同构成了一组密切相关的质量管理体系标准,在国内和国际贸易中促进相互理解。

二、建立和实施质量管理体系的方法步骤

建立和实施质量管理体系的方法步骤如下：

(1)确立顾客和其他相关方的需求和期望；

(2)建立组织的质量方针和质量目标；

(3)确定实现质量目标必需的过程和职责；

(4)确定和提供实现质量目标必需的资源；

(5)规定测量每个过程的有效性和效率的方法；

(6)应用这些测量方法确定每个过程的有效性和效率；

(7)确定防止不合格并消除其产生原因的措施；

(8)建立和应用持续改进质量管理体系的过程。

三、ISO 9000:2008 标准的质量管理原则

成功地领导和运作一个组织,需要采用系统和透明的方式进行管理。针对所有相关方的需求,实施并保持持续改进其业绩的管理体系,可使组织获得成功。质量管理是组织各项管理的内容之一。

本标准提出的八项质量管理原则被确定为最高管理者用于领导组织进行业绩改进的指导原则。

(1)以顾客为关注焦点

组织依存于顾客。因此,组织应当理解顾客当前和未来的需求,满足顾客要求并争取超越顾客期望。

(2)领导作用

领导者应确保组织的目的与方向的一致。他们应当创造并保持良好的内部环境,使员工能充分参与实现组织目标的活动。

（3）全员参与

各级人员都是组织之本，唯有其充分参与，才能使他们为组织的利益发挥其才干。

（4）过程方法

将活动和相关资源作为过程进行管理，可以更高效地得到期望的结果。

（5）管理的系统方法

将相互关联的过程作为体系来看待、理解和管理，有助于组织提高实现目标的有效性和效率。

（6）持续改进

持续改进总体业绩应当是组织的永恒目标。

（7）基于事实的决策方法

有效决策建立在数据和信息分析的基础上。

（8）与供方互利的关系

组织与供方相互依存，互利的关系可增强双方创造价值的能力。

上述八项质量管理原则形成了 GB/T 19000 族质量管理体系标准的基础。

第二章 装饰装修分部工程质量验收

第一节 质量验收的划分

建筑装饰装修工程分部(子分部)工程、分项工程的划分应符合表 2-1、2-2 的规定。

表 2-1 建筑装饰装修工程分部(子分部)工程、分项工程划分

分部工程代号	分部工程名称	子分部工程代号	子分部工程名称	分项工程名称	备注
3	建筑装饰装修工程	1	建筑地面	见表 2-2	
		2	抹灰	一般抹灰,保温层薄抹灰,装饰抹灰,清水砌体勾缝	
		3	外墙防水	外墙砂浆防水,涂膜防水,透气膜防水	
		4	门窗	木门窗安装,金属门窗安装,塑料门窗安装,特种门安装,门窗玻璃安装	
		5	吊顶	整体面层吊顶,模板面层吊顶,格栅吊顶	
		6	轻质隔墙	板材隔墙,骨架隔墙,活动隔墙,玻璃隔墙	
		7	饰面板	石板安装,陶瓷板安装,木板安装,金属板安装,塑料板安装	
		8	饰面砖	外墙饰面砖粘贴 内墙饰面砖粘贴	
		9	幕墙	玻璃幕墙安装,金属幕墙安装,石材幕墙安装,陶板幕墙安装	
		10	涂饰	水性涂料涂饰,溶剂型涂料涂饰,美术涂饰	
		11	裱糊与软包	裱糊,软包	
		12	细部	橱柜制作与安装,窗帘盒和窗台板制作与安装,门窗套制作与安装,护栏和扶手制作与安装,花饰制作与安装	

表 2-2　建筑地面工程子分部工程、分项工程划分

分部工程代号	分部工程名称	子分部工程代号	子分部工程名称	分项工程名称		备注
3	建筑装饰装修工程	1	建筑地面	整体面层	基层：基土、灰土垫层、砂垫层和砂石垫层、碎石垫层和碎砖垫层、三合土及四合土垫层、炉渣垫层、水泥混凝土垫层和陶粒混凝土垫层、找平层、隔离层、填充层、绝热层	
				板块面层	面层：水泥混凝土面层、水泥砂浆面层、水磨石面层、硬化耐磨面层、防油渗面层、不发火（防爆）面层、自流平面层、涂料面层、塑胶面层、地面辐射供暖的整体面层	
				板块面层	基层：基土、灰土垫层、砂垫层和砂石垫层、碎石垫层和碎砖垫层、三合土及四合土垫层、炉渣垫层、水泥混凝土垫层和陶粒混凝土垫层、找平层、隔离层、填充层、绝热层	
					面层：砖面层（陶瓷锦砖、缸砖、陶瓷地砖和水泥花砖面层）、大理石面层和花岗石面层、预制板块面层（水泥混凝土板块、水磨石板块、人造石板块面层）、料石面层（条石、块石面层）、塑料板面层、活动地板面层、金属板面层、地毯面层、地面辐射供暖的板块面层	
				木、竹面层	基层：基土、灰土垫层、砂垫层和砂石垫层、碎石垫层和碎砖垫层、三合土及四合土垫层、炉渣垫层、水泥混凝土垫层和陶粒混凝土垫层、找平层、隔离层、填充层、绝热层	

（续）

分部工程代号	分部工程名称	子分部工程代号	子分部工程名称	分项工程名称	备注
3	建筑装饰装修工程	1	建筑地面	木、竹面层	面层：实木地板、实木集成地板、竹地板面层（条材、块材面层）、实木复合地板面层（条材、块材面层）、浸渍纸层压木质地板面层（条材、块材面层）、软木类地板面层（条材、块材面层）、地面辐射供暖的木板面层	

第二节　建筑装饰装修工程隐蔽工程验收

一、隐蔽工程验收程序和组织

隐蔽工程是指在下道工序施工后将被覆盖或掩盖，不易进行质量检查的工程。

施工过程中，隐蔽工程在隐蔽前，施工单位应按照有关标准、规范和设计图纸的要求自检合格后，填写隐蔽工程验收记录（有关监理验收记录及结论不填写）和隐蔽工程报审、报验表等表格，向项目监理机构（建设单位）进行申请验收，项目专业监理工程师（建设单位项目专业技术负责人）组织施工单位项目专业质量（技术）负责人等严格按设计图纸和有关标准、规范进行验收：对施工单位所报资料进行审查，组织相关人员到验收现场进行实体检查、验收，同时应留有照片、影像等资料。对验收不合格的工程，专业监理工程师（建设单位项目专业技术负责人）应要求施工单位进行整改，自检合格后予以复查；对验收合格的工程，专业监理工程师（建设单位项目专业技术负责人）应签认隐蔽工程验收记录和隐蔽工程报审、报验表，准予进行下一道工序施工。

二、隐蔽工程验收资料

建筑装饰装修隐蔽工程验收资料主要包括：隐蔽工程验收记录（因各省市资料规程规定不同，可能会设计通用或专用的隐蔽工程验收记录表式）（参见表2-3）、隐蔽工程报审、报验表（参见表2-4）等资料。各项资料的填写、现场工程实体的检查验收、责任单位及责任人的签章应做到与工程施工同步形成，符合隐蔽工程验收程序和组织的规定，整理、组卷（含案卷封面、卷内目录、资料部分、备考表及封底）符合相关要求。

表 2-3　隐蔽工程验收记录(通用)

工程名称			编　　号	
隐检项目			隐检日期	
隐检部位		层　　　　　　轴线　　　　　标高		
隐检依据:施工图号____,设计变更/洽商/技术核定单(编号_____)及有关国家现行标准等。 主要材料名称及规范/型号:_____				
隐检内容:				
检查结论: □同意隐蔽　　□不同意隐蔽,修改后复查				
复查结论: 复查人:　　　　　　复查日期:				

签字栏	施工单位		专业技术负责人	专业质检员	专业工长
	监理或建设单位			专业工程师	

表 2-4 _____ 报审、报验表

工程名称：_____　　　　　　　　　编号：_____

致_____（项目监理机构） 　　我方已完成_____工作，经自检合格，请予以审查或验收。 　　附件：□隐蔽工程质量检验资料 　　　　　□检验批质量检验资料 　　　　　□分项工程质量检验资料 　　　　　□施工试验室证明资料 　　　　　□其他   　　　　　　　　　　　　　　　施工项目经理部（盖章）_____ 　　　　　　　　　　　项目经理或项目技术负责人（签字）_____ 　　　　　　　　　　　　　　　　　　年　　　月　　　日
审查或验收意见：   　　　　　　　　　　　　　　　项目监理机构（盖章）_____ 　　　　　　　　　　　专业监理工程师（签字）_____ 　　　　　　　　　　　　　　　　　　年　　　月　　　日

　　注：本表一式二份，项目监理机构、施工单位各一份。

第三节 分部、分项工程过程验收

一、建筑装饰装修工程检验批质量验收

1. 检验批质量验收的划分

检验批可根据施工、质量控制和专业验收的需要,按工程量、楼层、施工段、变形缝进行划分。

2. 检验批质量验收程序和组织

施工单位在完成检验批施工,自检合格后,由项目专业质量检查员填写检验批质量验收记录(有关监理验收记录及结论不填写)(见表2-5),报送项目监理机构(建设单位)申请验收,由项目专业监理工程师(建设单位项目专业技术负责人)组织施工单位项目专业质量检查员、专业工长(施工员)等进行:对施工单位所报资料进行审查,组织相关人员到验收现场进行主控项目、一般项目的实体检查、验收。对验收不合格的检验批,专业监理工程师(建设单位项目专业技术负责人)应要求施工单位进行整改,自检合格后予以复查;对验收合格的检验批,专业监理工程师(建设单位项目专业技术负责人)应签认检验批质量验收记录表。

3. 检验批质量验收合格规定

检验批质量验收合格应符合下列规定:

(1)主控项目的质量经抽样检验均应合格;

(2)一般项目的质量经抽样检验合格。当采用计数抽样时,合格点率应符合《建筑装饰装修工程质量验收规范》(GB 50210—2011)的规定,且不得存在严重缺陷。对于计数抽样的一般项目,正常检验一次、二次抽样可按《建筑工程施工质量验收统一标准》(GB 50300—2013)附录D判定;

(3)具有完整的施工操作依据、质量验收记录。

表2-5 _____ 检验批质量验收记录　　　编号:____

单位(子单位)工程名称		分部(子分部)工程名称		分项工程名称	
施工单位		项目负责人		检验批容量	
分包单位		分包单位项目负责人		检验批部位	
施工依据		验收依据			

（续）

	验收项目	设计要求及规范规定	最小/实际抽样数量	检查记录	检查结果
主控项目	1				
	2				
	3				
	4				
	5				
	6				
	7				
	8				
	9				
	10				
一般项目	1				
	2				
	3				
	4				
	5				
施工单位检查结果			专业工长： 项目专业质量检查员： 年　月　日		
监理单位验收结论			专业监理工程师： 年　月　日		

二、建筑装饰装修工程分项工程质量验收

1. 分项工程质量验收的划分

分项工程可按主要工种、材料、施工工艺、设备类别进行划分。

分项工程质量验收的划分见表2-1、表2-2。

2. 分项工程质量验收程序和组织

分项工程质量验收应由专业监理工程师（建设单位项目专业技术负责人）组

织施工单位项目专业技术负责人等进行。验收前，施工单位应先对施工完成的分项工程进行自检，合格后填写分项工程质量验收记录（见表2-6）及分项工程报

表2-6 _____分项工程质量验收记录 编号：____

单位(子单位) 工程名称		分部(子分部) 工程名称			
分项工程数量		检验批数量			
施工单位		项目负责人		项目技术 负责人	
分包单位		分包单位 项目负责人		分包内容	
序号	检验批名称	检验批容量	部位/区段	施工单位检查结果	监理单位验收结论
1					
2					
3					
4					
5					
6					
7					
8					
9					
10					
11					
12					
13					
14					
15					
说明：					
施工单位 检查结果		项目专业技术负责人： 年 月 日			
监理单位 验收结论		专业监理工程师： 年 月 日			

验表(参见表 2-4),并报送项目监理机构(建设单位)申请验收,由项目专业监理工程师(建设单位项目专业技术负责人)对施工单位所报资料进行审查,符合要求后签认分项工程质量验收记录及分项工程报验表。

3. 分项工程质量验收合格规定

分项工程质量验收合格应符合下列规定:
(1)所含检验批的质量均应验收合格;
(2)所含检验批的质量验收记录应完整。

三、建筑装饰装修工程分部(子分部)工程质量验收

1. 分部(子分部)工程质量验收的划分

分部(子分部)工程应按下列原则划分:
(1)可按专业性质、工程部位确定;
(2)当分部工程较大或较复杂时,可按材料种类、施工特点、施工程序、专业系统及类别将分部工程划分为若干子分部工程。
分部(子分部)工程质量验收的划分见表 2-1、表 2-2。

2. 分部(子分部)工程质量验收程序和组织

建筑装饰装修分部(子分部)工程质量验收应由总监理工程师组织施工单位项目负责人和项目技术、质量负责人等进行。

验收前,施工单位应先对施工完成的建筑装饰装修分部(子分部)工程进行自检,合格后填写分部(子分部)工程质量验收记录(见表 2-7)及分部(子分部)工程报验表(参见表 2-4),并报送项目监理机构(建设单位)申请验收。总监理工程师应组织相关人员进行检查、验收,对验收不合格的分部(子分部)工程,应要求施工单位进行整改,自检合格后予以复查;对验收合格的分部(子分部)工程,应签认分部(子分部)工程质量验收记录及分部(子分部)工程报验表。

3. 分部工程质量验收合格规定

分部工程质量验收合格应符合下列规定:
(1)所含分项工程的质量均应验收合格;
(2)质量控制资料应完整;
(3)有关安全、节能、环境保护和主要使用功能的抽样检验结果应符合相应规定;
(4)观感质量应符合要求。
当建筑工程只有装饰装修分部工程时,该工程应作为单位工程验收。

表 2-7 _____分部工程质量验收记录　　　编号：____

单位（子单位）工程名称				子分部工程数量		分项工程数量	
施工单位				项目负责人		技术（质量）负责人	
分包单位				分包单位负责人		分包内容	
序号	子分部工程名称	分项工程名称	检验批数量	施工单位检查结果		监理单位验收结论	
1							
2							
3							
4							
5							
6							
7							
8							
质量控制资料							
安全和功能检验结果							
观感质量检验结果							
综合验收结论							
施工单位 项目负责人： 　年　月　日		勘察单位 项目负责人： 　年　月　日		设计单位 项目负责人： 　年　月　日		监理单位 总监理工程师： 　年　月　日	

注：1. 地基与基础分部工程的验收应由施工、勘察、设计单位项目负责人和总监理工程师参加并签字；

　　2. 主体结构、节能分部工程的验收应由施工、设计单位项目负责人和总监理工程师参加并签字。

第三章　地　面　工　程

第一节　一　般　规　定

一、施工管理

（1）从事建筑地面工程施工的建筑施工企业应有质量管理体系和相应的施工工艺技术标准。

（2）施工前应进行设计交底工作，并应对施工现场进行核查，了解物业管理的有关规定。

（3）各工序、各分项工程应自检、互检及交接检。

（4）施工中，严禁损坏房屋原有绝热设施；严禁损坏受力钢筋；严禁超荷载集中堆放物品；严禁在预制混凝土空心楼板上打孔安装埋件。

（5）施工中，严禁擅自改动建筑主体、承重结构或改变房间主要使用功能；严禁擅自拆改燃气、暖气、通讯等配套设施。

（6）管道、设备工程的安装及调试应在装饰装修工程施工前完成，必须同步进行的应在饰面层施工前完成。装饰装修工程不得影响管道、设备的使用和维修。涉及燃气管道的装饰装修工程必须符合有关安全管理的规定。

（7）建筑地面下的沟槽、暗管、保温、隔热、隔声等工程完工后，应经检验合格并做隐蔽记录，方可进行建筑地面工程的施工。

（8）建筑地面工程基层（各构造层）和面层的铺设，均应待其下一层检验合格后方可施工上一层。建筑地面工程各层铺设前与相关专业的分部（子分部）工程、分项工程以及设备管道安装工程之间为避免完工后发生质量问题的纠纷，应进行交接检验。

（9）建筑地面工程施工时，各层环境温度的控制应符合材料或产品的技术要求，并应符合下列要求：

1）采用掺有水泥、石灰的拌和料铺设以及用石油沥青胶结料铺贴时，不应低于5℃；

2）采用有机胶黏剂粘贴时，不应低于10℃；

3）采用砂、石材料铺设时，不应低于 0℃；

4）采用自流平、涂料铺设时，不应低于 5℃，也不应高于 30℃。

（10）各类面层的铺设宜在室内装饰工程基本完工后进行。木、竹面层、塑料板面层、活动地板面层、地毯面层的铺设，应待抹灰工程、管道试压等完工后进行。

二、技术管理

（1）建筑地面工程施工前，应做好下列技术准备工作：

1）进行图纸会审，复核设计做法是否符合现行国家规范的要求。

2）复核结构与建筑标高差是否满足各构造层总厚度及找坡的要求。

3）实测楼层结构标高，根据实测调整建筑地面的做法或依实际标高。结构误差较大的应做适当处理，如局部剔凿，局部增加细石混凝土找平层等；外委加工的各种门框的安装，应以调整后的建筑地面标高为依据。

4）对板块面层的排板如设计无要求，应做排板设计。对大理石（花岗石）面层及楼梯，应根据结构的实际尺寸和排板设计提加工计划。

5）施工前应编制施工方案和进行技术交底，必要时应先做样板间，经业主（监理）或设计认可后再大面积施工。

（2）厕浴间和有防滑要求的建筑地面为满足使用功能要求，防止使用时对人体造成伤害应符合设计防滑要求。

（3）有种植要求的建筑地面，其构造做法应符合设计要求和现行行业标准《种植屋面工程技术规程》JGJ 155 的有关规定。设计无要求时，种植地面应低于相邻建筑地面 50mm 以上或作槛台处理。

（4）地面辐射供暖系统的设计、施工及验收应符合现行行业标准《地面辐射供暖技术规程》JGJ 142 的有关规定。

（5）地面辐射供暖系统施工验收合格后，方可进行面层铺设。面层分格缝的构造做法应符合设计要求。

（6）铺设有坡度的地面应采用基土高差达到设计要求的坡度；铺设有坡度的楼面（或架空地面）应采用在结构楼层板上变更填充层（或找平层）铺设的厚度或以结构起坡达到设计要求的坡度。

（7）建筑物室内接触基土的首层地面施工应符合设计要求，并应符合下列规定：

1）在冻胀性土上铺设地面时，应按设计要求做好防冻胀土处理后方可施工，并不得在冻胀土层上进行填土施工；

2）在永冻土上铺设地面时，应按建筑节能要求进行隔热、保温处理后方可施工。

(8)室外散水、明沟、踏步、台阶和坡道等,其面层和基层(各构造层)均应符合设计要求。施工时应按基层铺设中基土和相应垫层以及面层的规定执行。

(9)水泥混凝土散水、明沟应设置伸、缩缝,其间距不得大于10m,对日晒强烈且昼夜温差超过15℃的地区,其间距宜为4～6m。水泥混凝土散水、明沟和台阶等与建筑物连接处及房屋转角处应设缝处理。上述缝的宽度应为15～20mm,缝内应填嵌柔性密封材料。

(10)建筑地面的变形缝应按设计要求设置,并应符合下列规定:

1)建筑地面的沉降缝、伸缝、缩缝和防震缝,应与结构相应缝的位置一致,且应贯通建筑地面的各构造层;

2)沉降缝和防震缝的宽度应符合设计要求,缝内清理干净,以柔性密封材料填嵌后用板封盖,并应与面层齐平。

(11)当建筑地面采用镶边时,应按设计要求设置并应符合下列规定:

1)有强烈机械作用下的水泥类整体面层与其他类型的面层邻接处,应设置金属镶边构件;

2)具有较大振动或变形的设备基础与周围建筑地面的邻接处,应沿设备基础周边设置贯通建筑地面各构造层的沉降缝(防震缝),并符合上述10款的要求;

3)采用水磨石整体面层时,应用同类材料镶边,并用分格条进行分格;

4)条石面层和砖面层与其他面层邻接处,应用顶铺的同类材料镶边;

5)采用木、竹面层和塑料板面层时,应用同类材料镶边;

6)地面面层与管沟、孔洞、检查井等邻接处,均应设置镶边;

7)管沟、变形缝等处的建筑地面面层的镶边构件,应在面层铺设前装设;

8)建筑地面的镶边宜与柱、墙面或踢脚线的变化协调一致。

(12)厕浴间、厨房和有排水(或其他液体)要求的建筑地面面层与相连接各类面层的标高差应符合设计要求。

(13)建筑地面工程完工后,应对面层采取保护措施以保证完工后的表面免遭破损。

三、质量管理

(1)建筑地面工程子分部工程、分项工程的划分应按表3-1的规定执行。

表3-1　建筑地面工程子分部工程、分项工程的划分

分部工程代号	分部工程	子分部工程	分 项 工 程
3	建筑装饰装修	建筑地面	基层铺设,整体面层铺设,板块面层铺设,木、竹面层铺设

（2）建筑地面工程施工质量的检验,应符合下列规定:

1）基层（各构造层）和各类面层的分项工程的施工质量验收应按每一层次或每层施工段（或变形缝）划分检验批,高层建筑的标准层可按每三层（不足三层按三层计）划分检验批;

2）每检验批应以各子分部工程的基层（各构造层）和各类面层所划分的分项工程按自然间（或标准间）检验,抽查数量应随机检验不应少于 3 间;不足 3 间,应全数检查;其中走廊（过道）应以 10 延长米为 1 间,工业厂房（按单跨计）、礼堂、门厅应以两个轴线为 1 间计算;

3）有防水要求的建筑地面子分部工程的分项工程施工质量每检验批抽查数量应按其房间总数随机检验不应少于 4 间,不足 4 间,应全数检查;

（3）建筑地面工程的分项工程施工质量检验的主控项目,应达到规定的质量标准,认定为合格;一般项目 80% 以上的检查点（处）符合规定的质量要求,其他检查点（处）不得有明显影响使用,且最大偏差值不超过允许偏差值的 50% 为合格。凡达不到质量标准时,应按现行国家标准《建筑工程施工质量验收统一标准》（GB 50300—2013）的规定处理。

（4）检验同一施工批次、同一配合比水泥混凝土和水泥砂浆强度的试块,应按每一层（或检验批）建筑地面工程不少于 1 组。当每一层（或检验批）建筑地面工程面积大于 1000m² 时,每增加 1000m² 时应增做 1 组试块;小于 1000m² 时按1000m² 计算,取样 1 组;检验同一施工批次、同一配合比的散水、明沟、踏步、台阶、坡道的水泥混凝土、水泥砂浆强度的试块,应按每 150 延长米不少于 1 组。

（5）质量检验方法应符合下列规定:

1）检查允许偏差应采用钢尺、1m 直尺、2m 直尺、3m 直尺、2m 靠尺、楔形塞尺、坡度尺、游标卡尺和水准仪;

2）检查空鼓应采用敲击的方法;

3）检查防水隔离层应采用蓄水方法,蓄水深度最浅处不得小于 10mm,蓄水时间不得少于 24h;检查有防水要求的建筑地面的面层应采用泼水方法;

4）检查各类面层（含不需铺设部分或局部面层）表面的裂纹、脱皮、麻面和起砂等缺陷,应采用观感的方法。

四、环境管理

（1）防止大气污染的管理措施

1）地面工程施工中产生的建筑垃圾、工程渣土在 48h 内不能完成清运的,应在工地内设置临时堆放场地,分类堆放。现场垃圾应采取围挡、遮盖等防尘措施,由专人负责遮盖密封,洒水降尘并尽快清运。

2)在建筑物、构筑物上运送散装物料、建筑垃圾和渣土时,应当采用密闭方式清运,不应高空抛掷、扬撒。

3)应注意对粉状材料的覆盖,防止扬尘和运输过程中洒落。

4)使用砂时,应先用水喷洒,防止产生扬尘。

5)胶黏剂用后应立即盖严,不得随意敞开放置,如有散漏,应及时清除。所用器具应及时清洗,保持清洁。

6)宜选用石材、木制半成品进入施工现场,实施装配式施工,减少因切割石材、木制品加工所造成的扬尘污染。

（2）防止噪声污染的管理措施

1)选用低噪声设备和施工机械。施工机械进场应先试车,确保润滑良好,各紧固件无松动,无强噪声后方可使用。

2)设备操作人员应熟悉操作规程,了解机械噪声对环境造成的影响,掌握减少噪声的技术措施。

3)宜选用石材、木制半成品进入施工现场,实施装配式施工;确需现场切割板块时,应设置在室内并加快作业进度,以减少噪声排放强度、时间和频次。

4)对噪声的控制应符合现行国家标准《城市区域环境噪声标准》（GB 3096—1993）和《建筑施工场界噪声限值》（GB 12523—2011）的规定。当噪声超标时,应及时采取降噪措施。

（3）防止固体废弃物的管理措施

1)各种废料应分类管理,按"可利用"、"不可利用"、"有毒害"等进行标识。可利用的垃圾分类存放,不可利用垃圾存放在垃圾场,及时运走有毒有害的物品,如胶结剂等应密封存放,加强管理,并委托有资质的单位妥善处置。

2)水泥袋等包装物,应回收利用并设置专门场地堆放,及时处理。

五、材料基本要求

（1）建筑地面工程采用的材料或产品应符合设计要求和国家现行有关标准的规定。无国家、行业现行标准的,应具有省级住房和城乡建设行政主管部门的技术认可文件。材料或产品进场时还应符合下列要求:

1)应有质量合格证明文件,通常包括型式检验报告、出厂检验报告、出厂合格证等;

2)应对型号、规格、外观等进行验收,对重要材料或产品应抽样进行复验;

3)严禁使用国家明令淘汰的材料;

4)建筑地面工程应积极使用新材料、新技术、新工艺、新设备。

（2）建筑地面工程采用的大理石、花岗石、料石等天然石材以及砖、预制板块、地毯、人造板材、胶黏剂、涂料、水泥、砂、石、外加剂等材料或产品应符合国家现行有关室内环境污染控制和放射性、有害物质限量的规定。材料进场时应具有检测报告。

（3）民用建筑工程所使用的无机非金属装修材料，包括石材、建筑卫生陶瓷、石膏板、吊顶材料、无机瓷质砖黏结材料等，进行分类时，其放射性限量应符合表3-2的规定。

表3-2　无机非金属装修材料放射性限量

测定项目	限　量	
	A	B
内照射指数 I_{Ra}	≤1.0	≤1.3
外照射指数 Ir	≤1.3	≤1.9

（4）民用建筑工程室内用聚氯乙烯卷材地板中挥发物含量测定方法应符合现行国家标准《室内装饰装修材料聚氯乙烯卷材地板中有害物质限量》（GB 18586—2001）的规定，其限量应符合表3-3的有关规定。

表3-3　聚氯乙烯卷材地板中挥发物限量

名称		限量（g/m²）
发泡类卷材地板	玻璃纤维基材	≤75
	其他基材	≤35
非发泡类卷材地板	玻璃纤维基材	≤40
	其他基材	≤10

（5）民用建筑工程室内用地毯、地毯衬垫中总挥发性有机化合物和游离甲醛的释放量测定方法应符合《民用建筑工程室内环境污染控制规范》（GB 50325—2010）附录B的规定，其限量应符合表3-4的有关规定。

表3-4　地毯、地毯衬垫中有害物质释放限量

名称	有害物质项目	限量（mg/m²·h）	
		A级	B级
地毯	总挥发性有机化合物	≤0.500	≤0.600
	游离甲醛	≤0.050	≤0.050
地毯衬垫	总挥发性有机化合物	≤1.000	1.200
	游离甲醛	≤0.050	0.050

（6）为保证民用建筑工程的室内环境质量，民用建筑工程中，建筑主体采用的无机非金属材料和建筑装修采用的花岗岩、瓷质砖、磷石膏制品必须有放射性指标检测报告，并应符合《建筑地面工程施工质量验收规范》（GB 50209—2010）第3章、第4章要求。

第二节 基 层 铺 设

一、一般规定

（1）基层铺设的材料质量、密实度和强度等级（或配合比）等应符合设计要求和现行国家标准《建筑地面工程施工质量验收规范》（GB 50209—2010）的规定。

（2）基层铺设前，其下一层表面应干净、无积水。

（3）垫层分段施工时，接槎处应做成阶梯形，每层接槎处的水平距离应错开0.5～1.0m。接槎处不应设在地面荷载较大的部位。

（4）当垫层、找平层、填充层内埋设暗管时，管道应按设计要求予以稳固。

（5）对有防静电要求的整体地面的基层，应清除残留物，将露出基层的金属物涂绝缘漆两遍晾干。

（6）基层的标高、坡度、厚度等应符合设计要求。基层表面应平整，其允许偏差和检验方法应符合表3-5的规定。

二、基土

1. 材料控制要点

（1）回填前对土料进行击实试验，以测定最大干密度、最佳含水率。土的含水率一般以手握成团、落地开花为适宜。

（2）回填土的含水率应控制在最优含水率±2％的范围内。当土的含水率过大时，应采取晾晒或其他措施降低含水率；如土料过干，则应预先洒水润湿。

（3）严禁用淤泥、腐殖土、冻土、耕植土、膨胀土和含有机物大于8％的土作为填土，土块的粒径不应大于50mm。

（4）填土质量应符合现行国家标准《建筑地基基础工程施工质量验收规范》（GB50202—2002）的有关规定。填土宜用环刀取样，取样数量应按每层100～300m² 为一组取样，且每层不少于一组。

2. 施工及质量控制要点

（1）地面应铺设在均匀密实的基土上。土层结构被扰动的基土应进行换填，并予以压实。压实系数应符合设计要求。

表3-5 基层表面的允许偏差和检验方法

项次	项目	基土 土	垫层 砂、砂石、碎石、碎砖	垫层 灰土、三合土、四合土、炉渣、水泥混凝土、陶粒混凝土	垫层 木搁栅	垫层地板 拼花木地板、实木、拼花木、复合地板、软木地板地面层	垫层地板 其他种类面层	找平层 用胶料做结合层铺设板块面层	找平层 用水泥砂浆结合层铺设板块面层	找平层 用胶粘剂做结合层铺设拼花木地板、浸渍纸层压木质地板、实木复合地板、竹地板、软木地板面层	金属面层	填充层 松散材料	隔离层 板、块材料	绝热层 防水、防潮、防油渗	绝热层 板块材料、浇筑材料、喷涂材料	检验方法
允许偏差(mm)																
1	表面平整度	15	15	10	3	3	5	3	5	2	3	7	5	3	4	用2m靠尺和楔形塞尺检查
2	标高	0 −50	±20	±10	±5	±5	±8	±8	±8	±4	±4	±4	±4	±4	±4	用水准仪检查
3	坡度	不大于房间相应尺寸的2/1000,且不大于30														用坡度尺检查
4	厚度	在个别地方不大于设计厚度的1/10,且不大于20														用钢尺检查

（2）对软弱土层应按设计要求进行处理。

（3）填土时应为最优含水量。重要工程或大面积的地面填土前,应取土样,按击实试验确定最优含水量与相应的最大干密度。

（4）每层回填土应均匀摊平,一般蛙式打夯机每层虚铺厚度为 200～250mm,人工夯每层虚铺厚度不宜大于 150mm。

（5）砌体基础回填土应在墙体两侧同时进行,基础墙两侧回填土的标高应控制在同一标高范围内;较长的管沟墙,应采用内部加支撑的措施,然后再在外侧回填土方。

（6）摊平后的回填土须立即夯（压）实。打夯按一定的方向进行,均匀分开,不留间隙。施工时应重叠半夯,往复夯实。蛙式打夯机每层夯实遍数为 3～4遍,手夯每层夯实遍数为 3～4 遍,若经检验,干密度仍达不到要求时,应继续夯（压）,直到达到要求为止。基坑内地坪夯实应由四周开始,然后再夯向中间。

（7）深浅基坑相连时,应先填深坑,填平后再统一分层回填夯实。分段填筑时交接处应做成宽高比为 1：2 的阶梯形,且分层交接处应错开,上下层错缝距离不应小于 1m,碾压重叠宽度应为 0.5～1m。接缝不得在墙角、柱墩等重要部位。

（8）细部部位处理

1）回填时,如遇有管道、管沟,应先在管道、管沟两侧用人工同时进行填土夯实,直至管顶 0.5m 以上,方可采用打夯机夯实。

2）在墙、柱基础处填土时,应分层重叠夯填密实。在填土与墙、柱相连处,亦可采取设缝进行技术处理。

（9）施工若遇到冬、雨期时应符合下列要求:

1）填方基底不得受冻,且回填前应清除基（槽）底上的冰雪和保温材料;

2）室内地面垫层下回填的土方,填料中不得含有冻土块,并应及时夯（压）实。填方完成后至地面施工前,应采取防冻措施;

3）冬期回填土时,当天填土必须当天完成夯（压）实,并及时覆盖防冻;

4）雨期施工时基坑（槽）的回填应分段施工,连续作业,快速成活;

5）在基坑（槽）边应设阻、排水设施,防止雨水流入沟槽。基坑（槽）内应设排水沟、集水坑,及时将积水排出。

（10）当夯填至设计标高时,应对房间的填土进行平整,其夯实后的干密度经检测符合要求后进行交接验收。

3. 施工质量验收

（1）主控项目

1）基土不应用淤泥、腐殖土、冻土、耕植土、膨胀土和建筑杂物作为填土,填土土块的粒径不应大于 50mm。

检验方法：观察检查和检查土质记录。

检查数量：按本章第一节"三、质量管理"的第 2 款规定的检验批检查。

2）Ⅰ类建筑基土的氡浓度应符合现行国家标准《民用建筑工程室内环境污染控制规范》GB 50325 的规定。

检验方法：检查检测报告。

检查数量：同一工程、同一土源地点检查一组。

3）基土应均匀密实，压实系数应符合设计要求，设计无要求时，不应小于 0.9。

检验方法：观察检查和检查试验记录。

检查数量：按本章第一节"三、质量管理"的第 2 款规定的检验批检查。

（2）一般项目

基土表面的允许偏差应符合表 3-5 的规定。

检验方法：按表 3-5 中的检验方法检验。

检查数量：按本章第一节"三、质量管理"的第 2 款规定的检验批和第 3 款的规定检查。

三、灰土垫层

1. 材料控制要点

（1）灰土垫层应采用熟化石灰与黏土（或粉质黏土、粉土）的拌和料铺设，其厚度不应小于 100mm。

（2）施工用土料必须为实验取样的原土，土层、土质必须相同，土料中不得含有有机杂物，使用前应先过筛，其粒径不大于 15mm，并严格按照实验结果控制含水量。

（3）熟化石灰应采用块灰或磨细生石灰，使用前应充分熟化过筛，不得含有粒径大于 5mm 的生石灰块，亦可采用粉煤灰或电石渣代替。

2. 施工及质量控制要点

（1）灰土垫层应铺设在不受地下水浸泡的基土上。施工后应有防止水浸泡的措施。

（2）灰土垫层应分层夯实，经湿润养护、晾干后方可进行下道工序施工。

（3）垫层灰土应严格控制配合比。灰土的配合比应用体积比，除设计有特殊要求外，一般为石灰∶黏土等于 2∶8 或 3∶7。灰土拌合时应拌合均匀，拌合料颜色均匀，并保持一定的湿度。

（4）灰土摊铺

1）灰土拌和料应随铺随夯，不得隔日夯实，亦不得受雨淋。

2)灰土分段施工时上下两层灰土的接槎距离不得小于 500mm。当灰土垫层标高不同时,应做成阶梯形。接槎处不应设在地面荷载较大的部位。

3)灰土垫层铺设厚度不应小于 100mm。

(5)灰土压实

1)灰土垫层应分层夯实。夯实采用打夯机或蛙夯,夯打不宜少于 3 遍,蛙式打夯机每行左右重叠宜为 100～150mm。大面积宜采用小型振动压路机碾压,碾压遍数不宜少于 6 遍,轮距搭接不少于 500mm,边缘和转角处应用人工补打夯实。

2)灰土回填每层夯(压)实后,应进行环刀取样,测出灰土的干密度,达到设计要求时,才能进行上一层灰土的铺摊。

(6)冬、雨期施工时应满足以下要求:

1)灰土施工应连续进行,施工中应有防雨排水措施。刚施工完的垫层,如遭受雨淋浸泡,应将积水及松软灰土清除,并补填夯实,受浸湿的灰土应晾干后再夯打密实;

2)灰土垫层不宜在冬期施工。当必须在冬期施工时应保证基土不在受冻的状态下铺设灰土,不采用冻土或夹有冻土块的土料,应采取可靠措施。已熟化的石灰应在当日用完,充分利用石灰熟化时的热量,当日拌合的灰土应当日铺填夯完,表面应用塑料布及保温材料覆盖,以防止灰土垫层早期受冻。

(7)灰土最上一层完成后,应检查标高和平整度。并经湿润养护、晾干后方可进行下一道工序施工。

(8)铺设完毕,应尽快进行面层施工,防止长期曝晒。

3. 施工质量验收

(1)主控项目

灰土体积比应符合设计要求。

检验方法:观察检查和检查配合比试验报告。

检查数量:同一工程、同一体积比检查一次。

(2)一般项目

1)熟化石灰颗粒粒径不应大于 5mm;黏土(或粉质黏土、粉土)内不得含有有机物质,颗粒粒径不应大于 16mm。

检验方法:观察检查和检查质量合格证明文件。

检查数量:按本章第一节"三、质量管理"的第 2 款规定的检验批检查。

2)灰土垫层表面的允许偏差应符合表 3-5 的规定。

检验方法:按表 3-5 中的检验方法检验。

检查数量:按本章第一节"三、质量管理"的第 2 款规定的检验批和第 3 款的规定检查。

四、砂和砂石垫层

1. 材料控制要点

(1)砂石采用质地坚硬的中砂、粗砂、砾砂、碎(卵)石、石屑或其他工业废粒料。

(2)级配砂石材料中不得含有有机杂物,碎石或卵石最大粒径不得大于垫层厚度的 2/3,并不宜大于 50mm。

(3)在缺少中砂、粗砂的地区,可以用细砂代替,但宜同时掺入一定数量的碎石或卵石,其掺量应符合设计要求。

2. 施工及质量控制要点

(1)砂(砂石)分层铺筑要点

1)垫层应分层摊铺,摊铺厚度宜控制在压实厚度的 1.15~1.25 倍。砂垫层铺平后,应洒水湿润,并应采用机具振实。

2)砂垫层厚度不应小于 60mm;砂石垫层厚度不应小于 100mm。

3)砂和砂石宜铺设在同一标高的基土上,若遇基土标高不同时,施工按先深后浅的顺序进行,基土面应做成阶梯形,每阶宽不少于 500mm,接槎处要压(夯)实。

4)分段施工时,接槎处应做成斜坡,每层接槎处的水平距离应错开 0.5~1.0m,并充分压(夯)实。

(2)砂石铺设时不应有粗细颗粒分离现象,压(夯)至不松动为止。

(3)碾压和夯实要点

1)铺筑级配砂石(砂),在压(夯)实或碾压前,应根据砂石(砂)干湿程度和气候条件,适当洒水湿润,以保持砂的最佳含水率。

2)用打夯机夯实时,最佳含水率为 8%~12%,一般不少于 3 遍,手夯应保持落距为 400~500mm,要一夯压半夯,夯夯相接,行行相连,全面夯实。

3)采用平板振动器振实砂垫层时,每层虚铺厚度宜为 200~250mm,最佳含水量为 15%~20%。使用平板式振动器往复振捣至密度合格为止,振动器移动行距应重叠 1/3。

4)采用碾压法压实大面积砂石垫层时,每层虚铺厚度宜为 250~350mm,最佳含水量为 8%~12%。用 6~10t 压路机往复碾压,碾压遍数以达到要求的密实度为准,但不宜少于 3 遍。

5)当基土为非湿陷性土层时,砂垫层施工可随洒水随压(振)实。每层虚铺厚度不应大于 200mm。

(4)冬、雨期施工时应符合下列要求:

1)施工中应有防雨排水措施,刚铺筑完成尚未夯实的砂垫层,如遭受雨淋浸

泡,应排除积水,晾干后再夯打密实;

2)冬期施工,不得在基土受冻的状态下铺设砂垫层。采用碾压或夯实的砂石垫层表面应用塑料薄膜和麻袋覆盖保温。

(5)垫层铺设时每层厚度宜一次铺设,不得在夯压后再行补填或铲削。

3. 施工质量验收

(1)主控项目

1)砂和砂石不应含有草根等有机杂质;砂应采用中砂;石子最大粒径不应大于垫层厚度的 2/3。

检验方法:观察检查和检查质量合格证明文件。

检查数量:按本章第一节"三、质量管理"的第 2 款规定的检验批检查。

2)砂垫层和砂石垫层的干密度(或贯入度)应符合设计要求。

检验方法:观察检查和检查试验记录。

检查数量:按本章第一节"三、质量管理"的第 2 款规定的检验批检查。

(2)一般项目

1)表面不应有砂窝、石堆等现象。

检验方法:观察检查。

检查数量:按本章第一节"三、质量管理"的第 2 款规定的检验批检查。

2)砂垫层和砂石垫层表面的允许偏差应符合表 3-5 的规定。

检验方法:按表 3-5 中的检验方法检验。

检查数量:按本章第一节"三、质量管理"的第 2 款规定的检验批和第 3 款的规定检查。

五、碎石和碎砖垫层

1. 材料控制要点

(1)垫层材料宜采用质地坚硬、强度均匀的碎石或碎砖,最大粒径不得大于垫层厚度的 2/3。

(2)碎砖不得采用风化、酥松、夹有有机杂质的砖料,颗粒粒径不应大于 60mm。

2. 施工及质量控制要点

(1)碎石铺时按线由一端向另一端铺设,表面空隙应以粒径为 5~25mm 的细碎石填补,碎石垫层摊铺厚度应控制在设计厚度的 1.3~1.4 倍,分层摊平的碎石,大小颗粒要均匀分布,厚度一致。压实前应洒水使表面湿润。

(2)碎砖垫层按碎石的铺设方法铺设,每层虚铺厚度不大于 200mm。

(3)碎石垫层和碎砖垫层厚度不应小于 100mm。

3. 夯(压)实要点

(1)垫层应分层压(夯)实,达到表面坚实、平整。

(2)小面积的碎石垫层摊铺应采用木夯或打夯机夯实,不宜少于 3 遍;大面积的碎石垫层摊铺宜采用小型压路机压实,不宜少于 4 遍,均夯(压)至表面平整不松动为止。面层微小空隙应以粒径为 5~25mm 的碎石填补。

4. 施工质量验收

(1)主控项目

1)碎石的强度应均匀,最大粒径不应大于垫层厚度的 2/3;碎砖不应采用风化、酥松、夹有有机杂质的砖料,颗粒粒径不应大于 60mm。

检验方法:观察检查和检查质量合格证明文件。

检查数量:按本章第一节"三、质量管理"的第 2 款规定的检验批检查。

2)碎石、碎砖垫层的密实度应符合设计要求。

检验方法:观察检查和检查试验记录。

检查数量:按本章第一节"三、质量管理"的第 2 款规定的检验批检查。

(2)一般项目

碎石、碎砖垫层的表面允许偏差应符合表 3-5 的规定。

检验方法:按表 3-5 中的检验方法检验。

检查数量:按本章第一节"三、质量管理"的第 2 款规定的检验批和第 3 款的规定检查。

六、三合土和四合土垫层

1. 材料控制要点

(1)三合土垫层采用石灰、砂(可掺入少量黏土)与碎砖的拌和料铺设,其厚度不应小于 100mm。

(2)石灰应充分熟化过筛,粒径不得大于 5mm,不得含有生石灰块。

(3)砂应选用中砂,并不得含有草根等有机物;碎砖不得采用风化、酥松和含有有机杂质的砖料。

2. 施工及质量控制要点

(1)铺设要点

1)三合土垫层应采用石灰、砂(可掺入少量黏土)与碎砖的拌和料铺设,其厚度不应小于 100mm;四合土垫层应采用水泥、石灰、砂(可掺少量黏土)与碎砖的拌和料铺设,其厚度不应小于 80mm。

2)三合土垫层和四合土垫层均应分层摊铺。每层铺土厚度应根据土质、密实度要求和机具性能通过压实试验确定。作业时,应严格按照试验所确定的参数进行。

3)三合土分段施工时,应留成斜坡接槎,并夯压密实;上下两层接槎的水平距离不得小于 500mm。

(2)压(夯)实要点

1)三合土施工时应适当控制含水量如砂水分过大或过干,应提前采取晾晒或洒水等措施。

2)三合土每层夯实后应按规范进行实验,测出压实度(密实度);达到要求后,再进行上一层的铺土。

(3)垫层全部完成后,应进行表面拉线找平,凡超过标准高程的地方,及时依线铲平。

3. 施工质量验收

(1)主控项目

1)水泥宜采用硅酸盐水泥、普通硅酸盐水泥;熟化石灰颗粒粒径不应大于 5mm;砂应用中砂,并不得含有草根等有机物质;碎砖不应采用风化、酥松和有机杂质的砖料,颗粒粒径不应大于 60mm。

检验方法:观察检查和检查质量合格证明文件。

检查数量:按本章第一节"三、质量管理"的第 2 款规定的检验批检查。

2)三合土、四合土的体积比应符合设计要求。

检验方法:观察检查和检查配合比试验报告。

检查数量:同一工程、同一体积比检查一次。

(2)一般项目

三合土垫层和四合土垫层表面的允许偏差应符合表 3-5 的规定。

检验方法:按表 3-5 中的检验方法检验。

检查数量:按本章第一节"三、质量管理"的第 2 款规定的检验批和 3 款的规定检查。

七、炉渣垫层

1. 材料控制要点

(1)炉渣垫层采用炉渣或水泥与炉渣或水泥、石灰与炉渣的拌和料铺设,其厚度不应小于 80mm;材料应符合设计要求。

(2)炉渣内不得含有有机物和未燃尽的煤块,粒径不应大于 40mm(且不大于垫层厚度的 1/2),粒径在 5mm 以下的体积,不得超过总体积的 40%。

（3）水泥宜采用硅酸盐水泥、普通硅酸盐水泥或矿渣硅酸盐水泥，其强度等级应在 32.5 级以上。

（4）熟化石灰应在使用前 3～4d 洒水粉化，使用前应充分过筛，粒径不得大于 5mm。也可采用加工磨细的生石灰粉，加水溶化后方可使用。

2. 施工及质量控制要点

（1）炉渣（炉渣拌合料）配制

1）炉渣在使用前必须过两遍筛，第一遍过 40mm 大孔径筛，第二遍过 5mm 小孔径筛，主要筛去细粉末，使粒径在 5mm 以下颗粒体积，不得超过总体积的 40%，这样使炉渣具有粗细粒径搭配的合理配比，对促进垫层的成型和早期强度很有利。

2）炉渣或水泥炉渣垫层采用的炉渣，不得用新渣，必须使用陈渣就是在使用前已经浇水闷透的炉渣，浇水闷透的时间不少于 5d。

3）水泥石灰炉渣垫层采用的炉渣，应先用石灰浆或用熟化石灰浇水拌和闷透，闷透时间不少于 5d。

（2）铺设

铺炉渣前应在基底上刷一道素水泥浆或界面结合剂，随刷随铺，将拌和均匀的拌和料，从房间内往外铺设，虚铺系数宜控制在 1.3。当垫层厚度大于 120mm 时，应分层铺设。

（3）刮平、滚压

1）以找平墩为标志，控制好虚铺厚度，用铁锹粗略找平，然后用木刮杠刮平，再用压滚往返滚压（厚度超过 120m 时应用平板振捣器），并随时用 2m 靠尺检查平整度，高处部分铲掉，凹处填平。直到滚压平整出浆为止。对于墙根、边角、管根等不易滚压处，应用木拍板拍打密实。

2）水泥炉渣垫层应随拌随铺随压实，全部操作过程应控制在 2h 以内完成。施工过程中一般不留施工缝，如房间大必须留施工缝时，应用木方或木板挡好留槎处，保证直槎密实，接槎时应刷水泥浆或界面结合剂后，再继续铺炉渣拌和料。

（4）养护

施工完成后应洒水养护，严禁上人，待凝固后方可进行面层施工和其他作业。

3. 施工质量验收

（1）主控项目

1）炉渣内不应含有有机杂质和未燃尽的煤块，颗粒粒径不应大于 40mm，且颗粒粒径在 5mm 及其以下的颗粒，不得超过总体积的 40%；熟化石灰颗粒粒径不应大于 5mm。

检验方法：观察检查和检查质量合格证明文件。

检查数量：按本章第一节"三、质量管理"的第 2 款规定的检验批检查。

2)炉渣垫层的体积比应符合设计要求。

检验方法:观察检查和检查配合比试验报告。

检查数量:同一工程、同一体积比检查一次。

(2)一般项目

1)炉渣垫层与其下一层结合应牢固,不应有空鼓和松散炉渣颗粒。

检验方法:观察检查和用小锤轻击检查。

检查数量:按本章第一节"三、质量管理"的第2款规定的检验批检查。

2)炉渣垫层表面的允许偏差应符合表3-5的规定。

检验方法:按表3-5中的检验方法检验。

检查数量:按本章第一节"三、质量管理"的第2款规定的检验批和第3款的规定检查。

八、水泥混凝土垫层和陶粒混凝土垫层

1. 材料控制要点

(1)水泥:宜采用硅酸盐水泥、普通硅酸盐水泥或矿渣硅酸盐水泥,其强度等级应在32.5级以上。

(2)砂:应选用水洗中砂或粗砂,含泥量不大于3%。

(3)石子:卵石或碎石,最大粒径不大于垫层厚度的2/3,含泥量不大于2%。

(4)陶粒:符合《轻集料及其试验方法 第1部分:轻集料》(GB/T 17431.1—2010)的相关规定。

2. 施工及质量控制要点

(1)混凝土铺设要点

1)水泥混凝土垫层的厚度不应小于60mm;陶粒混凝土垫层的厚度不应小于80mm。

2)铺设混凝土前先在基层上,刷一道水泥浆(水灰比为0.4~0.5),随刷随铺混凝土。铺设应从一端开始,由内向外退着操作,或由短边开始沿长边方向进行铺设。

3)室内地面的水泥混凝土垫层和陶粒混凝土垫层,应设置纵向缩缝和横向缩缝;纵向缩缝、横向缩缝的间距均不得大于6m。

4)垫层的纵向缩缝应做平头缝或加肋板平头缝。当垫层厚度大于150mm时,可做企口缝。横向缩缝应做假缝。平头缝和企口缝的缝间不得放置隔离材料,浇筑时应互相紧贴。企口缝尺寸应符合设计要求,假缝宽度宜为5~20mm,深度宜为垫层厚度的1/3,填缝材料应与地面变形缝的填缝材料相一致。

5)工业厂房、礼堂、门厅等大面积水泥混凝土、陶粒混凝土垫层应分区段浇筑。分区段应结合变形缝位置、不同类型的建筑地面连接处和设备基础的位置

进行划分,并应与设置的纵向、横向缩缝的间距相一致。

(2)振捣时平板振捣器移动间距应保证振动器的平板覆盖已振实部分的边缘。厚度超过 200mm 时,用插入式振捣器振捣,其移动距离不大于作用半径的1.5 倍。每一振处应使混凝土表面呈现浮浆和不再沉落,不得漏振,保证混凝土密实,并按规定留置混凝土试块以检验其强度。

(3)混凝土表面有坡度要求的,应按设计要求的坡度找坡。

(4)已浇筑完的混凝土垫层,应在浇筑 12h 以内加以覆盖和洒水养护,一般养护不得少于 7d。垫层混凝土强度达到 1.2MPa 以后,才可允许人员在其上面走动和其他工序的施工。

(5)冬雨期施工时应满足以下要求:

1)雨期施工时,雨天要及时测试砂、石的含水量,及时调整施工配合比,保证水灰比的准确性。若室外施工,铺筑混凝土应避开雨天,并备有可靠的防雨措施;

2)冬期施工时,环境温度不得低于 5℃。如温度在 0℃ 以下施工时,应根据气温掺加防冻剂,掺量严格按照配合比执行。混凝土铺筑完后应及时覆盖塑料薄膜和保温材料,防止混凝土受冻。

3. 施工质量验收

(1)主控项目

1)水泥混凝土垫层和陶粒混凝土垫层采用的粗骨料,其最大粒径不应大于垫层厚度的 2/3,含泥量不应大于 3%;砂为中粗砂,其含泥量不应大于 3%。陶粒中粒径小于 5mm 的颗粒含量应小于 10%;粉煤灰陶粒中大于 15mm 的颗粒含量不应大于5%;陶粒中不得混夹杂物或粘土块。陶粒宜选用粉煤灰陶粒、页岩陶粒等。

检验方法:观察检查和检查质量合格证明文件。

检查数量:同一工程、同一强度等级、同一配合比检查一次。

2)水泥混凝土和陶粒混凝土的强度等级应符合设计要求。陶粒混凝土的密度应在 $800\sim1400$kg/m^3 之间。

检验方法:检查配合比试验报告和强度等级检测报告。

检查数量:配合比试验报告按同一工程、同一强度等级、同一配合比检查一次;强度等级检测报告按本规范本章第一节"三、质量管理"的第 4 款的规定检查。

(2)一般项目

水泥混凝土垫层和陶粒混凝土垫层表面的允许偏差应符合表 3-5 的规定。

检验方法:按《建筑地面工程施工质量验收规范》(GB 50209—20104.1.7)中的检验方法检验。

检查数量:按本章第一节"三、质量管理"的第 2 款规定的检验批和第 3 款的规定检查。

九、找平层

1. 材料控制要点

同"八、水泥混凝土垫层和陶粒混凝土垫层"。

2. 施工及质量控制要点

(1)基层处理要求

1)水泥类基层,应将基层上的落地灰、杂物等剔凿清洗干净,有油污时,用清洗剂清洗,并用清水及时冲洗干净。对光面进行毛化处理。

2)土、灰土、砂石类基层,其压实系数应符合设计要求,基层按标高找平,表面杂物要清理干净。

3)在预制钢筋混凝土板上铺设找平层时,其板端应按设计要求做防裂的构造措施。

(2)找平层施工

1)找平层宜采用水泥砂浆或水泥混凝土铺设。当找平层厚度小于 30mm 时,宜用水泥砂浆做找平层;当找平层厚度大于 30mm 时,宜用细石混凝土做找平层。

2)铺设找平层前,当其下一层有松散填充料时,应与铺平振实。

3)在已湿润的基层上刷一道水灰比为 0.4～0.5 的素水泥浆或界面剂,应随刷随铺水泥砂浆或水泥混凝土。

4)砂浆铺设后,应根据控制线及时找平,按面层做法的要求压光或搓毛。

5)大面积地面找平层应分区段进行浇筑。区段的划分应结合变形缝位置、不同面层材料的连接位置和设备基础位置进行。

(3)有防水要求的建筑地面工程,铺设前必须对立管、套管和地漏与楼板节点之间进行密封处理,并应进行隐蔽验收;排水坡度应符合设计要求。

(4)混凝土或砂浆铺设完毕后,应在 12h 以内用草帘等加以覆盖并洒水养护。

(5)冬期施工时,搅拌站、水泥库房和砂、石料场应做好封闭和覆盖保温工作。混凝土可用热水搅拌(水温不高于 80℃),并掺加防冻剂。室内作业应做好门窗封闭,并根据情况采取采暖和保温措施。

(6)找平层表面应密实,不得有起砂、蜂窝和裂缝等缺陷。

(7)在预制钢筋混凝土板上铺设找平层前,板缝填嵌的施工应符合下列要求:

1)预制钢筋混凝土板相邻缝底宽不应小于 20mm。

2)填嵌时,板缝内应清理干净,保持湿润。

3)填缝应采用细石混凝土,其强度等级不应小于 C20。填缝高度应低于板面 10～20mm,且振捣密实;填缝后应养护。当填缝混凝土的强度等级达到 C15 后方可继续施工。

4）当板缝底宽大于 40mm 时，应按设计要求配置钢筋。

（8）在预制钢筋混凝土板上铺设找平层时，其板端应按设计要求做防裂的构造措施。

3. 施工质量验收

（1）主控项目

1）找平层采用碎石或卵石的粒径不应大于其厚度的 2/3，含泥量不应大于 2%；砂为中粗砂，其含泥量不应大于 3%。

检验方法：观察检查和检查质量合格证明文件。

检查数量：同一工程、同一强度等级、同一配合比检查一次。

2）水泥砂浆体积比、水泥混凝土强度等级应符合设计要求，且水泥砂浆体积比不应小于 1：3（或相应强度等级）；水泥混凝土强度等级不应小于 C15。

检验方法：观察检查和检查配合比试验报告、强度等级检测报告。

检查数量：配合比试验报告按同一工程、同一强度等级、同一配合比检查一次；强度等级检测报告按本章第一节"三、质量管理"的第 4 款的规定检查。

3）有防水要求的建筑地面工程的立管、套管、地漏处不应渗漏，坡向应正确、无积水。

检验方法：观察检查和蓄水、泼水检验及坡度尺检查。

检查数量：按本章第一节"三、质量管理"的第 2 款规定的检验批检查。

4）在有防静电要求的整体面层的找平层施工前，其下敷设的导电地网系统应与接地引下线和地下接电体有可靠连接，经电性能检测且符合相关要求后进行隐蔽工程验收。

检验方法：观察检查和检查质量合格证明文件。

检查数量：按本章第一节"三、质量管理"的第 2 款规定的检验批检查。

（2）一般项目

1）找平层与其下一层结合应牢固，不应有空鼓。

检验方法：用小锤轻击检查。

检查数量：按本章第一节"三、质量管理"的第 2 款规定的检验批检查。

2）找平层表面应密实，不应有起砂、蜂窝和裂缝等缺陷。

检验方法：观察检查。

检查数量：按本章第一节"三、质量管理"的第 2 款规定的检验批检查。

3）找平层的表面允许偏差应符合表 3-5 的规定。

检验方法：按表 3-5 中的检验方法检验。

检查数量：按本章第一节"三、质量管理"的第 2 款规定的检验批和第 3 款的规定检查。

十、隔离层

1. 材料控制要点

（1）防水水泥砂浆

1）防水水泥砂浆包括外加剂防水砂浆、聚合物水泥防水砂浆和无机防水堵漏材料。

2）水泥砂浆防水层所用的材料，应符合下列要求：

①可采用普通硅酸盐水泥、硅酸盐水泥、特种水泥，严禁使用过期或受潮结块的水泥；

②砂宜采用中砂，含泥量不应大于1%，硫化物和硫酸盐含量不应大于1%，聚合物水泥防水砂浆的级配应符合产品说明的要求；

③拌制水泥砂浆的用水，应符合国家现行行业标准《混凝土拌合用水标准》JGJ 63 的规定；

④聚合物乳液外观上应无颗粒、异物和凝固物，固体含量应大于35%。宜选用专用产品；

⑤外加剂的技术性能应符合现行国家或行业标准的质量要求。

3）水泥砂浆防水层宜掺入外加剂、掺合料、聚合物等进行改性，改性后防水砂浆的性能应符合表 3-6 的规定。

表 3-6 防水水泥砂浆的主要性能

类　　型		黏结强度（MPa）	抗渗性（MPa）	抗折强度（MPa）	干缩率（%）	冻融循环（次）	耐碱性 NaOH 10%	耐水性（%）
外加剂防水砂浆		＞0.5	≥1.2(试块)	≥4.5	≤0.5			—
聚合物水泥防水砂浆	Ⅰ类	＞1.0	≥1.2(试块)	≥7.0	≤0.15	＞D50	溶液浸泡14d 无变化	≥80
	Ⅱ类	≥1.2	≥0.8(涂层)	≥4.0	≤0.15			≥80
刚性无机防水材料		≥1.2	≥0.6(涂层)	≥3.0	≤0.15			—

注：1. 耐水性指标是在常温下浸水 168h 后材料的黏结强度及抗渗性的保持率；

2. 聚合物水泥防水砂浆Ⅰ类是以中砂、中细砂为骨料，经现场加入一定比例聚合物乳液或聚合物干粉拌制而成的防水砂浆。通常施工厚度不小于 10mm。聚合物水泥防水砂浆Ⅱ类是以细砂、粉砂为骨料，以工厂预拌加入一定比例聚合物干粉，现场加水拌制而成的防水砂浆。通常施工强度不小于 3mm。

3. 涂层抗渗性指标是指 3mm 涂层抗渗压力差值；

4. 刚性无机防水材料指符合国家行业标准《无机防水堵漏材料》JC 900—2002 中缓凝型（Ⅰ型）标准的材料。

（2）防水涂料

1）防水涂料可选用聚合物水泥防水涂料、聚合物乳液防水涂料、聚氨酯防水涂料等合成高分子防水涂料和改性沥青防水涂料。其中聚合物水泥防水涂料具有比一般有机涂料干燥快、弹性模量低、体积小、抗渗性好等优点；聚合物乳液防水涂料具有施工时成膜快、黏结强度高、延伸性能和抗渗性能好等优点。

2）防水涂料应具有良好的耐水性、耐菌性和耐久性。用于立面的防水涂料应具有良好的与基层的黏结性能。

3）胎体增强材料宜选用 30～50g/m² 的聚酯无纺布或聚丙烯无纺布，因玻纤布延展性较差不宜选用。选用的材料外观应均匀，无团状，且平整无折皱。

4）防水涂料的物理性能和外观质量应符合现行国家或行业标准的有关规定。

（3）防水卷材

1）防水卷材包括高聚物改性沥青防水卷材、自粘橡胶沥青防水卷材和合成高分子防水卷材。防水卷材的物理性能和外观质量、品种规格应符合现行国家或行业标准的有关规定。

2）防水卷材及配套使用的胶黏剂应具有良好的耐水性、耐久性、耐穿刺性、耐腐蚀性和耐菌性。

3）粘贴各类卷材必须采用与卷材性能相容的胶粘材料。胶粘材料应考虑耐水性、耐腐蚀性、耐菌性和黏结剥离强度，胶粘材料除应符合相应的现行国家或行业标准外，尚应符合下列要求：

①合成高分子卷材胶黏剂的黏结剪切强度（卷材—基层）不应不小 1.8N/mm。

②双面胶粘带黏结剥离强度不应小于 0.6N/mm，浸水 168h 后的保持率不应小于 70％。

（4）密封材料

1）密封材料的物理性能和外观质量、品种规格应符合国家现行有关标准的规定。常用的密封材料有聚氨酯建筑密封胶、硅酮密封胶、聚硫密封胶、遇水膨胀密封材料、自黏密封胶带等。

2）密封材料应具有优良的水密性、耐腐蚀性、防霉性以及符合接缝设计要求的位移能力。

2. 施工及质量控制要点

（1）建筑室内防水工程施工前，施工单位应进行图纸会审和现场勘察，应掌握工程的防水技术要求和现场实际情况，必要时应对防水工程进行二次设计，并编制防水工程的施工方案。

（2）建筑室内防水工程的施工，应建立各道工序的自检、交接检和专职人员检查的"三检"制度，并有完整的检查记录。只有严格的执行"三检"制度才能保证防水工程的施工质量。对上道工序未经检查确认,不得进行下道工序的施工。

(3)建筑室内防水工程必须由有资质的专业队伍进行施工,防水施工人员上岗前应进行专业培训。主要施工人员应持有建设行政主管部门颁发的岗位证书。

(4)二次埋置的套管,其周围混凝土强度等级应比原混凝土提高一级,并应掺膨胀剂;二次浇筑的混凝土结合面应清理干净后进行界面处理,混凝土应浇捣密实;加强防水层应覆盖施工缝,并超出边缘不小于150mm。

(5)隔离层材料的防水、防油渗性能应符合设计要求。

(6)隔离层的铺设层数(或道数)、上翻高度应符合设计要求。有种植要求的地面隔离层的防根穿刺等应符合现行行业标准《种植屋面工程技术规程》JGJ 155的有关规定。

(7)在水泥类找平层上铺设卷材类、涂料类防水、防油渗隔离层时,其表面应坚固、洁净、干燥。铺设前,应涂刷基层处理剂。基层处理剂应采用与卷材性能相容的配套材料或采用与涂料性能相容的同类涂料的底子油。

(8)采用掺有防渗外加剂的水泥类隔离层时,其配合比、强度等级、外加剂的复合掺量等应符合设计要求。

(9)铺设隔离层时,在管道穿过楼板面四周,防水、防油渗材料应向上铺涂,并超过套管的上口;在靠近柱、墙处,应高出面层200～300mm或按设计要求的高度铺涂。阴阳角和管道穿过楼板面的根部应增加铺涂附加防水、防油渗隔离层。

(10)隔离层兼作面层时,其材料不得对人体及环境产生不利影响,并应符合现行国家标准《食品安全性毒理学评价程序》(GB 15193.1—2014)和《生活饮用水卫生标准》(GB 5749—2006)的有关规定。

(11)防水隔离层铺设后,应按《建筑地面工程施工质量验收规范》(GB 50209—2010)第3.0.24条的规定进行蓄水检验,并做记录。

(12)隔离层施工质量检验还应符合现行国家标准《屋面工程施工质量验收规范》(GB 50207—2012)的有关规定。

3.施工质量验收

(1)主控项目

1)隔离层材料应符合设计要求和国家现行有关标准的规定。

检验方法:观察检查和检查型式检验报告、出厂检验报告、出厂合格证。

检查数量:同一工程、同一材料、同一生产厂家、同一型号、同一规格、同一批号检查一次。

2)卷材类、涂料类隔离层材料进入施工现场,应对材料的主要物理性能指标进行复验。

检验方法:检查复验报告。

检查数量:执行现行国家标准《屋面工程质量验收规范》(GB 50207—2012)的有关规定。

3)厕浴间和有防水要求的建筑地面必须设置防水隔离层。楼层结构必须采用现浇混凝土或整块预制混凝土板,混凝土强度等级不应小于 C20;房间的楼板四周除门洞外应做混凝土翻边,高度不应小于 200mm,宽同墙厚,混凝土强度等级不应小于 C20。施工时结构层标高和预留孔洞位置应准确,严禁乱凿洞。

检验方法:观察和钢尺检查。

检查数量:按本章第一节"三、质量管理"的第 2 款规定的检验批检查。

4)水泥类防水隔离层的防水等级和强度等级应符合设计要求。

检验方法:观察检查和检查防水等级检测报告、强度等级检测报告。

检查数量:防水等级检测报告、强度等级检测报告均按本章第一节"三、质量管理"的第 4 款的规定检查。

5)防水隔离层严禁渗漏,排水的坡向应正确、排水通畅。

检验方法:观察检查和蓄水、泼水检验、坡度尺检查及检查验收记录。

检查数量:按本章第一节"三、质量管理"的第 2 款规定的检验批检查

(2)一般项目

1)隔离层厚度应符合设计要求。

检验方法:观察检查和用钢尺、卡尺检查。

检查数量:按本章第一节"三、质量管理"的第 2 款规定的检验批检查。

2)隔离层与其下一层应黏结牢固,不应有空鼓;防水涂层应平整、均匀,无脱皮、起壳、裂缝、鼓泡等缺陷。

检验方法:用小锤轻击检查和观察检查。

检查数量:按本章第一节"三、质量管理"的第 2 款规定的检验批检查。

3)隔离层表面的允许偏差应符合表 3-5 的规定。

检验方法:按表 3-5 中的检验方法检验。

检查数量:按本章第一节"三、质量管理"的第 2 款规定的检验批和第 3 款的规定检查。

十一、填充层

1. 材料控制要点

(1)制作地面辐射供暖用水泥砂浆填充层的材料,应符合国家现行有关标准的规定,并出具质量证明文件。

(2)水泥砂浆填充层用水泥宜采用硅酸盐水泥、普通硅酸盐水泥、复合硅酸盐水泥,并应符合现行国家标准《通用硅酸盐水泥》(GB 175—2007)中矿渣硅酸盐水泥等,其抗压强度等级不应低于 32.5。

（3）施工用水水质要求，应符合国家现行行业标准《混凝土用水标准》（JGJ 63—2006）的规定。

（4）豆石混凝土填充层材料强度等级宜为 C15，豆石粒径宜为 5～12mm。

（5）水泥砂浆用砂应采用中粗砂，且含泥量不应大于 5％。

（6）水泥宜选用硅酸盐水泥或矿渣硅酸盐水泥。水泥砂浆体积比不应小于 1：3，强度等级不应低于 M10。

（7）松散材料：炉渣，粒径一般为 6～40mm，不得含有石块、土块、重矿渣和未燃尽的煤块，堆积密度为 500～800kg/m³，导热系数为 0.16～0.25W/m·K 膨胀珍珠岩粒径宜大于 0.15mm，粒径小于 0.15mm 的含量不应大于 8％，导热系数应小于 0.07W/m·K。膨胀蛭石导热系数 0.14W/m·K，粒径宜为3～5mm。

（8）板块状保温材料：产品应有出厂合格证，根据设计要求选用，厚度、规格应一致，外形应整齐；密度、导热系数、强度应符合设计要求。

1）泡沫混凝土块：表观密度不大于 500kg/m³，抗压强度不低于 0.4MPa；

2）加气混凝土板块：表观密度为 500～600kg/m³，抗压强度不低于 0.2MPa；

3）聚苯板：表观密度 ≤45kg/m³，抗压强度不低于 0.18MPa，导热系数 0.043W/m·K。

2. 施工及质量控制要点

（1）填充层材料的密度应符合设计要求。

（2）填充层的下一层表面应平整。当为水泥类时，尚应洁净、干燥，并不得有空鼓、裂缝和起砂等缺陷。

（3）采用松散材料铺设填充层时，应分层铺平拍实；采用板、块状材料铺设填充层时，应分层错缝铺贴。

（4）有隔声要求的楼面，隔声垫在柱、墙面的上翻高度应超出楼面 20mm，且应收口于踢脚线内。地面上有竖向管道时，隔声垫应包裹管道四周，高度同卷向柱、墙面的高度。隔声垫保护膜之间应错缝搭接，搭接长度应大于 100mm，并用胶带等封闭。

（5）隔声垫上部应设置保护层，其构造做法应符合设计要求。当设计无要求时，混凝土保护层厚度不应小于 30mm，内配间距不大于 200mm×200mm 的 φ6mm 钢筋网片。

（6）有隔声要求的建筑地面工程尚应符合现行国家标准《建筑隔声评价标准》（GB/T 50121—2005）、《民用建筑隔声设计规范》（GBJ 118—1988）的有关要求。

（7）辐射供热供冷填充层施工

1）混凝土填充层施工，应由有资质的土建施工方承担，供暖供冷系统安装单位应密切配合。填充层施工过程中不得拆除和移动伸缩缝。

2)地面辐射供暖供冷工程施工过程中,埋管区域应设施工通道或采取加盖等保护措施,严禁人员踩踏加热供冷部件。

3)水泥砂浆填充层应与发泡水泥绝热层结合牢固,单处空鼓面积不应大于 $400cm^2$,且每个自然房间不应多于 2 处。

4)水泥砂浆填充层表层的抹平工作应在水泥砂浆初凝前完成,压光或拉毛工作应在水泥砂浆终凝前完成。

5)混凝土填充层施工中,加热供冷管内的水压不应低于 0.6MPa;填充层养护过程中,系统水压不应低于 0.4MPa。

(8)填充层施工中,严禁使用机械振捣设备;施工人员应穿软底鞋,使用平头铁锹。

(9)系统初始供暖、供冷前,水泥砂浆填充层养护时间不应少于 7d,或抗压强度应达到 5MPa 后,方可上人行走;豆石混凝土填充层的养护周期不应少于 21d。养护期间及期满后,应对地面采取保护措施,不得在地面加以重载、高温烘烤、直接放置高温物体和高温设备。

(10)填充层应在铺设过程中进行取样检验;宜按连续施工每 10000m² 作为一个检验批,不足 10000m² 时按一个检验批计。

3. 施工质量验收

(1)主控项目

1)填充层材料应符合设计要求和国家现行有关标准的规定。

检验方法:观察检查和检查质量合格证明文件。

检查数量:同一工程、同一材料、同一生产厂家、同一型号、同一规格、同一批号检查一次。

2)填充层的厚度、配合比应符合设计要求。

检验方法:用钢尺检查和检查配合比试验报告。

检查数量:按本章第一节"三、质量管理"的第 2 款规定的检验批检查。

3)对填充材料接缝有密闭要求的应密封良好。

检验方法:观察检查。

检查数量:按本章第一节"三、质量管理"的第 2 款规定的检验批检查。

(2)一般项目

1)松散材料填充层铺设应密实;板块状材料填充层应压实、无翘曲。

检验方法:观察检查。

检查数量:按本章第一节"三、质量管理"的第 2 款规定的检验批检查。

2)填充层的坡度应符合设计要求,不应有倒泛水和积水现象。

检验方法:观察和采用泼水或用坡度尺检查。

检查数量：按本章第一节"三、质量管理"的第 2 款规定的检验批检查。

3）填充层表面的允许偏差应符合表 3-5 的规定。

检验方法：按表 3-5 中的检验方法检验。

检查数量：按本章第一节"三、质量管理"的第 2 款规定的检验批和第 3 款的规定检查。

4）用作隔声的填充层，其表面允许偏差应符合表 3-5 中隔离层的规定。

检验方法：按表 3-5 中隔离层的检验方法检验。

检查数量：按本章第一节"三、质量管理"的第 2 款规定的检验批和第 3 款的规定检查。

十二、绝热层

1. 材料控制要点

（1）制作地面辐射供暖用发泡水泥绝热层的材料，应符合国家现行有关标准的规定，并出具质量证明文件。

（2）发泡水泥绝热层宜采用硅酸盐水泥、普通硅酸盐水泥、复合硅酸盐水泥，并应符合现行国家标准《通用硅酸盐水泥》（GB 175—2007）的规定，其抗压强度等级不应低于 32.5。

（3）发泡剂应具有出厂合格证，其环保指标应符合国家现行有关标准的规定。

（4）发泡剂贮存应避开阳光直晒，使用后剩余溶液应密封保存。

（5）发泡水泥绝热层施工用水水质要求，应符合国家现行行业标准《混凝土用水标准》（JGJ 63—2006）的规定。

（6）绝热层材料应采用导热系数小、难燃或不燃，具有足够承载能力的材料，且不应含有殖菌源，不得有散发异味及可能危害健康的挥发物。

（7）辐射供暖供冷工程中采用的聚苯乙烯泡沫塑料板材主要技术指标应符合表 3-7 的规定。

表 3-7　聚苯乙烯泡沫塑料板材主要技术指标

项目	性能指标			
	模塑		挤塑	
	供暖地面绝热层	预制沟槽保温板	供暖地面绝热层	预制沟槽保温板
类别	Ⅱ	Ⅲ	W200	X150/W200
表观密度（kg/m³）	≥20.0	≥30.0	≥20.0	≥30.0
压缩强度（kPa）	≥100	≥150	≥200	≥150/≥200
导热系数（W/m·K）	≤0.041	≤0.039	≤0.035	≤0.030/≤0.035

（续）

项目		性能指标			
		模塑		挤塑	
		供暖地面绝热层	预制沟槽保温板	供暖地面绝热层	预制沟槽保温板
尺寸稳定性(%)		≤3	≤2	≤2	≤2
水蒸气透过系数 (ng/(Pa·m·s))		≤4.5	≤4.5	≤3.5	≤3.5
吸水率(体积分数)(%)		≤4.0	≤2.0	≤2.0	≤1.5/≤2.0
熔结性	断裂弯曲负荷	25	35	—	—
	弯曲变形	≥20	≥20	—	—
燃烧性能	氧指数	≥30	≥30		
	燃烧分级	达到 B$_2$ 级			

注:1. 模塑 Ⅱ 型密度范围在 20~30kg/m³ 之间,Ⅲ 型密度范围在 30~40kg/m³ 之间;

2. W200 为不带表皮挤塑材料,X150 为带表皮挤塑材料;

3. 压缩强度是按现行国家标准《硬质泡沫塑料压缩性能的测定》GB/T 8813 要求的试件尺寸和试验条件下相对形变为 10% 的数值;

4. 导热系数为 25℃时的数值;

5. 模塑断裂弯曲负荷或弯曲变形有一项能符合指标要求,熔结性即为合格。

(8)预制沟槽保温板及其金属均热层的沟槽尺寸应与敷设的加热部件外径吻合,且保温板总厚度不应小于表 3-8 的要求。

表 3-8　预制沟槽保温板总厚度及均热层最小厚度

加热部件类型		保温板总厚度(mm)	均热层最小厚度(mm)				
			地砖等面层	木地板面层			
				管间距<200mm		管间距≥200mm	
				单层	双层	单层	双层
加热电缆		15	0.1	0.2	0.1	0.4	0.2
加热管外径 (mm)	12	20	—				
	16	25	—				
	20	30	—				

注:1. 地砖等面层,指在敷设有加热管或加热电缆的保温板上铺设水泥砂浆找平层后与地砖、石材等粘接的做法;木地板面层,指不需铺设找平层,直接铺设木地板的做法;

2. 单层均热层,指仅采用带均热层的保温板,加热管或加热电缆上不再铺设均热层时的最小厚度;双层均热层,指采用带均热层的保温板,加热管或加热电缆上再铺设一层均热层时每层的最小厚度。

(9)均热层材料的导热系数不应小于 237W/(m·K)。

(10)发泡水泥绝热层材料的技术指标应符合表 3-9 的规定。

表 3-9 发泡水泥绝热层技术指标

| 干体积密度 | 抗压强度（MPa） | | 导热系数 |
（kg/m³）	7 天	28 天	［W/(m·K)］
350	≥0.4	≥0.5	≤0.07
400	≥0.5	≥0.6	≤0.08
450	≥0.6	≥0.7	≤0.09

2. 施工及质量控制要点

（1）绝热层材料的性能、品种、厚度、构造做法应符合设计要求和国家现行有关标准的规定。

（2）建筑物室内接触基土的首层地面应增设水泥混凝土垫层后方可铺设绝热层，垫层的厚度及强度等级应符合设计要求。首层地面及楼层楼板铺设绝热层前，表面平整度宜控制在 3mm 以内。

（3）有防水、防潮要求的地面，宜在防水、防潮隔离层施工完毕并验收合格后再铺设绝热层。

（4）穿越地面进入非采暖保温区域的金属管道应采取隔断热桥的措施。

（5）绝热层与地面面层之间应设有水泥混凝土结合层，构造做法及强度等级应符合设计要求。设计无要求时，水泥混凝土结合层的厚度不应小于 30mm，层内应设置间距不大于 200mm×200mm 的 φ6mm 钢筋网片。

（6）有地下室的建筑，地上、地下交界部位楼板的绝热层应采用外保温做法，绝热层表面应设有外保护层。外保护层应安全、耐候，表面应平整、无裂纹。

（7）建筑物勒脚处绝热层的铺设应符合设计要求。设计无要求时，应符合下列规定：

1）当地区冻土深度不大于 500mm 时，应采用外保温做法；

2）当地区冻土深度大于 500mm 且不大于 1000mm 时，宜采用内保温做法；

3）当地区冻土深度大于 1000mm 时，应采用内保温做法；

4）当建筑物的基础有防水要求时，宜采用内保温做法；

5）采用外保温做法的绝热层，宜在建筑物主体结构完成后再施工。

（8）绝热层的材料不应采用松散型材料或抹灰浆料。

（9）绝热层施工质量检验尚应符合现行国家标准《建筑节能工程施工质量验收规范》（GB 50411—2007）的有关规定。

3. 辐射供暖、供冷绝热层铺设

（1）铺设绝热层的原始工作面应平整、干燥、无杂物，边角交接面根部应平直且无积灰现象。

（2）泡沫塑料类绝热层、预制沟槽保温板、供暖板的铺设应平整，板间的相互接合应严密，接头应用塑料胶带粘接平顺。直接与土壤接触或有潮湿气体侵入的地面应在铺设绝热层之前铺设一层防潮层。

（3）在铺设辐射面绝热层的同时或在填充层施工前，应由供暖供冷系统安装单位在与辐射面垂直构件交接处设置不间断的侧面绝热层，侧面绝热层的设置应符合下列要求：

1）绝热层材料宜采用高发泡聚乙烯泡沫塑料，且厚度不宜小于 10mm；应采用搭接方式连接，搭接宽度不应小于 10mm；

2）绝热层材料也可采用密度不小于 20kg/m³ 的模塑聚苯乙烯泡沫塑料板，其厚度应为 20mm，聚苯乙烯泡沫塑料板接头处应采用搭接方式连接；

3）侧面绝热层应从辐射面绝热层的上边缘做到填充层的上边缘；交接部位应有可靠的固定措施，侧面绝热层与辐射面绝热层应连接严密。

（4）发泡水泥绝热层现场浇筑宜采用物理发泡工艺，并应符合下列要求：

1）施工浇筑中应随时观察检查浆料的流动性、发泡稳定性，并应控制浇筑厚度及地面平整度；发泡水泥绝热层自流平后，应采用刮板刮平；

2）发泡水泥绝热层内部的孔隙应均匀分布，不应有水泥与气泡明显的分离层；

3）当施工环境风力大于 5 级时，应停止施工或采取挡风等安全措施；

4）发泡水泥绝热层在养护过程中不得振动，且不应上人作业。

（5）发泡水泥绝热层应在浇筑过程中进行取样检验；宜按连续施工每50000m² 作为一个检验批，不足 50000m² 时应按一个检验批计。

（6）预制沟槽保温板铺设应符合下列要求：

1）可直接将相同规格的标准板块拼接铺设在楼板基层或发泡水泥绝热层上；

2）当标准板块的尺寸不能满足要求时，可用工具刀裁下所需尺寸的保温板对齐铺设；

3）相邻板块上的沟槽应互相对应、紧密依靠。

（7）供暖板及填充板铺设应符合下列要求：

1）带木龙骨的供暖板可用水泥钉钉在地面上进行局部固定，也可平铺在基层地面上；填充板应在现场加龙骨，龙骨间距不应大于 300mm，填充板的铺设方法与供暖板相同；

2）不带龙骨的供暖板和填充板可采用工程胶点粘在地面上，并在面层施工时一起固定；

3）填充板内的输配管安装后，填充板上应采用带胶铝箔覆盖输配管。

第三节 整体面层铺设

一、一般规定

1. 铺设整体面层时,水泥类基层的抗压强度不得小于1.2MPa;表面应粗糙、洁净、湿润并不得有积水。铺设前宜凿毛或涂刷界面剂或涂刷一遍水泥浆(水灰比为0.4~0.5),并随刷随铺。硬化耐磨面层、自流平面层的基层处理应符合设计及产品的要求。

2. 为了防治整体类面层因温差、收缩等造成裂缝或拱起、起壳等质量缺陷,铺设整体面层时,地面变形缝的位置应符合现行《建筑地面工程施工质量验收规范》GB 50209的规定;大面积水泥类面层应设置分格缝,如室内水泥类面层与走道邻接的门扇处应设分格缝;大开间楼层的水泥类整体面层在结构易变形的位置应设置分格缝。

3. 整体面层施工后,面层表面应保持湿润或涂刷养护液养护,养护时间不应少于7d;抗压强度应达到5MPa后方准上人行走;抗压强度应达到设计要求后,方可正常使用。

4. 当采用掺有水泥拌和料做踢脚线时,不得用石灰混合砂浆打底。踢脚线与墙面应紧密结合,高度一致,出墙厚度均匀。踢脚线宜在建筑地面面层基本完工及墙面最后一遍抹灰(或刷涂料)前完成,当墙面采用机械喷涂抹灰时,应先做踢脚线。

5. 水泥类整体面层的抹平工作应在水泥初凝前完成,压光工作应在水泥终凝前完成。防止因操作使表面结构破坏,影响面层质量。

6. 整体面层的允许偏差和检验方法应符合表3-10的规定。

表3-10 整体面层的允许偏差和检验方法

项次	项目	允许偏差(mm)									检验方法
		水泥混凝土面层	水泥砂浆面层	普通水磨石面层	高级水磨石面层	硬化耐磨面层	防油渗混凝土和不发火(防爆)面层	自流平面层	涂料面层	塑胶面层	
1	表面平整度	5	4	3	2	4	5	2	2	2	用2m靠尺和楔形塞尺检查

（续）

项次	项目	允许偏差（mm）									检验方法
		水泥混凝土面层	水泥砂浆面层	普通水磨石面层	高级水磨石面层	硬化耐磨面层	防油渗混凝土和不发火（防爆）面层	自流平面层	涂料面层	塑胶面层	
2	踢脚线上口平直	4	4	4	3	4	4	3	3	3	拉5m线和用钢尺检查
3	缝格顺直	3	3	3	2	3	3	2	2	2	

二、水泥混凝土面层

1. 材料控制要点

（1）水泥：宜采用硅酸盐水泥、普通硅酸盐水泥或矿渣硅酸盐水泥，其强度等级应在 32.5 级以上。

（2）砂：应选用水洗粗砂，含泥量不大于 3％。

（3）粗骨料：水泥混凝土采用的粗骨料最大粒径不大于面层厚度的 2/3，细石混凝土面层采用的石子粒径不应大于 16mm。

（4）外加剂：混凝土用外加剂应符合相关材料规范。

2. 施工及质量控制要点

（1）混凝土应采用机械拌合，原材料要求计量准确，搅拌时间不宜过短，应使混凝土满足坍落度、和易性要求。

（2）面层铺筑

1）当面层材料采用细石混凝土时，面层混凝土应按下列要求施工：

①铺前预先在湿润的基层表面涂刷一道素水泥浆（水灰比为 0.4～0.5），随刷随铺；

②按分段顺序铺混凝土，随铺随用刮尺刮平，用平板振动器振捣密实；

③当采用滚筒滚压时，应以一滚压半滚的方法，纵横来回交叉滚压 3～5 遍，直至表面泛浆为止。

（3）当面层材料采用普通混凝土时，面层混凝土铺筑后，用平板振捣器振动密实。然后用刮尺刮平、木抹子揉搓提浆抹平，多余的浮浆要随即刮除。

（4）水泥混凝土面层铺设不得留施工缝。当施工间隙超过允许时间，应先对已凝结的混凝土接槎处进行处理,再继续浇捣混凝土,并应捣实压平,不显接头槎。

(5)水泥混凝土终凝前,应完成面层抹平、压光工作。抹平、压光应按下列要求施工:

1)第一遍抹压应先用木抹子揉搓提浆并抹平再用铁抹子轻压,将脚印抹平,至表面压出水光为止。

2)第二遍抹压应当面层开始凝结,地面上用脚踩有脚印但不下陷时进行,用木抹子揉搓出浆,再用铁抹子进行第二遍抹压。把凹坑、砂眼填实并抹平,不应漏压。

3)当面层用脚踩稍有脚印,且抹压无抹纹时,用铁抹子进行第三遍抹压,抹压时要用力稍大,抹平压光不留抹纹为止。

(6)面层抹压完一般应在12h后进行洒水养护,并用塑料薄膜或无纺布覆盖,有条件的可采用蓄水养护,蓄水高度不小于20mm。

(7)抹踢脚线

1)当墙面抹灰时,踢脚线的底层砂浆和面层砂浆分两次抹成。墙体不抹灰时,踢脚线只抹面层砂浆。踢脚线高度一般为100~150mm,出墙厚度不宜大于8mm。

2)抹底层水泥砂浆:将墙面的砂浆等清理干净,洒水湿润,按标高控制线向下量测踢脚线上口标高,吊垂直线确定踢脚线抹灰厚度,然后拉通线、套方、贴灰饼,抹1:3水泥砂浆,用刮尺刮平、木抹子搓平、洒水养护。

3)抹面层砂浆:底层砂浆硬化后,上口拉线粘贴靠尺,抹1:2水泥砂浆,用刮尺板紧贴靠尺,垂直地面刮平,铁抹子压光。阴阳角、踢脚线上口以内用角抹子溜直压光。

(8)水泥混凝土面层厚度应符合设计要求。施工过程中应对面层厚度采取控制措施并进行检查。

3. 施工质量验收

(1)主控项目

1)水泥混凝土采用的粗骨料,最大粒径不应大于面层厚度的2/3,细石混凝土面层采用的石子粒径不应大于16mm。

检验方法:观察检查和检查质量合格证明文件。

检查数量:同一工程、同一强度等级、同一配合比检查一次。

2)防水水泥混凝土中掺入的外加剂的技术性能应符合国家现行有关标准的规定,外加剂的品种和掺量应经试验确定。

检验方法:检查外加剂合格证明文件和配合比试验报告。

检查数量:同一工程、同一品种、同一掺量检查一次。

3)面层的强度等级应符合设计要求,且强度等级不应小于 C20。

检验方法:检查配合比试验报告和强度等级检测报告。

检查数量:配合比试验报告按同一工程、同一强度等级、同一配合比检查一次;强度等级检测报告按本规范本章第一节"三、质量管理"的第 4 款的规定检查。

4)面层与下一层应结合牢固,且应无空鼓和开裂。当出现空鼓时,空鼓面积不应大于 $400cm^2$,且每自然间或标准间不应多于 2 处。

检验方法:观察和用小锤轻击检查。

检查数量:按本章第一节"三、质量管理"的第 2 款规定的检验批检查。

(2)一般项目

1)面层表面应洁净,不应有裂纹、脱皮、麻面、起砂等缺陷。

检验方法:观察检查。

检查数量:按本章第一节"三、质量管理"的第 2 款规定的检验批检查。

2)面层表面的坡度应符合设计要求,不应有倒泛水和积水现象。

检验方法:观察和采用泼水或用坡度尺检查。

检查数量:按本章第一节"三、质量管理"的第 2 款规定的检验批检查。

3)踢脚线与柱、墙面应紧密结合,踢脚线高度和出柱、墙厚度应符合设计要求且均匀一致。当出现空鼓时,局部空鼓长度不应大于 300mm,且每自然间或标准间不应多于 2 处。

检验方法:用小锤轻击、钢尺和观察检查。

检查数量:按本章第一节"三、质量管理"的第 2 款规定的检验批检查。

4)楼梯、台阶踏步的宽度、高度应符合设计要求。楼层梯段相邻踏步高度差不应大于 10mm;每踏步两端宽度差不应大于 10mm,旋转楼梯梯段的每踏步两端宽度的允许偏差不应大于 5mm。踏步面层应做防滑处理,齿角应整齐,防滑条应顺直、牢固。

检验方法:观察和用钢尺检查。

检查数量:按本章第一节"三、质量管理"的第 2 款规定的检验批检查。

5)水泥混凝土面层的允许偏差应符合表 3-10 的规定。

检验方法:按表 3-10 中的检验方法检验。

检查数量:按本章第一节"三、质量管理"的第 2 款规定的检验批和第 3 款的规定检查。

三、水泥砂浆面层

1. 材料控制要点

(1)水泥:宜采用硅酸盐水泥、普通硅酸盐水泥或矿渣硅酸盐水泥,其强度等级应在 32.5 级以上;不同品种、不同强度等级的水泥严禁混用。

(2)砂:应选用水洗中、粗砂,当选用石屑时,其粒径为 1～5mm;且含泥量不大于 3%。

(3)外加剂:砂浆用外加剂应符合相关材料规范。

2. 施工及质量控制要点

(1)水泥砂浆面层厚度应符合设计要求。施工过程中应对面层厚度采取控制措施并进行检查。

(2)铺砂浆前,先在基层上均匀刷聚合物水泥浆一遍(水灰比为 0.4～0.5),随刷随铺砂浆。水泥砂浆的虚铺厚度宜高于灰饼 3～4mm。

(3)涂刷聚合物水泥浆之后紧跟着铺水泥砂浆,砂浆应铺设均匀,刮平。刮平后立即用木抹子搓平,并随时用靠尺检查其平整度。如有分格要求的地面,可在分格处预先埋设分格条,分格条顶面与面层顶面平。

(4)楼梯水泥砂浆面层施工应符合下列要求:

1)找平砂浆硬化后方可进行面层施工。

2)面层水泥砂浆铺设后用刮尺将砂浆找平,用木抹子搓揉压实。踏步抹压应按先立面,再平面,后侧面的顺序进行。

3)楼梯水泥砂浆面层宜进行三遍压光。

4)楼梯板下滴水沿及截水槽应在楼梯面层抹完后进行。

5)防滑条施工应符合下列要求:

①楼梯面层施工前,按设计要求镶嵌木条,面层砂浆初凝后即取出木条,养护 7d;

②清理干净槽内杂物,在槽内安装、固定防滑条,防滑条宜高出踏步面约 5mm;

③采用金刚砂砂浆做防滑条时,预留槽应浇水湿润,抹 1∶1.5 水泥金刚砂砂浆,高出踏步面 4～5mm,并用圆阳角抹子捋实捋光。

(5)地面压光完工后,一般在 12h 左右开始养护,养护可采用洒水和覆盖的方法使面层保持湿润。

3. 施工质量验收

(1)主控项目

1)水泥宜采用硅酸盐水泥、普通硅酸盐水泥,不同品种、不同强度等级的水泥不应混用;砂应为中粗砂,当采用石屑时,其粒径应为 1～5mm,且含泥量不应大于 3%;防水水泥砂浆采用的砂或石屑,其含泥量不应大于 1%。

检验方法:观察检查和检查质量合格证明文件。

检查数量:同一工程、同一强度等级、同一配合比检查一次。

2)防水水泥砂浆中掺入的外加剂的技术性能应符合国家现行有关标准的规定,外加剂的品种和掺量应经试验确定。

检验方法:观察检查和检查质量合格证明文件、配合比试验报告。

检查数量:同一工程、同一强度等级、同一配合比、同一外加剂品种、同一掺量检查一次。

3)水泥砂浆的体积比(强度等级)应符合设计要求,且体积比应为1∶2,强度等级不应小于 M15。

检验方法:检查强度等级检测报告。

检查数量:按本章第一节"三、质量管理"的第 4 款的规定检查。

4)有排水要求的水泥砂浆地面,坡向应正确、排水通畅;防水水泥砂浆面层不应渗漏。

检验方法:观察检查和蓄水、泼水检验或坡度尺检查及检查检验记录。

检查数量:按本章第一节"三、质量管理"的第 2 款规定的检验批检查。

5)面层与下一层应结合牢固,且应无空鼓和开裂。当出现空鼓时,空鼓面积不应大于 $400cm^2$,且每自然间或标准间不应多于 2 处。

检验方法:观察和用小锤轻击检查。

检查数量:按本章第一节"三、质量管理"的第 2 款规定的检验批检查。

(2)一般项目

1)面层表面的坡度应符合设计要求,不应有倒泛水和积水现象。

检验方法:观察和采用泼水或坡度尺检查。

检查数量:按本章第一节"三、质量管理"的第 2 款规定的检验批检查。

2)面层表面应洁净,不应有裂纹、脱皮、麻面、起砂等现象。

检验方法:观察检查。

检查数量:按本章第一节"三、质量管理"的第 2 款规定的检验批检查。

3)踢脚线与柱、墙面应紧密结合,踢脚线高度及出柱、墙厚度应符合设计要求且均匀一致。当出现空鼓时,局部空鼓长度不应大于 300mm,且每自然间或标准间不应多于 2 处。

检验方法:用小锤轻击、钢尺和观察检查。

检查数量:按本章第一节"三、质量管理"的第 2 款规定的检验批检查。

4)楼梯、台阶踏步的宽度、高度应符合设计要求。楼层梯段相邻踏步高度差不应大于 10mm;每踏步两端宽度差不应大于 10mm,旋转楼梯梯段的每踏步两端宽度的允许偏差不应大于 5mm。踏步面层应做防滑处理,齿角应整齐,防滑条应顺直、牢固。

检验方法:观察和用钢尺检查。

检查数量:按本章第一节"三、质量管理"的第 2 款规定的检验批检查。

5)水泥砂浆面层的允许偏差应符合表 3-10 的规定。

检验方法:按表 3-10 中的检验方法检验。

检查数量:按本章第一节"三、质量管理"的第 2 款规定的检验批和第 3 款的规定检查。

四、水磨石面层

1. 材料控制要点

(1)水泥:宜采用硅酸盐水泥、普通硅酸盐水泥或矿渣硅酸盐水泥,其强度等级应在 32.5 级以上;不同品种、不同强度等级的水泥严禁混用;

(2)石粒:应选用坚硬可磨白云石、大理石等岩石加工而成,石粒应清洁无杂物,其粒径除特殊要求外应为 6~15mm,使用前应过筛洗净。

(3)砂:应选用水洗中、粗砂,当选用石屑时,其粒径为 1~5mm;且含泥量不大于 3%。

(4)分格条:玻璃条(3mm 厚平板玻璃裁制)或铜条(1~2mm 厚铜板裁制),宽度根据面层厚度确定,长度根据面层分格尺寸确定。

(5)颜料:应选用耐碱、耐光性强,着色力好的矿物颜料,不得使用酸性颜料。色泽必须按设计要求。水泥与颜料一次进场为宜。

2. 施工及质量控制要点

(1)水磨石面层应采用水泥与石粒拌和料铺设,有防静电要求时,拌和料内应按设计要求掺入导电材料。面层厚度除有特殊要求外,宜为 12~18mm,且宜按石粒粒径确定。水磨石面层的颜色和图案应符合设计要求。

(2)水磨石面层配合比和配色确定后宜先做样板,并按样板配合比进行备料。白色或浅色的水磨石面层应采用白水泥;深色的水磨石面层宜采用硅酸盐水泥、普通硅酸盐水泥或矿渣硅酸盐水泥;同颜色的面层应使用同一批水泥。同一彩色面层应使用同厂、同批的颜料;其掺入量宜为水泥重量的 3%~6%或由试验确定。颜料宜采用耐光、耐碱的矿物颜料,不得使用酸性颜料,并要求无结块。

(3)水磨石面层的结合层采用水泥砂浆时,强度等级应符合设计要求且不应小于 M10,稠度宜为 30~35mm。

(4)在铺设水磨石面层前,应在基层面上按设计要求的分格或图案设置分格条。防静电水磨石面层中采用导电金属分格条时,分格条应经绝缘处理,且十字交叉处不得碰接。分格条的施工要点如下:

1)找平层经养护达到 5MPa 以上强度后,先在找平层上按设计要求弹出纵、横垂直分格墨线或图案分格墨线,然后按墨线截裁,经校正、绝缘、干燥处理的导电金属分格条,导电金属分格条的间隙宜控制在 3~4mm。

2)分格条的嵌固可用纯水泥浆在分格条下部抹成八字角(与找平层约成 30°角)通长嵌固,八字角的高度宜比分格条顶面低 3~5mm。在距十字中心的四个方向应各空出 20mm 不抹纯水泥浆,使石子能填入夹角内。

3)分格条用水泥浆黏结固定,应先粘一侧,再粘另一侧,分格条为铜、铝料时,应用长 60mm 的 22 号钢丝从分格条孔中穿过,并埋固在水泥浆中。

4)分格条应平直、牢固、接头严密,并作为铺设面层的标志,拉 5m 通线检查平直度,其偏差不得超过 1mm。

5)镶条后 12h 开始洒水养护,不少于 2d。

(5)水磨石面层如采用多种颜色的石粒浆时,不可同时铺设,应先做深色的,后做浅色的,先做大面,后做镶边,待前一种石粒浆凝固后,再做后一种。

(6)面层表面细小孔隙和凹痕,应用同色水泥砂浆涂抹;脱落的石粒应补齐,养护后再磨。表面石子应显露均匀,无缺石子现象。普通水磨石面层磨光遍数不应少于 3 遍。高级水磨石面层的厚度和磨光遍数应由设计确定。开磨前应试磨,以面层石粒不松动方可开磨。

(7)水磨石面层磨光后,在涂草酸和上蜡前,其表面不得污染。涂草酸和上蜡工作应按下列要求施工:

1)用热水溶化草酸,冷却后在擦净的面层上用布均匀涂抹。每涂一段用 240~300 号油石磨出水泥及石粒本色,再冲洗干净,用棉纱或软布擦干。也可采取磨光后,在表面撒草酸粉并洒水擦洗,露出面层本色,再用清水洗净、擦干。

2)打蜡工作应在不影响水磨石面层质量的其他工序全部完成后进行。

3)用布或干净麻丝沾蜡均匀涂在水磨石面上,待蜡干后,用包有麻布或细帆布的木块代替油石,装在磨石机的磨盘上进行磨光,或用打蜡机打磨,直到水磨石表面光滑亮洁为止。高级水磨石应打二遍蜡,抛光两遍。打蜡后进行养护。

(8)防静电水磨石面层应在表面经清净、干燥后,在表面均匀涂抹一层防静电剂和地板蜡,并应做抛光处理。

(9)面层表面应光滑;无明显裂纹、砂眼和磨纹;石粒应密实,显露均匀;颜色图案宜一致,不混色;分格条应牢固、顺直和清晰。

3. 施工质量验收

(1)主控项目

1)水磨石面层的石粒应采用白云石、大理石等岩石加工而成,石粒应洁净无杂物,其粒径除特殊要求外应为 6~16mm;颜料应采用耐光、耐碱的矿物原料,不得使用酸性颜料。

检验方法:观察检查和检查质量合格证明文件。

检查数量:同一工程、同一体积比检查一次。

2)水磨石面层拌和料的体积比应符合设计要求,且水泥与石粒的比例应为1∶1.5～1∶2.5。

检验方法:检查配合比试验报告。

检查数量:同一工程、同一体积比检查一次。

3)防静电水磨石面层应在施工前及施工完成表面干燥后进行接地电阻和表面电阻检测,并应做好记录。

检验方法:检查施工记录和检测报告。

检查数量:按本章第一节"三、质量管理"的第2款规定的检验批检查。

4)面层与下一层结合应牢固,且应无空鼓、裂纹。当出现空鼓时,空鼓面积不应大于 400cm²,且每自然间或标准间不应多于 2 处。

检验方法:观察和用小锤轻击检查。

检查数量:按本章第一节"三、质量管理"的第2款规定的检验批检查。

(2)一般项目

1)面层表面应光滑,且应无裂纹、砂眼和磨痕;石粒应密实,显露应均匀;颜色图案应一致,不混色;分格条应牢固、顺直和清晰。

检验方法:观察检查。

检查数量:按本章第一节"三、质量管理"的第2款规定的检验批检查。

2)踢脚线与柱、墙面应紧密结合,踢脚线高度及出柱、墙厚度应符合设计要求且均匀一致。当出现空鼓时,局部空鼓长度不应大于 300mm,且每自然间或标准间不应多于 2 处。

检验方法:用小锤轻击、钢尺和观察检查。

检查数量:按本章第一节"三、质量管理"的第2款规定的检验批检查。

3)楼梯、台阶踏步的宽度、高度应符合设计要求。楼层梯段相邻踏步高度差不应大于 10mm;每踏步两端宽度差不应大于 10mm,旋转楼梯梯段的每踏步两端宽度的允许偏差不应大于 5mm。踏步面层应做防滑处理,齿角应整齐,防滑条应顺直、牢固。

检验方法:观察和用钢尺检查。

检查数量:按本章第一节"三、质量管理"的第2款规定的检验批检查。

4)水磨石面层的允许偏差应符合表 3-10 的规定。

检验方法:按表 3-10 中的检验方法检验。

检查数量:按本章第一节"三、质量管理"的第2款规定的检验批和第3款的规定检查。

五、硬化耐磨面层

1. 材料控制要点

(1)耐磨材料及界面剂所用原材料不得污染环境及危害人身健康,并应符合《民用建筑工程室内环境污染控制规范》(GB 50325—2010)的规定。

(2)进场材料均应有产品合格证书并按相应技术标准复验合格后方可使用。

(3)耐磨材料的骨料含量应在质保书中明示,其性能指标应符合表 3-11 的规定。

表 3-11　水泥基耐磨材料的技术要求

项目		技术要求	
		Ⅰ型	Ⅱ型
外观		均匀,无结块	
骨料含量偏差		生产商控制指标的±5%	
抗折强度,28d,MPa	≥	11.5	13.5
抗压强度,28d,MPa	≥	80.0	90.0
耐磨度比,%	≥	300	350
表面强度(压痕直径),mm	≤	3.30	3.10

(4)耐磨地面施工所用界面剂性能应符合表 3-12 的规定。

表 3-12　水泥基耐磨地面施工所用界面剂技术要求

项　　目			技术要求
剪切黏结强度 MPa		7d	≥1.0
		14d	≥1.5
拉伸黏结强度 MPa	未处理	7d	≥0.4
		14d	≥0.6
	浸水处理		≥0.5
	热处理		
	冻融循环处理		
	碱处理		
晾置时间,min			—

5)耐磨材料的测试方法应符合《混凝土地面用水泥基耐磨材料》(JC/T 906—2002)的规定。

6)耐磨地面施工所用界面剂测试方法应符合《混凝土界面处理剂》(JC/T 907—2002)的规定,晾置时间应根据工程需要由供需双方确定。

2. 施工及质量控制要点

(1)耐磨混凝土面层应按下列要求进行施工:

1)浇筑混凝土垫层,垫层应密实、表面平整;

2)沿垫层周边约100mm宽带处,可手撒面料适当加厚,木抹子抹压以避免产生边缘裂缝;

3)垫层已进入初凝,可进行提浆,并随时补料、整平;

4)铺摊耐磨面料,并做好边角的抹平压光工作;

5)1～2h后用抹光机或铁抹子反复多次抹光,面层开始初凝收浆后,进行最后一次铁抹子精抹;

(2)硬化耐磨面层应采用金属渣、屑、纤维或石英砂、金刚砂等,并应与水泥类胶凝材料拌和铺设或在水泥类基层上撒布铺设。

(3)硬化耐磨面层采用拌和料铺设时,拌和料的配合比应通过试验确定;采用撒布铺设时,耐磨材料的撒布量应符合设计要求,且应在水泥类基层初凝前完成撒布。

(4)硬化耐磨面层采用拌和料铺设时,宜先铺设一层强度等级不小于M15、厚度不小于20mm的水泥砂浆,或水灰比宜为0.4的素水泥浆结合层。

(5)硬化耐磨面层采用拌和料铺设时,铺设厚度和拌和料强度应符合设计要求。当设计无要求时,水泥钢(铁)屑面层铺设厚度不应小于30mm,抗压强度不应小于40MPa;水泥石英砂浆面层铺设厚度不应小于20mm,抗压强度不应小于30MPa;钢纤维混凝土面层铺设厚度不应小于40mm,抗压强度不应小于40MPa。

(6)硬化耐磨面层采用撒布铺设时,耐磨材料应撒布均匀,厚度应符合设计要求;混凝土基层或砂浆基层的厚度及强度应符合设计要求。当设计无要求时,混凝土基层的厚度不应小于50mm,强度等级不应小于C25;砂浆基层的厚度不应小于20mm,强度等级不应小于M15。

(7)硬化耐磨面层分格缝的间距及缝深、缝宽、填缝材料应符合设计要求。

(8)硬化耐磨面层铺设后应在湿润条件下静置养护,养护期限应符合材料的技术要求。

(9)硬化耐磨面层应在强度达到设计强度后方可投入使用。

3. 施工质量验收

(1)主控项目

1)硬化耐磨面层采用的材料应符合设计要求和国家现行有关标准的规定。

检验方法:观察检查和检查质量合格证明文件。

检查数量:采用拌和料铺设的,按同一工程、同一强度等级检查一次;采用撒布铺设的,按同一工程、同一材料、同一生产厂家、同一型号、同一规格、同一批号检查一次。

2)硬化耐磨面层采用拌和料铺设时,水泥的强度不应小于 42.5MPa。金属渣、屑、纤维不应有其他杂质,使用前应去油除锈、冲洗干净并干燥;石英砂应用中粗砂,含泥量不应大于 2%。

检验方法:观察检查和检查质量合格证明文件。

检查数量:同一工程、同一强度等级检查一次。

3)硬化耐磨面层的厚度、强度等级、耐磨性能应符合设计要求。

检验方法:用钢尺检查和检查配合比试验报告、强度等级检测报告、耐磨性能检测报告。

检查数量:厚度按本章第一节"三、质量管理"的第 2 款规定的检验批检查;配合比试验报告按同一工程、同一强度等级、同一配合比检查一次;强度等级检测报告按本规范本章第一节"三、质量管理"的第 4 款的规定检查;耐磨性能检测报告按同一工程抽样检查一次。

4)面层与基层(或下一层)结合应牢固,且应无空鼓、裂缝。当出现空鼓时,空鼓面积不应大于 400cm²,且每自然间或标准间不应多于 2 处。

检验方法:观察和用小锤轻击检查。

检查数量:按本章第一节"三、质量管理"的第 2 款规定的检验批检查。

(2)一般项目

1)面层表面坡度应符合设计要求,不应有倒泛水和积水现象。

检验方法:观察和采用泼水或用坡度尺检查。

检查数量:按本章第一节"三、质量管理"的第 2 款规定的检验批检查。

2)面层表面应色泽一致,切缝应顺直,不应有裂纹、脱皮、麻面、起砂等缺陷。

检验方法:观察检查。

检查数量:按本章第一节"三、质量管理"的第 2 款规定的检验批检查。

3)踢脚线与柱、墙面应紧密结合,踢脚线高度及出柱、墙厚度应符合设计要求且均匀一致。当出现空鼓时,局部空鼓长度不应大于 300mm,且每自然间或标准间不应多于 2 处。

检验方法:用小锤轻击、钢尺和观察检查。

检查数量:按本章第一节"三、质量管理"的第 2 款规定的检验批检查。

4)硬化耐磨面层的允许偏差应符合表 3-10 的规定。

检验方法:按表 3-10 中的检查方法检查。

检查数量:按本章第一节"三、质量管理"的第 2 款规定的检验批和第 3 款的规定检查。

六、防油渗面层

1. 材料控制要点

(1)水泥:防油渗混凝土面层应采用普通硅酸盐水泥,其强度等级应在 32.5 级以上。

(2)砂:应选用水洗中砂,洁净无杂物,其细度模数应为 2.3～2.6。

(3)碎石:应采用花岗石或石英石,严禁使用松散多孔和吸水率大的石子,粒径为 5～16mm,其最大粒径不应大于 20mm,含泥量不大于 1%。

(4)外加剂:防油渗混凝土中掺入的外加剂和防油渗剂应符合产品质量标准。

(5)防油渗涂料:应具有耐油、耐磨、耐火和黏结性能,符合产品质量标准。

2. 施工及质量控制要点

(1)基层表面上的浮浆,松动混凝土,砂浆,油污应清理干净。若在基层上直接铺设隔离层或防油渗涂料面层,基层表面应平整、洁净、干燥,平整度偏差应满足设计要求,含水率不应大于 9%。

(2)若在基层上直接浇灌防油渗混凝土,应提前 1d 对基层表面进行洒水湿润,但不得有积水。

(3)防油渗混凝土面层应按厂房柱网分区段浇筑,区段划分及分区段缝应符合设计要求。当设计无具体要求时,每区段面积不宜大于 50m²。

(4)分区缝应纵、横向设置,纵向缝间距为 3～6m,横向缝间距为 6～9m,并应与建筑轴线对齐。缝的深度为面层的总厚度,上下贯通,缝内用防油渗材料嵌缝。

(5)防油渗隔离层及防油渗面层与墙、柱连接处的构造应符合设计要求。

(6)若基层上直接浇筑防油渗混凝土面层,则在基层表面满刷一层防油渗水泥浆结合层,随刷随铺设防油渗混凝土拌合物,刮平找平。

(7)防油渗混凝土施工应满足以下要求:

1)浇筑时应用平板振动器振捣密实,表面塌陷处及时用混凝土补平,并拉线绳检查表面标高,再用刮杠刮平,铲除灰饼,补齐面层;

2)面层分三遍抹面,压光。表面收水后用铁抹子轻轻抹压一遍直至出浆为止;当面层上有脚印但不下陷时,用铁抹子进行第二遍抹压,把凹坑、砂浆填实抹平,不能漏抹;第三遍压光应用力抹光,把所有抹痕压平收光,使面层表面密实光洁;

3)防油渗混凝土面层内不得敷设管线。露出面层的电线管、接线盒、预埋套管和地脚螺栓等的处理,以及与墙、柱、变形缝、孔洞等连接处泛水均应采取防油渗措施并应符合设计要求;

4)防油渗混凝土面层厚度应符合设计要求,面层内配置的钢筋应根据设计要求确定,并应在分区段处断开。防油渗混凝土的强度等级应满足设计要求且配合比应按设计要求的强度等级和抗渗性能通过试验确定。

(8)防油渗面层采用防油渗涂料时,材料应按设计要求选用,并应具有耐油、耐磨、耐火和黏结性能,其抗拉黏结强度不应小于0.3MPa。防油渗涂料的涂刷(喷涂)不得少于三遍,涂层厚度宜为5～7mm。

(9)防油渗涂料干后宜用树脂乳液涂料涂刷1～2遍罩面,并在表面上打蜡上光、养护。

(10)雨期施工时操作面应封闭、遮挡,不能受到雨水浸渍。

(11)冬期施工时应保证面层在整个施工、养护过程中环境温度控制在5℃以上。

3. 施工质量验收

(1)主控项目

1)防油渗混凝土所用的水泥应采用普通硅酸盐水泥;碎石应采用花岗石或石英石,不应使用松散、多孔和吸水率大的石子,粒径为5mm～16mm,最大粒径不应大于20mm,含泥量不应大于1%;砂应为中砂,且应洁净无杂物;掺入的外加剂和防油渗剂应符合有关标准的规定。防油渗涂料应具有耐油、耐磨、耐火和黏结性能。

检验方法:观察检查和检查质量合格证明文件。

检查数量:同一工程、同一强度等级、同一配合比、同一黏结强度检查一次。

2)防油渗混凝土的强度等级和抗渗性能应符合设计要求,且强度等级不应小于C30;防油渗涂料的黏结强度不应小于0.3MPa。

检验方法:检查配合比试验报告、强度等级检测报告、黏结强度检测报告。

检查数量:配合比试验报告按同一工程、同一强度等级、同一配合比检查一次;强度等级检测报告按本章第一节"三、质量管理"的第4款的规定检查;抗拉黏结强度检测报告按同一工程、同一涂料品种、同一生产厂家、同一型号、同一规格、同一批号检查一次。

3)防油渗混凝土面层与下一层应结合牢固、无空鼓。

检验方法:用小锤轻击检查。

检查数量:按本章第一节"三、质量管理"的第 2 款规定的检验批检查。

4)防油渗涂料面层与基层应黏结牢固,不应有起皮、开裂、漏涂等缺陷。

检验方法:观察检查。

检查数量:按本章第一节"三、质量管理"的第 2 款规定的检验批检查。

(2)一般项目

1)防油渗面层表面坡度应符合设计要求,不得有倒泛水和积水现象。

检验方法:观察和采用泼水或用坡度尺检查。

检查数量:按本章第一节"三、质量管理"的第 2 款规定的检验批检查。

2)防油渗混凝土面层表面应洁净,不应有裂纹、脱皮、麻面和起砂等现象。

检验方法:观察检查。

检查数量:按本章第一节"三、质量管理"的第 2 款规定的检验批检查。

3)踢脚线与柱、墙面应紧密结合,踢脚线高度及出柱、墙厚度应符合设计要求且均匀一致。

检验方法:用小锤轻击、钢尺和观察检查。

检查数量:按本章第一节"三、质量管理"的第 2 款规定的检验批检查。

4)防油渗面层的允许偏差应符合表 3-10 的规定。

检验方法:按表 3-10 中的检验方法检验。

检查数量:按本章第一节"三、质量管理"的第 2 款规定的检验批和第 3 款的规定检查。

七、不发火(防爆)面层

1. 材料控制要点

(1)水泥:不发火(防爆)混凝土面层应采用普通硅酸盐水泥,其强度等级应在 32.5 级以上。

(2)砂:应质地坚硬、表面粗糙,其粒径宜为 0.15～5mm,含泥量不大于 3%,有机物含量不应大于 0.5%。

(3)碎石:应选用大理石、白云石或其他石料加工而成,并以金属或石料撞击时不发生火花为合格。

(4)分格条:面层分格的嵌条应采用不发生火花的材料配制。

(5)材料配制时应随时检查,不得混入金属或其他易发生火花的杂质。

2. 施工及质量控制要点

(1)不发火(防爆)面层应采用水泥类拌和料及其他不发火材料铺设(包括不发火橡胶、不发火塑料、不发火石材、不发火木材以及不发火涂料等),其材料和厚度应符合设计要求。

（2）不发火（防爆）各类面层的铺设应符合现行国家标准《建筑地面工程施工质量验收规范》（GB 50209—2010）相应面层的规定。

（3）不发火（防爆）混凝土面层铺设时，先在已湿润的基层表面均匀涂刷一道素水泥浆（水灰比为 0.4～0.5），随即按分仓顺序摊铺，用滚筒纵横交错来回滚压 3～5 遍至表面出浆，抹平压光。待浇筑完 12h 后洒水养护，养护时间不少于7d。养护期间不得上人和堆放物品。

（4）不发火（防爆）面层采用的材料和硬化后的试件，应按《建筑地面工程施工质量验收规范》GB 50209—2010 附录 A 做不发火性试验。

3. 施工质量验收

（1）主控项目

1）不发火（防爆）面层中碎石的不发火性必须合格；砂应质地坚硬、表面粗糙，其粒径应为 0.15～5mm，含泥量不应大于 3%，有机物含量不应大于 0.5%；水泥应采用硅酸盐水泥、普通硅酸盐水泥；面层分格的嵌条应采用不发生火花的材料配制。配制时应随时检查，不得混入金属或其他易发生火花的杂质。

检验方法：观察检查和检查质量合格证明文件。

检查数量：按本章第一节"三、质量管理"的第 4 款的规定检查。

2）不发火（防爆）面层的强度等级应符合设计要求。

检验方法：检查配合比试验报告和强度等级检测报告。

检查数量：配合比试验报告按同一工程、同一强度等级、同一配合比检查一次；强度等级检测报告按本规范本章第一节"三、质量管理"的第 4 款的规定检查。

3）面层与下一层应结合牢固，且应无空鼓和开裂。当出现空鼓时，空鼓面积不应大于 $400cm^2$，且每自然间或标准间不应多于 2 处。

检验方法：观察和用小锤轻击检查。

检查数量：按本章第一节"三、质量管理"的第 2 款规定的检验批检查。

4）不发火（防爆）面层的试件应检验合格。

检验方法：检查检测报告。

检查数量：同一工程、同一强度等级、同一配合比检查一次。

（2）一般项目

1）面层表面应密实，无裂缝、蜂窝、麻面等缺陷。

检验方法：观察检查。

检查数量：按本章第一节"三、质量管理"的第 2 款规定的检验批检查。

2）踢脚线与柱、墙面应紧密结合，踢脚线高度及出柱、墙厚度应符合设计要求且均匀一致。当出现空鼓时,局部空鼓长度不应大于 300mm,且每自然间或标准间不应多于 2 处。

检验方法:用小锤轻击、钢尺和观察检查。

检查数量:按本章第一节"三、质量管理"的第 2 款规定的检验批检查。

3)不发火(防爆)面层的允许偏差应符合表 3-10 的规定。

检验方法:按表 3-10 中的检验方法检验。

检查数量:按本章第一节"三、质量管理"的第 2 款规定的检验批和第 3 款的规定检查。

八、自流平面层

1. 材料控制要点

(1)环氧树脂自流平地面底层涂料与涂层、中层涂料与涂层、面层涂料与涂层的质量应符合表 3-13～表 3-15 的规定。

表 3-13　环氧树脂自流平地面底层涂料与涂层的质量

项　目	技术指标
容器中状态	透明液体、无机械杂质
混合后固体含量(%)	≥50
干燥时间(h)	表干≤3　实干≤24
涂层表面	均匀、平整、光滑,无起泡、无发白、无软化
附着力(MPa)	≥1.5

表 3-14　环氧树脂自流平地面中层涂料与涂层的质量

项　目		技术指标
容器中状态		搅拌后色泽均匀、无结块
混合后固体含量(%)		≥70
干燥时间(h)		表干≤8　实干≤48
涂层表面		密实、平整、均匀,无开裂、无起壳、无渗出物
附着力(MPa)		≥2.5
抗冲击(1kg 钢球自由落体)	1m	胶泥构造:无裂纹、剥落、起壳
	2m	砂浆构造:无裂纹、剥落、起壳
抗压强度(Mpa)		≥80
打磨性		易打磨

表 3-15 环氧树脂自流平地面面层涂料与涂层的质量

项 目		技术指标
容器中的状态		各色黏稠液,搅拌后均匀无结块
干燥时间(h)		表干≤8　实干≤24
涂层表面		平整光滑、色泽均匀、无针孔、气泡
附着力(MPa)		≥2.5
相对硬度 (任选)	D 型邵氏硬度	≥75
	铅笔硬度	≥3H
抗冲击(1kg 钢球自由落体)lm		无裂纹、剥落、起壳
抗压强度(MPa)		≥80
磨耗量(750r/500g)		≤60mg
容器中涂料的贮存期		密闭容器,阴凉干燥通风处,5℃～25℃,6 个月

(2)环氧树脂砂浆构造的自流平地面材料的质量应符合下列要求:

1)胶结料应采用环氧树脂。

2)填充材料应采用不同粒径组合而成的级配砂和粉。

3)环氧树脂砂浆的密度宜为 $2.2～2.4g/cm^3$。

4)现场配制的环氧树脂砂浆的颜色应均匀,并应无树脂析出现象。

5)环氧树脂砂浆构造的自流平地面涂层的质量应符合表 3-16 的规定。

表 3-16 环氧树脂砂浆构造的自流平地面涂层的质量

项 目	技术指标	
干燥时间(h)	表干≤12	实干≤72
涂层表面	密实、平整、均匀、无开裂、无起壳、无渗出物	
附着力(MPa)	≥2.5	
抗冲击(1kg 钢球自由落体)2m	涂层无裂纹、剥落、起壳	
抗压强度(MPa)	≥80	

(3)环氧树脂自流平砂浆地面材料的质量应符合下列要求:

1)填充材料应采用不同粒径组合而成的级配砂和粉。

2)级配砂和粉应保存在密闭容器中,并应清洁、干燥、无杂质,含水率不应大于 0.5%。

3)环氧树脂自流平砂浆地面涂层的质量应符合表 3-17 的规定。

表 3-17　环氧树脂自流平砂浆地面涂层的质量

项　　目	技术指标
干燥时间(h,25℃)	表干≤8　实干为 48～72
涂层表面	密实、平整、均匀,无开裂、无起壳、无渗出物
附着力(MPa)	≥2.5
抗冲击(1kg 钢球自由落体)2m	涂层无裂纹、剥落、起壳
抗压强度(MPa)	≥75

2. 施工及质量控制要点

(1)自流平面层可采用水泥基、石膏基、合成树脂基等拌和物铺设。

(2)自流平面层与墙、柱等连接处的构造做法应符合设计要求,铺设时应分层施工。

(3)自流平面层的基层应平整、洁净,基层的含水率应与面层材料的技术要求相一致。

(4)施工环境温度和湿度的变化对环氧树脂自流平地面涂料和环氧树脂自流平砂浆等的固化质量有直接影响,环氧树脂自流平地面施工环境温度宜为15～30℃,相对湿度不宜大于 85%。

(5)自流平面层的构造做法、厚度、颜色等应符合设计要求。

(6)有防水、防潮、防油渗、防尘要求的自流平面层应达到设计要求。

(7)基层表面不得有起砂、空鼓、起壳、脱皮、疏松、麻面、油脂、灰尘、裂纹等缺陷。混凝土基层应坚固、密实,强度不应低于 C25,厚度不应小于 150mm。为保证基层状况能够满足工艺要求,在施工前,对基层状况必须进行检查,即通过现场检测工具对工作面进行一次完整、全面、细致的检查,并做好详细记录。

(8)水泥基或石膏基自流平砂浆地面施工及质量控制应符合下列要求:

1)现场应封闭,严禁交叉作业。

2)基层检查应包括基层平整度、强度、含水率、裂缝、空鼓等项目。

3)应在处理好的基层上涂刷自流平界面剂,不得漏涂和局部积液。

4)制备浆料可采用人工法或机械法,并应充分搅拌至均匀无结块为止。

5)摊铺浆料时应按施工方案要求,采用人工或机械方式将自流平浆料倾倒于施工面,使其自行流展找平,也可用专用锯齿刮板辅助浆料均匀展开。

6)浆料摊平后,宜采用自流平消泡滚筒放气。

7)施工完成后的自流平地面,应在施工环境条件下养护 24h 以上方可使用。

8)施工完成后的自流平地面应做好成品保护。

(9)环氧树脂或聚氨酯自流平地面施工及质量控制

1)环氧树脂或聚氨酯材料是有机材料,可燃且有些属于易燃易爆品,所以施工区域严禁烟火,不得进行切割或电气焊等操作。

2)环氧树脂或聚氨酯自流平地面施工环境温度宜为 15～25℃,相对湿度不宜高于 80%,基层表面温度不宜低于 5℃。

3)环氧树脂或聚氨酯自流平地面面层施工时,现场应避免灰尘、飞虫、杂物等玷污。

4)环氧树脂或聚氨酯自流平地面工程的施工人员施工前,应做好劳动防护。

(10)水泥基自流平砂浆—环氧树脂或聚氨酯薄涂地面施工

1)水泥基自流平砂浆材料施工条件应符合《自流平地面工程技术规程》(JGJ/T 175—2009)第 7.1 节的规定。

2)环氧树脂或聚氨酯薄涂材料施工条件应符《自流平地面工程技术规程》(JGJ/T 175—2009)第 8.1 节的规定。

3)水泥基自流平砂浆施工工艺应符合《自流平地面工程技术规程》(JGJ/T 175—2009)第 7.2 节的规定。

3. 施工质量验收

(1)主控项目

1)自流平面层的铺涂材料应符合设计要求和国家现行有关标准的规定。

检验方法:观察检查和检查型式检验报告、出厂检验报告、出厂合格证。

检查数量:同一工程、同一材料、同一生产厂家、同一型号、同一规格、同一批号检查一次。

2)自流平面层的涂料进入施工现场时,应有以下有害物质限量合格的检测报告:

①水性涂料中的挥发性有机化合物(VOC)和游离甲醛;

②溶剂型涂料中的苯、甲苯+二甲苯、挥发性有机化合物(VOC)和游离甲苯二异氰醛酯(TDI)。

检验方法:检查检测报告。

检查数量:同一工程、同一材料、同一生产厂家、同一型号、同一规格、同一批号检查一次。

3)自流平面层的基层的强度等级不应小于 C20。

检验方法:检查强度等级检测报告。

检查数量:按本章第一节"三、质量管理"的第 4 款的规定检查。

4)自流平面层的各构造层之间应黏结牢固,层与层之间不应出现分离、空鼓现象。

检验方法:用小锤轻击检查。

检查数量:按本章第一节"三、质量管理"的第 2 款规定的检验批检查。

5)自流平面层的表面不应有开裂、漏涂和倒泛水、积水等现象。

检验方法:观察和泼水检查。

检查数量:按本章第一节"三、质量管理"的第 2 款规定的检验批检查。

(2)一般项目

1)自流平面层应分层施工,面层找平施工时不应留有抹痕。

检验方法:观察检查和检查施工记录。

检查数量:按本章第一节"三、质量管理"的第 2 款规定的检验批检查。

2)自流平面层表面应光洁,色泽应均匀、一致,不应有起泡、泛砂等现象。

检验方法:观察检查。

检查数量:按本章第一节"三、质量管理"的第 2 款规定的检验批检查。

3)自流平面层的允许偏差应符合表 3-10 的规定。

检验方法:按表 3-10 中的检验方法检验。

检查数量:按本章第一节"三、质量管理"的第 2 款规定的检验批和第 3 款的规定检查。

九、涂料面层

1. 材料控制要点

(1)建筑胶:密度 $1.03\sim1.05t/m^3$,固体含量 9%～10%,PH 值 7～8,无悬浮、沉淀物,储存在密容器内备用。

(2)水泥:强度等级为 32.5 级硅酸盐水泥或普通硅酸盐水泥。

(3)颜料:颜料颜色按设计要求,使用时应注意严格控制同一部位采用同一厂、同一批的质量合格颜料,并设专人配料、计量,水泥和颜料应拌合均匀,使其色泽一致、以防止面层颜色深浅不一、褪色、失光等疵病。

(4)粉料:耐酸率不应小于 95%,含水率不应大于 0.5%,细度要求通过 0.15mm 筛孔,筛余量不应小于 5%。

(5)蜡:使用地板蜡

2. 施工及质量控制要点

(1)基层已办理完验收手续,基层坡度,强度等级不应小于 C20 且符合设计要求,含水率应与涂料的技术要求相一致。基层表面平整、洁净、干燥,可进行下道工序施工。

(2)室内装饰,安装作业基本完成。

（3）现场通风良好且防尘、防晒措施得当，能保证地面涂料作业的正常施工。

（4）配制涂料时应根据产品说明书和工艺交底，将涂料的各成分、稀释剂、颜料等按一定比例搅拌均匀。

（5）涂刷中间层时应由里往外涂刷，满刷1～3遍，在前一遍涂料表面干后方可刷下一遍，每遍间隔时间通过现场试验确定。

（6）面层确认硬化并满足质量要求后，再涂一道养护蜡，保护涂膜表面，等干燥后用抛光机打磨抛光。

（7）涂料面层的厚度、颜色应符合设计要求。铺设时应分层施工，前一遍涂料未干前不得涂刷第二遍涂料。

（8）涂料面层的厚度、颜色应符合设计要求，铺设时应分层施工。

3. 施工质量验收

（1）主控项目

1）涂料应符合设计要求和国家现行有关标准的规定。

检验方法：观察检查和检查型式检验报告、出厂检验报告、出厂合格证。

检查数量：同一工程、同一材料、同一生产厂家、同一型号、同一规格、同一批号检查一次。

2）涂料进入施工现场时，应有苯、甲苯＋二甲苯、挥发性有机化合物（VOC）和游离甲苯二异氰酸酯（TDI）限量合格的检测报告。

检验方法：检查检测报告。

检查数量：同一材料、同一生产厂家、同一型号、同一规格、同一批号检查一次。

3）涂料面层的表面不应有开裂、空鼓、漏涂和倒泛水、积水等现象。

检验方法：观察和泼水检查。

检查数量：按本章第一节"三、质量管理"的第2款规定的检验批检查。

（2）一般项目

1）涂料找平层应平整，不应有刮痕。

检验方法：观察检查。

检查数量：按本章第一节"三、质量管理"的第2款规定的检验批检查。

2）涂料面层应光洁，色泽应均匀、一致，不应有起泡、起皮、泛砂等现象。

检验方法：观察检查。

检查数量：按本章第一节"三、质量管理"的第2款规定的检验批检查。

3）楼梯、台阶踏步的宽度、高度应符合设计要求。楼层梯段相邻踏步高度差不应大于10mm；每踏步两端宽度差不应大于10mm，旋转楼梯梯段的每踏步两端宽度的允许偏差不应大于5mm。踏步面层应做防滑处理，齿角应整齐，防滑条应顺直、牢固。

检验方法：观察和用钢尺检查。

检查数量：按本章第一节"三、质量管理"的第 2 款规定的检验批检查。

4）涂料面层的允许偏差应符合表 3-10 的规定。

检验方法：按表 3-10 中的检验方法检验。

检查数量：按本章第一节"三、质量管理"的第 2 款规定的检验批和第 3 款的规定检查。

十、塑胶面层

1. 材料控制要点

（1）水泥：宜采用硅酸盐水泥、普通硅酸盐水泥，其强度等级应在 32.5 以上；不同品种、不同强度等级的水泥严禁混用。

（2）砂：应选用中砂或粗砂，含泥量不得大于 3%。

（3）塑料板：板块和卷材的品种、规格、颜色、等级应符合设计要求和现行国家标准的规定。

（4）胶黏剂：塑料板的生产厂家一般会推荐或配套提供胶黏剂；如没有，可根据基层和塑料板以及施工条件选用乙烯类、氯丁橡胶类、聚氨酯、环氧树脂、建筑胶等。所选胶黏剂必须通过试验确定其适用性和使用方法。如室内用水性或溶剂型粘胶剂，应测定其总挥发性有机化合物（TVOC）和游离甲醛的含量。

2. 施工及质量控制要点

（1）塑胶面层应采用现浇型塑胶材料或塑胶卷材，宜在沥青混凝土或水泥类基层上铺设。用作体育竞赛的塑胶运动地板（面）应符合国家现行体育竞赛场地专业规范的要求。

（2）基层的强度和厚度应符合设计要求，表面应平整、干燥、洁净，无油脂及其他杂质。

（3）塑胶面层铺设时的环境温度宜为 10～30℃。

3. 施工质量验收

（1）主控项目

1）塑胶面层采用的材料应符合设计要求和国家现行有关标准的规定。

检验方法：观察检查和检查型式检验报告、出厂检验报告、出厂合格证。

检查数量：现浇型塑胶材料按同一工程、同一配合比检查一次；塑胶卷材按同一工程、同一材料、同一生产厂家、同一型号、同一规格、同一批号检查一次。

2）现浇型塑胶面层的配合比应符合设计要求，成品试件应检测合格。

检验方法:检查配合比试验报告、试件检测报告。

检查数量:同一工程、同一配合比检查一次。

3)现浇型塑胶面层与基层应黏结牢固,面层厚度应一致,表面颗粒应均匀,不应有裂痕、分层、气泡、脱(秃)粒等现象;塑胶卷材面层的卷材与基层应黏结牢固,面层不应有断裂、起泡、起鼓、空鼓、脱胶、翘边、溢液等现象。

检验方法:观察和用敲击法检查。

检查数量:按本章第一节"三、质量管理"的第2款规定的检验批检查。

(2)一般项目

1)塑胶面层的各组合层厚度、坡度、表面平整度应符合设计要求。

检验方法:采用钢尺、坡度尺、2m或3m水平尺检查。

检查数量:按本章第一节"三、质量管理"的第2款规定的检验批检查。

2)塑胶面层应表面洁净,图案清晰,色泽一致;拼缝处的图案、花纹应吻合,无明显高低差及缝隙,无胶痕;与周边接缝应严密,阴阳角应方正、收边整齐。

检验方法:观察检查。

检查数量:按本章第一节"三、质量管理"的第2款规定的检验批检查。

3)塑胶卷材面层的焊缝应平整、光洁,无焦化变色、斑点、焊瘤、起鳞等缺陷,焊缝凹凸允许偏差不应大于0.6mm。

检验方法:观察检查。

检查数量:按本章第一节"三、质量管理"的第2款规定的检验批检查。

4)塑胶面层的允许偏差应符合表3-10的规定。

检验方法:按表3-10中的检验方法检验。

检查数量:按本章第一节"三、质量管理"的第2款规定的检验批和第3款的规定检查。

十一、地面辐射供暖的整体面层

1. 施工及质量控制要点

(1)面层施工前,填充层应达到面层需要的干燥度和强度。面层施工除应符合土建施工设计图纸的各项要求外,尚应符合下列规定:

1)施工面层时,不得剔、凿、割、钻和钉填充层,不得向填充层内楔入任何物件;

2)石材、瓷砖在与内外墙、柱等垂直构件交接处,应留10mm宽伸缩缝;木地板铺设时,应留不小于14mm的伸缩缝;伸缩缝应从填充层的上边缘做到高出面层上表面10~20mm,面层敷设完毕后,应裁去伸缩缝多余部分;伸缩缝填充材料宜采用高发泡聚乙烯泡沫塑料;

（2）面积较大的面层应由建筑专业计算伸缩量，设置必要的面层伸缩缝。

（3）以木地板作为面层时，木材应经过干燥处理，且应在填充层和找平层完全干燥后进行木地板施工。

（4）以瓷砖、大理石、花岗岩作为面层时，填充层伸缩缝处宜采用干贴施工。

（5）采用预制沟槽保温板或供暖板时，面层可按下列方法施工：

1）木地板面层可直接铺设在预制沟槽保温板或供暖板上，可发性聚乙烯（EPE）垫层应铺设在保温板或供暖板下，不得铺设在加热部件上；

2）采用带木龙骨的供暖板时，木地板应与木龙骨垂直铺设；

3）铺设石材或瓷砖时，预制沟槽保温板及其加热部件上，应铺设厚度不小于30mm 的水泥砂浆找平层和粘接层；水泥砂浆找平层应加金属网，网格间距不应大于 100mm，金属直径不应小于 1.0mm。

（6）采用发泡水泥绝热层和水泥砂浆填充层时，当面层为瓷砖或石材地面时，填充层和面层应同时施工。

2. 施工质量验收

（1）主控项目

1）地面辐射供暖的整体面层采用的材料或产品除应符合设计要求和相应面层的规定外，还应具有耐热性、热稳定性、防水、防潮、防霉变等特点。

检验方法：观察检查和检查质量合格证明文件。

检查数量：同一工程、同一材料、同一生产厂家、同一型号、同一规格、同一批号检查一次。

2）地面辐射供暖的整体面层的分格缝应符合设计要求，面层与柱、墙之间应留不小于 10mm 的空隙。

检验方法：观察和用钢尺检查。

检查数量：按本章第一节"三、质量管理"的第 2 款规定的检验批检查。

3）其余主控项目及检验方法、检查数量应符合《建筑地面工程施工质量验收规范》（GB 50209—2010）第 5.2 节、5.3 节的有关规定。

（2）一般项目

一般项目及检验方法、检查数量应符合《建筑地面工程施工质量验收规范》（GB 50209—2010）第 5.2 节、5.3 节的有关规定。

第四节　板块面层铺设

一、一般规定

1. 铺设板块面层时，其水泥类基层的抗压强度不得小于 1.2MPa。

2. 铺设板块面层的结合层和板块间的填缝采用水泥砂浆时,应符合下列要求:

(1)配制水泥砂浆应采用硅酸盐水泥、普通硅酸盐水泥或矿渣硅酸盐水泥;

(2)配制水泥砂浆的砂应符合现行行业标准《普通混凝土用砂、石质量及检验方法标准》(JGJ 52—2006)的有关规定;

(3)水泥砂浆的体积比(或强度等级)应符合设计要求。

3. 结合层和板块面层填缝的胶结材料应符合国家现行有关标准的规定和设计要求。

4. 铺设水泥混凝土板块、水磨石板块、人造石板块、陶瓷锦砖、陶瓷地砖、缸砖、水泥花砖、料石、大理石、花岗石等面层的结合层和填缝材料采用水泥砂浆时,在面层铺设后,表面应覆盖、湿润,养护时间不应少于 7d。当板块面层的水泥砂浆结合层的抗压强度达到设计要求后,方可正常使用。

5. 大面积板块面层的伸、缩缝及分格缝应符合设计要求。

6. 板块类踢脚线施工时,不得采用混合砂浆打底。

7. 板块面层的允许偏差和检验方法应符合表 3-18 的规定。

二、砖面层

1. 材料控制要点

(1)水泥:宜采用硅酸盐水泥或普通硅酸盐水泥,其强度等级应在 32.5 级以上;不同品种、不同强度等级的水泥严禁混用。

(2)砂:应选用中砂或粗砂,含泥量不得大于 3%。

(3)砖:均有出厂合格证及性能检测报告,抗压、抗折及规格品种均符合设计要求,外观颜色一致、表面平整,图案花纹正确,边角齐整,无翘曲、裂纹等缺陷。

(4)如采用沥青胶结料或胶黏剂,其技术指标应符合设计要求,有出厂合格证和进场复试报告,并通过试验确定其适用性和使用要求。

2. 施工及质量控制要点

(1)砖面层可采用陶瓷锦砖、缸砖、陶瓷地砖和水泥花砖,应在结合层上铺设。有防腐蚀要求的砖面层可采用耐酸瓷砖、浸渍沥青砖、缸砖,其材质、铺设以及施工质量验收应符合现行国家标准《建筑防腐蚀工程施工及验收规范》(GB 50212—2014)的规定。

(2)在水泥砂浆结合层上铺贴缸砖、陶瓷地砖和水泥花砖面层时,应符合下列要求:

1)在铺贴前,应对砖的规格尺寸、外观质量、色泽等进行预选需要时,浸水湿润晾干待用;

表 3-18　板、块面层的允许偏差和检验方法

项次	项目	允许偏差（mm）												检验方法
		陶瓷锦砖面层、高级水磨石板、陶瓷地砖面层	缸砖面层	水泥花砖面层	水磨石板块面层	大理石面层、花岗石面层、人造石面层	塑料板面层	水泥混凝土板块面层	碎拼大理石、碎拼花岗石面层	活动地板面层	条石面层	块石面层		
1	表面平整度	2.0	4.0	3.0	3.0	1.0	2.0	4.0	3.0	2.0	10	10	用 2m 靠尺和楔形塞尺检查
2	缝格平直	3.0	3.0	3.0	3.0	2.0	3.0	3.0	—	2.5	8.0	8.0	拉 5m 线和用钢尺检查
3	接缝高低差	0.5	1.5	0.5	1.0	0.5	0.5	1.5	—	0.4	2.0	—	用钢尺和楔形塞尺检查
4	踢脚线上口平直	3.0	4.0	—	4.0	1.0	2.0	4.0	1.0	—	2.0	—	拉 5m 线和用钢尺检查
5	板块间隙宽度	2.0	2.0	2.0	2.0	1.0	—	6.0	—	0.3	5.0	—	用钢尺检查

2)铺贴时宜采用干硬性水泥砂浆,面砖应紧密、平实,砂浆饱满,并严格控制标高;

3)面层铺贴应在 24h 内进行擦缝、勾缝或压缝工作,缝深度宜为砖厚的1/3。勾缝和压缝应采用同品种、同强度等级、同颜色的水泥,并做养护和保护;

4)面砖的缝隙宽度应符合设计要求,当设计无规定时,紧密铺贴缝隙宽度不宜大于 1mm;虚缝铺贴缝隙宽度宜为 5~10mm。

(3)在水泥砂浆结合层上铺贴陶瓷锦砖面层时,砖底面应洁净,每联陶瓷锦砖之间、与结合层之间以及在墙角、镶边和靠柱、墙处应紧密贴合。在靠柱、墙处不得采用砂浆填补。

(4)结合层厚度应符合设计要求。如设计无规定,用水泥砂浆铺设时,结合层厚度宜为 10~15mm;采用胶黏剂铺设时,结合层厚度宜为 2~3mm。

(5)在胶结料结合层上铺贴缸砖面层时,缸砖应干净,铺贴应在胶结料凝结前完成。胶黏剂应选用有防水、防菌能力,并满足与基层材料和面层材料的相容性要求。

(6)用于擦缝的颜料应视饰面砖色选定。同一面层应使用同厂、同批的颜料,其掺入量宜为水泥重量的 3%~6%或由试验确定。

(7)踢脚线宜使用与地面同品种、同规格、同颜色的块材(不含陶瓷锦砖地面)。立缝应与地面缝对齐,阳角处块材宜采用 45°角对缝。踢脚线表面应洁净、高度一致、结合牢固、出墙厚度一致。

(8)砖面层的表面应洁净、图案清晰,色泽一致,接缝平整,深浅一致,周边顺直。板块应无裂纹、掉角和缺棱等缺陷。

(9)面层邻接处的镶边用料及尺寸应符合设计要求,且边角整齐、光滑。

(10)面层表面的坡度应符合设计要求,且不倒泛水、无积水;与地漏、管道结合处应严密牢固,无渗漏。

3. 施工质量验收

(1)主控项目

1)砖面层所用板块产品应符合设计要求和国家现行有关标准的规定。

检验方法:观察检查和检查型式检验报告、出厂检验报告、出厂合格证。

检查数量:同一工程、同一材料、同一生产厂家、同一型号、同一规格、同一批号检查一次。

2)砖面层所用板块产品进入施工现场时,应有放射性限量合格的检测报告。

检验方法:检查检测报告。

检查数量:同一工程、同一材料、同一生产厂家、同一型号、同一规格、同一批号检查一次。

3)面层与下一层的结合(黏结)应牢固,无空鼓(单块砖边角允许有局部空鼓,但每自然间或标准间的空鼓砖不应超过总数的 5%)。

检验方法:用小锤轻击检查。

检查数量:按本章第一节"三、质量管理"的第 2 款规定的检验批检查。

(2)一般项目

1)砖面层的表面应洁净、图案清晰,色泽应一致,接缝应平整,深浅应一致,周边应顺直。板块应无裂纹、掉角和缺楞等缺陷。

检验方法:观察检查。

检查数量:按本章第一节"三、质量管理"的第 2 款规定的检验批检查。

2)面层邻接处的镶边用料及尺寸应符合设计要求,边角应整齐、光滑。

检验方法:观察和用钢尺检查。

检查数量:按本章第一节"三、质量管理"的第 2 款规定的检验批检查。

3)踢脚线表面应洁净,与柱、墙面的结合应牢固。踢脚线高度及出柱、墙厚度应符合设计要求,且均匀一致。

检验方法:观察和用小锤轻击及钢尺检查。

检查数量:按本章第一节"三、质量管理"的第 2 款规定的检验批检查。

4)楼梯、台阶踏步的宽度、高度应符合设计要求。踏步板块的缝隙宽度应一致;楼层梯段相邻踏步高度差不应大于 10mm;每踏步两端宽度差不应大于 10mm,旋转楼梯梯段的每踏步两端宽度的允许偏差不应大于 5mm。踏步面层应做防滑处理,齿角应整齐,防滑条应顺直、牢固。

检验方法:观察和用钢尺检查。

检查数量:按本章第一节"三、质量管理"的第 2 款规定的检验批检查。

5)面层表面的坡度应符合设计要求,不倒泛水、无积水;与地漏、管道结合处应严密牢固,无渗漏。

检验方法:观察、泼水或用坡度尺及蓄水检查。

检查数量:按本章第一节"三、质量管理"的第 2 款规定的检验批检查。

6)砖面层的允许偏差应符合表 3-18 的规定。

检验方法:按表 3-18 中的检验方法检验。

检查数量:按本章第一节"三、质量管理"的第 2 款规定的检验批和第 3 款的规定检查。

三、大理石面层和花岗石面层

1. 材料控制要点

(1)水泥:宜采用硅酸盐水泥或普通硅酸盐水泥,其强度等级应在 32.5 级以上;不同品种、不同强度等级的水泥严禁混用。

（2）砂：应选用中砂或粗砂,含泥量不得大于3%。

（3）大理石和花岗岩：规格品种均符合设计要求,外观颜色一致、表面平整,形状尺寸、图案花纹正确,厚度一致并符合设计要求,边角齐整,无翘曲、裂纹等缺陷。

2. 施工及质量控制要点

（1）在铺设前,应根据石材的颜色、花纹、图案、纹理等按设计要求,试拼编号。

（2）结合层铺设前应刷一层素水泥浆,并随刷随铺设砂浆。砂浆厚度控制在放上大理石（或花岗石）板块时宜高出水平线3～4mm。

1）大理石、磨光花岗石不宜用于室外地面。花岗石用于室外时,其表面应做防滑处理;

2）板材有裂缝、掉角、翘曲和表面有缺陷时应予剔除,品种不同的板材不得混杂使用;

3）大理石、花岗石面层所用板块的品种、质量应符合设计要求。为防止使用阶段板块泛碱、变色,因此要求在板块内侧面刷防水剂,防水剂应选用与结合层相容的材料;

4）铺设大理石、花岗石面层前,板材应浸湿、晾干;结合层与板材应分段同时铺设;板材间、板材与结合层以及在墙角、镶边和靠墙处均应紧密砌合,不得有空隙。

5）大理石、花岗石面层的表面应洁净、平整、无磨痕,且图案清晰、色泽一致、接缝均匀、周边顺直、镶嵌正确,板块无裂纹、掉角、缺棱等缺陷。

（3）灌缝、擦缝材料应根据板材的颜色选择相同颜色矿物颜料。灌缝、擦缝应分几次进行,至基本灌满为止。

（4）铺砌后,其表面应加以保护,待结合层的水泥浆强度达到要求后,方可打蜡。

（5）碎拼天然大理石（花岗石）面,宜采用颜色协调、厚薄一致、不带尖角的碎块大理石（花岗石）板材在水泥砂浆结合层上铺设。在铺设时,按碎块大小合理排放,并应采用水泥砂浆或水泥与石粒的拌和料填补板材间隙。板材面层至少应打磨三遍,磨至表面光滑为止。

（6）面层表面的坡度应符合设计要求,不倒泛水、无积水;与地漏、管道结合处应严密牢固,无渗漏。

3. 施工质量验收

（1）主控项目

1）大理石、花岗石面层所用板块产品应符合设计要求和国家现行有关标准的规定。

检验方法：观察检查和检查质量合格证明文件。

检查数量：同一工程、同一材料、同一生产厂家、同一型号、同一规格、同一批号检查一次。

2）大理石、花岗石面层所用板块产品进入施工现场时，应有放射性限量合格的检测报告。

检验方法：检查检测报告。

检查数量：同一工程、同一材料、同一生产厂家、同一型号、同一规格、同一批号检查一次。

3）面层与下一层应结合牢固，无空鼓（单块板块边角允许有局部空鼓，但每自然间或标准间的空鼓板块不应超过总数的5%）。

检验方法：用小锤轻击检查。

检查数量：按本章第一节"三、质量管理"的第2款规定的检验批检查。

（2）一般项目

1）大理石、花岗石面层铺设前，板块的背面和侧面应进行防碱处理。

检验方法：观察检查和检查施工记录。

检查数量：按本章第一节"三、质量管理"的第2款规定的检验批检查。

2）大理石、花岗石面层的表面应洁净、平整、无磨痕，且应图案清晰，色泽一致，接缝均匀，周边顺直，镶嵌正确，板块应无裂纹、掉角、缺棱等缺陷。

检验方法：观察检查。

检查数量：按本章第一节"三、质量管理"的第2款规定的检验批检查。

3）踢脚线表面应洁净，与柱、墙面的结合应牢固。踢脚线高度及出柱、墙厚度应符合设计要求，且均匀一致。

检验方法：观察和用小锤轻击及钢尺检查。

检查数量：按本章第一节"三、质量管理"的第2款规定的检验批检查。

4）楼梯、台阶踏步的宽度、高度应符合设计要求。踏步板块的缝隙宽度应一致；楼层梯段相邻踏步高度差不应大于10mm；每踏步两端宽度差不应大于10mm，旋转楼梯梯段的每踏步两端宽度的允许偏差不应大于5mm。踏步面层应做防滑处理，齿角应整齐，防滑条应顺直、牢固。

检验方法：观察和用钢尺检查。

检查数量：按本章第一节"三、质量管理"的第2款规定的检验批检查。

5）面层表面的坡度应符合设计要求，不倒泛水、无积水；与地漏、管道结合处应严密牢固，无渗漏。

检验方法：观察、泼水或用坡度尺及蓄水检查。

检查数量:按本章第一节"三、质量管理"的第 2 款规定的检验批检查。

6)大理石面层和花岗石面层(或碎拼大理石面层、碎拼花岗石面层)的允许偏差应符合表 3-18 的规定。

检验方法:按表 3-18 中的检验方法检验。

检查数量:按本章第一节"三、质量管理"的第 2 款规定的检验批和第 3 款的规定检查。

四、预制板块面层

1. 材料控制要点

(1)水泥:宜采用硅酸盐水泥、普通硅酸盐水泥或矿渣硅酸盐水泥,其强度等级应在 32.5 级以上;不同品种、不同强度等级的水泥严禁混用。

(2)砂:应选用中砂或粗砂,含泥量不得大于 3%。

(3)预制板块:强度等级、规格、质量、色泽、图案均应符合设计要求;水磨石板块尚应符合国家现行行业标准《建筑水磨石制品》JC 507 的规定。

2. 施工及质量控制要点

(1)在铺砌板块前应进行预排版,必要时绘制施工大样图。试排时应尽量避免非整块板块的使用,应将非整块排于靠墙边角等不显眼的部位,非整块板块不应小于整块的 1/4 边长,对有地漏的建筑地面,尽量使地漏处于整板块的中央。

(2)基层应清洁、平整,铺砂浆前基层应均匀洒水湿润。

(3)应根据面层标高线铺筑结合层砂浆,所铺砂浆厚度宜高出板块底面 3~4mm;

(4)在现场加工的预制板块应按《建筑地面工程施工质量验收规范》(GB 50209—2010)第 5 章的有关规定执行;

(5)强度和品种不同的预制板块不宜混杂使用;

(6)板块在铺砌前背面应预先湿润,并晾干,铺时应达到面干内潮;

(7)板块间的缝隙宽度应符合设计要求。当设计无要求时,混凝土板块面层缝宽不宜大于 6mm,水磨石板块、人造石板块间的缝宽不应大于 2mm。预制板块面层铺完 24h 后,应用水泥砂浆灌缝至 2/3 高度,再用同色水泥浆擦(勾)缝,并将板面清理干净,养护;

(8)水泥混凝土板块面层的缝隙中,应采用水泥浆(或砂浆)填缝;彩色混凝土板块、水磨石板块、人造石板块应用同色水泥浆(或砂浆)擦缝。

(9)预制板块表面应无裂缝、掉角、翘曲等明显缺陷。

(10)预制板块面层应平整洁净,图案清晰,色泽一致,接缝均匀,周边顺直,镶嵌正确。

（11）面层邻接处的镶边用料尺寸应符合设计要求，边角整齐、光滑。

3. 施工质量验收

（1）主控项目

1）预制板块面层所用板块产品应符合设计要求和国家现行有关标准的规定。

检验方法：观察检查和检查型式检验报告、出厂检验报告、出厂合格证。

检查数量：同一工程、同一材料、同一生产厂家、同一型号、同一规格、同一批号检查一次。

2）预制板块面层所用板块产品进入施工现场时，应有放射性限量合格的检测报告。

检验方法：检查检测报告。

检查数量：同一工程、同一材料、同一生产厂家、同一型号、同一规格、同一批号检查一次。

3）面层与下一层应黏合牢固、无空鼓（单块板块边角允许有局部空鼓，但每自然间或标准间的空鼓板块不应超过总数的 5%）。

检验方法：用小锤轻击检查。

检查数量：按本章第一节"三、质量管理"的第 2 款规定的检验批检查。

（2）一般项目

1）预制板块表面应无裂缝、掉角、翘曲等明显缺陷。

检验方法：观察检查。

检查数量：按本章第一节"三、质量管理"的第 2 款规定的检验批检查。

2）预制板块面层应平整洁净，图案清晰，色泽一致，接缝均匀，周边顺直，镶嵌正确。

检验方法：观察检查。

检查数量：按本章第一节"三、质量管理"的第 2 款规定的检验批检查。

3）面层邻接处的镶边用料尺寸应符合设计要求，边角应整齐、光滑。

检验方法：观察和用钢尺检查。

检查数量：按本章第一节"三、质量管理"的第 2 款规定的检验批检查。

4）踢脚线表面应洁净，与柱、墙面的结合应牢固。踢脚线高度及出柱、墙厚度应符合设计要求，且均匀一致。

检验方法：观察和用小锤轻击及钢尺检查。

检查数量：按本章第一节"三、质量管理"的第 2 款规定的检验批检查。

5）楼梯、台阶踏步的宽度、高度应符合设计要求。踏步板块的缝隙宽度应一致；楼层梯段相邻踏步高度差不应大于 10mm；每踏步两端宽度差不应大于

10mm,旋转楼梯梯段的每踏步两端宽度的允许偏差不应大于 5mm。踏步面层应做防滑处理,齿角应整齐,防滑条应顺直、牢固。

检验方法:观察和用钢尺检查。

检查数量:按本章第一节"三、质量管理"的第 2 款规定的检验批检查。

6)水泥混凝土板块、水磨石板块、人造石板块面层的允许偏差应符合表 3-18 的规定。

检验方法:按表 3-18 中的检验方法检验。

检查数量:按本章第一节"三、质量管理"的第 2 款规定的检验批和第 3 款的规定检查。

五、料石面层

1. 材料控制要点

(1)水泥:硅酸盐水泥、矿渣硅酸盐水泥或普通硅酸盐水泥,其水泥强度等级不宜低于 32.5。

(2)砂:中砂或粗砂,应符合国家现行行业标准《普通混凝土用砂质量标准及检验方法》(JGJ 52—2006)的规定。

(3)天然条石和块石面层的规格、技术等级和厚度符合设计要求,条石的强度等级应大于 Mu60,块石强度等级应大于 Mu30。条石的质量应均匀,形状为矩形六面体,厚度 80~120mm,块石形状为直棱柱体,顶面平整,底面面积不宜小于顶面面积的 60%,厚度为 100~150mm。

(4)磨细生石灰粉:提前 48h 熟化后再用。

2. 施工及质量控制要点

(1)条石面层的结合层宜采用水泥砂浆,其厚度应符合设计要求。砂浆要拌合均匀,随拌随铺砌料石,初凝前砂浆用完。所铺砂浆厚度宜高出石块底面,保证铺稳压实后面层标高符合设计要求。

(2)块石面层的结合层宜采用砂垫层,其厚度不应小于 60mm;基土层应为均匀密实的基土或夯实的基土。

(3)条石和块石面层所用的石材的规格、技术等级和厚度应符合设计要求。

(4)不导电的料石面层的石料应采用辉绿岩石加工制成。填缝材料亦采用辉绿岩石加工的砂嵌实。耐高温的料石面层的石料,应按设计要求选用。

(5)面层铺设应满足下列要求:

1)条石应按规格尺寸分类,并垂直于行走方向拉线铺砌,铺砌方向和坡度应符合设计要求。条石面层应组砌合理,无十字缝,相邻两行的错缝应为条石长度的 1/3~1/2;

2）在水泥砂浆结合层上铺设条石时，混凝土垫层应清理干净，然后均匀涂刷水泥浆（水灰比为 0.4～0.5），随刷随铺结合层砂浆。石料间的缝隙应采用同类水泥砂浆嵌缝抹平；

3）在砂垫层上铺砌块石面层时，石料的大面应朝上，缝隙相互错开，通缝不超过两块石料。块石嵌入砂垫层的深度不应小于石料厚度的 1/3。

3. 施工质量验收

（1）主控项目

1）石材应符合设计要求和国家现行有关标准的规定；条石的强度等级应大于 Mu60，块石的强度等级应大于 Mu30。

检验方法：观察检查和检查质量合格证明文件。

检查数量：同一工程、同一材料、同一生产厂家、同一型号、同一规格、同一批号检查一次。

2）石材进入施工现场时，应有放射性限量合格的检测报告。

检验方法：检查检测报告。

检查数量：同一工程、同一材料、同一生产厂家、同一型号、同一规格、同一批号检查一次。

3）面层与下一层应结合牢固、无松动。

检验方法：观察和用锤击检查。

检查数量：按本章第一节"三、质量管理"的第 2 款规定的检验批检查。

（2）一般项目

1）条石面层应组砌合理，无十字缝，铺砌方向和坡度应符合设计要求；块石面层石料缝隙应相互错开，通缝不应超过两块石料。

检验方法：观察和用坡度尺检查。

检查数量：按本章第一节"三、质量管理"的第 2 款规定的检验批检查。

2）条石面层和块石面层的允许偏差应符合表 3-18 的规定。

检验方法：按表 3-18 中的检验方法检验。

检查数量：按本章第一节"三、质量管理"的第 2 款规定的检验批和第 3 款的规定检查。

六、塑料板面层

1. 材料控制要点

（1）塑料板面层应采用塑料板块材、塑料板焊接、塑料卷材以胶黏剂在水泥类基层上铺设。其材料质量应符合相关材料检验标准的规定。

（2）塑胶板面层材料的品种、规格、颜色、等级应符合设计要求和现行标准的规定,面层应平整、光洁、无裂纹、色泽均匀、厚薄一致、边缘平直、密实无孔,无皱纹,板内不应有杂质和气泡,外观目测 600mm 范围内不应有凹凸不平、色泽不匀、纹痕显露等现象。

(3)胶黏剂选用应符合现行国家标准《民用建筑工程室内环境污染控制规范》(GB 50325—2010)的规定。其产品应按基层材料和面层材料使用的相容性要求,通过试验确定。

(4)胶黏剂应有出厂合格证和使用说明书,并应标明有害物质名称及其含量,有害物质含量应符合《民用建筑工程室内环境污染控制规范》(GB 50325—2010)的规定。

2. 施工及质量控制要点

(1)塑料板面层应采用塑料板块材、塑料板焊接、塑料卷材以胶黏剂在水泥类基层上采用满粘或点粘法铺设。

(2)水泥类基层表面应平整、坚硬、干燥、密实、洁净、无油脂及其他杂质,不应有麻面、起砂、裂缝等缺陷。

(3)胶黏剂应按基层材料和面层材料使用的相容性要求,通过试验确定,其质量应符合国家现行有关标准的规定。

(4)塑料焊条宜选用等边三角形或圆形截面,表面应平整光洁,无孔眼、节瘤、皱纹,颜色宜均匀一致,焊条成分和性能应与被焊的板相同,其质量应符合有关技术标准的规定,并应有出厂合格证。防静电塑料板配套的胶黏剂、焊条等应具有防静电性能。

(5)塑胶板面层的施工顺序应先基层处理,后弹线、割块、铺贴和表面处理。塑胶板面层应按设计要求镶边。

(6)塑胶板面层施工应符合下列要求:

1)塑胶板面层铺贴应待顶棚、墙面、门窗、水泥地面以及建筑设备、涂料工程、裱糊等工程完成后进行。

2)用胶黏剂铺贴聚氯乙烯板或橡胶板时,室内相对湿度不应大于 70%,温度宜在 10～32℃之间。

3)施工前,应对板材进行检查、挑选并分类堆放,局部有缺陷的板材,可用于配制边角异型板。

4)按设计要求和弹线对塑胶板进行裁切试铺,试铺完后按位置进行编号。

5)塑胶板材铺贴时,应先将塑胶板一端对准弹线粘贴,用橡胶筒将塑胶板顺次平服地粘贴在地面上,粘贴应一次就位准确,排除地板与基层间的空气,用压辊压实或用橡胶锤敲打黏合密实。

6)面层与下一层的黏结应牢固,不翘边、不脱胶、无溢胶。

(7)半硬质聚氯乙烯板在铺贴前,宜采用丙酮、汽油的混合溶液进行脱脂除蜡。

（8）软质聚氯乙烯板（软质塑料板）在试铺前进行预热处理，宜放入 75℃ 的热水浸泡 10～20min，至板面全部软化伸平后取出晾干待用，不应用明火或电热炉预热。铺贴时，不能用力拉伸或撕扯卷材。

（9）地面塑料卷材应按房间尺寸拉直裁料，切口平直，其铺贴顺序与塑胶板相同。铺贴时，先对缝，后大面铺贴，连接应严密，并用橡胶滚筒压密实。

（10）踢脚线铺贴应符合下列要求。

1）塑料踢脚线铺贴应在地面铺贴完成后进行，铺贴的顺序为先阴阳角、后大面。踢脚线与地面对缝一致黏合后，应用橡胶滚筒反复滚压密实。

2）施工时，应先将塑料条钉在墙内预留的木砖上，钉距宜为 400～500mm，然后用焊枪喷烤塑料条，随即将踢脚线与塑料条黏结，见图 3-1。

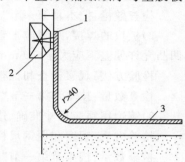

图 3-1
1-塑料条钉在木砖上；
2-木砖；3-塑料地板

（11）塑料板面层施工完成后的静置时间应符合产品的技术要求。

3. 施工质量验收

（1）主控项目

1）塑料板面层所用的塑料板块、塑料卷材、胶黏剂等应符合设计要求和国家现行有关标准的规定。

检验方法：观察检查和检查型式检验报告、出厂检验报告、出厂合格证。

检查数量：同一工程、同一材料、同一生产厂家、同一型号、同一规格、同一批号检查一次。

2）塑料板面层采用的胶黏剂进入施工现场时，应有以下有害物质限量合格的检测报告：

①溶剂型胶黏剂中的挥发性有机化合物（VOC）、苯、甲苯＋二甲苯；

②水性胶黏剂中的挥发性有机化合物（VOC）和游离甲醛。

检验方法：检查检测报告。

检查数量：同一工程、同一材料、同一生产厂家、同一型号、同一规格、同一批号检查一次。

3）面层与下一层的黏结应牢固，不翘边、不脱胶、无溢胶（单块板块边角允许有局部脱胶，但每自然间或标准间的脱胶板块不应超过总数的 5%；卷材局部脱胶处面积不应大于 20cm²，且相隔间距应大于或等于 50cm）。

检验方法：观察、敲击及用钢尺检查。

检查数量：按本章第一节"三、质量管理"的第 2 款规定的检验批检查。

（2）一般项目

1）塑料板面层应表面洁净，图案清晰，色泽一致，接缝应严密、美观。拼缝处的图案、花纹应吻合，无胶痕；与柱、墙边交接应严密，阴阳角收边应方正。

检验方法：观察检查。

检查数量：按本章第一节"三、质量管理"的第 2 款规定的检验批检查。

2）板块的焊接，焊缝应平整、光洁，无焦化变色、斑点、焊瘤和起鳞等缺陷，其凹凸允许偏差不应大于 0.6mm。焊缝的抗拉强度应不小于塑料板强度的 75％。

检验方法：观察检查和检查检测报告。

检查数量：按本章第一节"三、质量管理"的第 2 款规定的检验批检查。

3）镶边用料应尺寸准确、边角整齐、拼缝严密、接缝顺直。

检验方法：观察和用钢尺检查。

检查数量：按本章第一节"三、质量管理"的第 2 款规定的检验批检查。

4）踢脚线宜与地面面层对缝一致，踢脚线与基层的黏合应密实。

检验方法：观察检查。

检查数量：按本章第一节"三、质量管理"的第 2 款规定的检验批检查。

5）塑料板面层的允许偏差应符合表 3-18 的规定。

检验方法：按表 3-18 中的检验方法检验。

检查数量：按本章第一节"三、质量管理"的第 2 款规定的检验批和第 3 款的规定检查。

七、活动地板面层

1. 材料控制要点

（1）活动地板：面层材质必须符合设计要求，且应具有耐磨、防潮、阻燃、耐污染、耐老化和导静电等特点。

（2）配套附件：应符合设计要求，且应尺寸准确、连接牢固、配套齐全。

2. 施工及质量控制要点

（1）活动地板面层宜用于有防尘和防静电要求的专业用房的建筑地面。应采用特制的平压刨花板为基材，表面可饰以装饰板，底层应用镀锌板经黏结胶合形成活动地板块，配以横梁、橡胶垫条和可供调节高度的金属支架组装成架空板，应在水泥类面层（或基层）上铺设。

（2）活动地板所有的支座柱和横梁应构成框架一体，并与基层连接牢固；支架抄平后高度应符合设计要求。

（3）活动地板面层应包括标准地板、异形地板和地板附件（即支架和横梁组件）。采用的活动地板块应平整、坚实，面层承载力不应小于 7.5MPa，其应有耐磨、防潮、阻燃、耐污染、耐老化和导静电等特点，A 级板的系统电阻应为 $1.0 \times 10^5 \Omega \sim 1.0 \times 10^8 \Omega$，B 级板的系统电阻应为 $1.0 \times 10^5 \Omega \sim 1.0 \times 10^{10} \Omega$。

（4）活动地板面层的金属支架应支承在现浇水泥混凝土基层（或面层）上。基层表面应平整、光洁、不起灰，安装前应清扫干净，并根据需要，在其表面涂刷 $1 \sim 2$ 遍清漆或防尘剂，涂刷后不应有脱皮现象。

（5）安装支架和横梁时应符合下列要求。

1）将底座摆平在支座点上，核对中心线后，安装钢支架，按支架顶面标高拉纵横水平通线调整支架活动杆顶面标高并固定。再次用水平仪逐点抄平，水平尺校准支架托板。

2）支架顶调平后，弹横梁控制线，从房间中央开始安装横梁。横梁安装完毕，测量横梁表面平整度、方正度。

3）底座与基层之间注入环氧树脂，使之垫平并连接牢固，然后复测再次调平。如设计要求横梁与四周预埋铁件固定时，可用连板与桁条用螺栓连接或焊接。

（6）当房间的防静电要求较高，需要接地时，应将活动地板面层的金属支架、金属横梁连通跨接，并与接地体相连，接地方法应符合设计要求。

（7）活动板块与横梁接触搁置处应达到四角平整、严密，但不得采用加垫的方法调整。

（8）当活动地板不符合模数时，其不足部分可在现场根据实际尺寸将板块切割后镶补，并应配装相应的可调支撑和横梁。切割边不经处理不得镶补安装，并不得有局部膨胀变形情况。

（9）活动地板在门口处或预留洞口处应符合设置构造要求，四周侧边应用耐磨硬质板材封闭或用镀锌钢板包裹，胶条封边应符合耐磨要求。

（10）活动地板与柱、墙面接缝处的处理应符合设计要求，设计无要求时应做木踢脚线；通风口处，应选用异形活动地板铺贴。

（11）用于电子信息系统机房的活动地板面层，其施工质量检验尚应符合现行国家标准《数据中心基础设施施工及验收规范》(GB 50462—2015)的有关规定。

（12）活动地板下面的线槽和空调管道，应在铺设地板前先行安装。

（13）活动地板块的安装或开启，应使用吸板器或橡胶皮碗，并做到轻拿轻放，不应采用铁器硬撬。

3. 施工质量验收

（1）主控项目

1）活动地板应符合设计要求和国家现行有关标准的规定，且应具有耐磨、防潮、阻燃、耐污染、耐老化和导静电等性能。

检验方法：观察检查和检查型式检验报告、出厂检验报告、出厂合格证。

检查数量:同一工程、同一材料、同一生产厂家、同一型号、同一规格、同一批号检查一次。

2)活动地板面层应安装牢固,无裂纹、掉角和缺棱等缺陷。

检验方法:观察和行走检查。

检查数量:按本章第一节"三、质量管理"的第 2 款规定的检验批检查。

(2)一般项目

1)活动地板面层应排列整齐、表面洁净、色泽一致、接缝均匀、周边顺直。

检验方法:观察检查。

检查数量:按本章第一节"三、质量管理"的第 2 款规定的检验批检查。

2)活动地板面层的允许偏差应符合表 3-18 的规定。

检验方法:按表 3-18 中的检验方法检验。

检查数量:按本章第一节"三、质量管理"的第 2 款规定的检验批和第 3 款的规定检查。

八、金属板面层

1. 材料控制要点

(1)镀锌板:镀锌板应具有良好的外观,表面应平整、无孔洞、破裂及浮渣。其厚度应符合设计要求及相关规范标准。

(2)复合钢板:复合钢板应具有良好的外观,表面应平整,不平度每米不大于 12mm。厚度应满足设计要求。规格尺寸应符合相应规范要求。

2. 施工及质量控制要点

(1)金属板面层采用镀锌板、镀锡板、复合钢板、彩色涂层钢板、铸铁板、不锈钢板、铜板及其他合成金属板铺设。

(2)为了避免金属板面层及其配件锈蚀,金属板面层及其配件宜使用不锈蚀或经过防锈处理的金属制品。

(3)用于通道(走道)和公共建筑的金属板面层,应按设计要求进行防腐、防滑处理。

(4)金属板面层的接地做法应符合设计要求。

(5)具有磁吸性的金属板面层不得用于有磁场所。

3. 施工质量验收

(1)主控项目

1)金属板应符合设计要求和国家现行有关标准的规定。

检验方法:观察检查和检查型式检验报告、出厂检验报告、出厂合格证。

检查数量:同一工程、同一材料、同一生产厂家、同一型号、同一规格、同一批号检查一次。

2)面层与基层的固定方法、面层的接缝处理应符合设计要求。

检验方法:观察检查。

检查数量:按本章第一节"三、质量管理"的第 2 款规定的检验批检查。

3)面层及其附件如需焊接,焊缝质量应符合设计要求和现行国家标准《钢结构工程施工质量验收规范》(GB 50205—2001)的有关规定。

检验方法:观察检查和按现行国家标准《钢结构工程施工质量验收规范》(GB 50205—2001)规定的方法检验。

检查数量:按本章第一节"三、质量管理"的第 2 款规定的检验批检查。

4)面层与基层的结合应牢固,无翘边、松动、空鼓等。

检验方法:观察和用小锤轻击检查。

检查数量:按本章第一节"三、质量管理"的第 2 款规定的检验批检查。

(2)一般项目

1)金属板表面应无裂痕、刮伤、刮痕、翘曲等外观质量缺陷。

检验方法:观察检查。

检查数量:按本章第一节"三、质量管理"的第 2 款规定的检验批检查。

2)面层应平整、洁净、色泽一致,接缝应均匀,周边应顺直。

检验方法:观察和用钢尺检查。

检查数量:按本章第一节"三、质量管理"的第 2 款规定的检验批检查。

3)镶边用料及尺寸应符合设计要求,边角应整齐。

检验方法:观察检查和用钢尺检查。

检查数量:按本章第一节"三、质量管理"的第 2 款规定的检验批检查。

4)踢脚线表面应洁净,与柱、墙面的结合应牢固。踢脚线高度及出柱、墙厚度应符合设计要求,且均匀一致。

检验方法:观察和用小锤轻击及钢尺检查。

检查数量:按本章第一节"三、质量管理"的第 2 款规定的检验批检查。

5)金属板面层的允许偏差应符合表 3-18 的规定。

检验方法:按表 3-18 中的检验方法检验。

检查数量:按本章第一节"三、质量管理"的第 2 款规定的检验批和第 3 款的规定检查。

九、地毯面层

1. 材料控制要点

(1)地毯:地毯的品种、规格、颜色、花色、胶料和辅料及其材质必须符合设计要求和国家现行地毯产品标准的规定。污染物含量低于室内装饰装修材料地毯中有害物质释放限量标准。

（2）倒刺板：顺直，倒刺均匀，长度、角度符合设计要求。

（3）胶黏剂：地毯的生产厂家一般会推荐或配套提供胶黏剂；如没有，可根据基层和地毯以及施工条件选用。所选胶黏剂必须通过试验确定其适用性和使用方法。污染物含量低于室内装饰装修材料胶黏剂中有害物质限量标准。

2. 施工及质量控制要点

（1）地毯面层应采用地毯块材或卷材，以空铺法或实铺法铺设。地毯的品种、规格、颜色、花色、材质、胶料和辅料应符合设计要求和现行地毯产品标准的规定。

（2）铺设地毯的地面面层（或基层）应坚实、平整、洁净、干燥，无凹坑、麻面、起砂、裂缝，并不得有油污、钉头及其他凸出物。

（3）地毯铺设应在室内装饰完毕，室内所有重型设备就位并已调试，经专业验收合格后方可进行。大面积地毯施工前宜先放出施工大样，并做样板。

（4）地毯衬垫应满铺平整，地毯拼缝处不得露底衬。

（5）地毯应根据房间尺寸、形状用裁边机裁剪，地毯边缘部分应裁除，每段地毯的长度宜比房间长 20mm，宽度宜以裁去地毯边缘线后的尺寸计算。大面积房间可在施工地点剪裁、拼缝。

（6）空铺地毯面层应符合下列要求：

1）块材地毯宜先拼成整块，然后按设计要求铺设；

2）块材地毯的铺设，块与块之间应挤紧服帖；

3）卷材地毯宜先长向缝合，然后按设计要求铺设；

4）地毯面层的周边应压入踢脚线下；

5）地毯面层与不同类型的建筑地面面层的连接处，其收口做法应符合设计要求。

（7）实铺地毯面层应符合下列要求：

1）实铺地毯面层采用的金属卡条（倒刺板）、金属压条、专用双面胶带、胶黏剂等应符合设计要求；

2）铺设时，地毯的表面层宜张拉适度，四周应采用卡条固定；门口处宜用金属压条或双面胶带等固定；

3）地毯周边应塞入卡条和踢脚线下；

4）地毯面层采用胶黏剂或双面胶带黏结时，应与基层粘贴牢固。

（8）楼梯地毯面层铺设时，宜由上至下，逐级进行，梯段顶级（头）地毯应固定于平台上，其宽度应不小于标准楼梯、台阶踏步尺寸；阴角处应固定牢固；梯段末级(头)地毯与水平段地毯的连接处应顺畅、牢固。

3. 施工质量验收

（1）主控项目

1）地毯面层采用的材料应符合设计要求和国家现行有关标准的规定。

检验方法：观察检查和检查型式检验报告、出厂检验报告、出厂合格证。

检查数量：同一工程、同一材料、同一生产厂家、同一型号、同一规格、同一批号检查一次。

2）地毯面层采用的材料进入施工现场时，应有地毯、衬垫、胶黏剂中的挥发性有机化合物（VOC）和甲醛限量合格的检测报告。

检验方法：检查检测报告。

检查数量：同一工程、同一材料、同一生产厂家、同一型号、同一规格、同一批号检查一次。

3）地毯表面应平服，拼缝处应粘贴牢固、严密平整、图案吻合。

检验方法：观察检查。

检查数量：按本章第一节"三、质量管理"的第 2 款规定的检验批检查。

（2）一般项目

1）地毯表面不应起鼓、起皱、翘边、卷边、显拼缝、露线和毛边，绒面毛应顺光一致，毯面应洁净、无污染和损伤。

检验方法：观察检查。

检查数量：按本章第一节"三、质量管理"的第 2 款规定的检验批检查。

2）地毯同其他面层连接处、收口处和墙边、柱子周围应顺直、压紧。

检验方法：观察检查。

检查数量：按本章第一节"三、质量管理"的第 2 款规定的检验批检查。

十、地面辐射供暖的板块面层

1. 施工及质量控制要点

（1）地面辐射供暖的板块面层宜采用缸砖、陶瓷地砖、花岗石、水磨石板块、人造石板块、塑料板等，应在填充层上铺设。

（2）地面辐射供暖的板块面层采用胶结材料粘贴铺设时，填充层的含水率应符合胶结材料的技术要求。

（3）采用发泡水泥绝热层和水泥砂浆填充层时，当面层为瓷砖或石材地面时，填充层和面层应同时施工。

（4）地面辐射供暖的板块面层铺设时不得剔、凿、割、钻和钉填充层，不得扰动填充层，不得向填充层内楔入任何物件。面层铺设尚应符合本节板块面层中砖面层、大理石面层和花岗石面层、预制板块面层以及塑料板面层的有关规定。

2. 施工质量验收

(1)主控项目

1)地面辐射供暖的板块面层采用的材料或产品除应符合设计要求和本章相应面层的规定外,还应具有耐热性、热稳定性、防水、防潮、防霉变等特点。

检验方法:观察检查和检查质量合格证明文件。

检查数量:同一工程、同一材料、同一生产厂家、同一型号、同一规格、同一批号检查一次。

2)地面辐射供暖的板块面层的伸、缩缝及分格缝应符合设计要求;面层与柱、墙之间应留不小于 10mm 的空隙。

检验方法:观察和用钢尺检查。

检查数量:按本章第一节"三、质量管理"的第 2 款规定的检验批检查。

3)其余主控项目及检验方法、检查数量应符合《建筑地面工程施工质量验收规范》(GB 50209—2010)第 6.2 节、6.3 节、6.4 节、6.6 节的有关规定。

(2)一般项目

一般项目及检验方法、检查数量应符合《建筑地面工程施工质量验收规范》(GB 50209—2010)第 6.2 节、6.3 节、6.4 节、6.6 节的有关规定。

第五节　木、竹面层铺设

一、一般规定

1. 木、竹地板面层下的木搁栅、垫木、垫层地板等采用木材的树种、选材标准和铺设时木材含水率以及防腐、防蛀处理等,均应符合现行国家标准《木结构工程施工质量验收规范》(GB 50206—2012)的有关规定。所选用的材料应符合设计要求,进场时应对其断面尺寸、含水率等主要技术指标进行抽检,抽检数量应符合国家现行有关标准的规定。

2. 用于固定和加固用的金属零部件应采用不锈蚀或经过防锈处理的金属件。

3. 与厕浴间、厨房等潮湿场所相邻的木、竹面层的连接处应做防水(防潮)处理。且应有建筑标高差。

4. 木、竹面层铺设在水泥类基层上,其基层表面应坚硬、平整、洁净、不起砂,表面含水率不应大于 8%。水泥类基层通过质量验收后方可进行木、竹面层铺设施工。

5. 建筑地面工程的木、竹面层搁栅下架空结构层(或构造层)的质量检验,应符合国家相应现行标准的规定。

6. 木、竹面层的通风构造层包括室内通风沟、地面通风孔、室外通风窗等，均应符合设计要求。

7. 木、竹面层的允许偏差和检验方法应符合表 3-19 的规定。

表 3-19　木、竹面层的允许偏差和检验方法

项次	项目	允许偏差（mm）				检验方法
		实木地板、实木集成地板、竹地板面层			浸渍纸层压木质地板、实木复合地板、软木类地板面层	
		松木地板	硬木地板、竹地板	拼花地板		
1	板面缝隙宽度	1.0	0.5	0.2	0.5	用钢尺检查
2	表面平整度	3.0	2.0	2.0	2.0	用 2m 靠尺和楔形塞尺检查
3	踢脚线上口平齐	3.0	3.0	3.0	3.0	拉 5m 线和用钢尺检查
4	板面拼缝平直	3.0	3.0	3.0	3.0	
5	相邻板材高差	0.5	0.5	0.5	0.5	用钢尺和楔形塞尺检查
6	踢脚线与面层的接缝	1.0				楔形塞尺检查

二、实木地板、实木集成地板、竹地板面层

1. 材料控制要点

（1）实木地板：实木地板面层所采用的材质和铺设时的木材含水率必须符合设计要求，木搁栅、垫木和毛地板等必须做防腐、防蛀、防火处理。

（2）硬木踢脚板：宽度、厚度、含水率均应符合设计要求，背面应满涂防腐剂，花纹颜色应力求与面层地板相同。

（3）胶黏剂：应采用具有耐老化、防水和防菌、无毒等性能的材料，或按设计要求选用。胶黏剂应符合现行国家标准《民用建筑工程室内环境污染控制规范》

(GB 50325—2010)的规定。

(4)防腐、防蛀材料应符合相关产品质量标准。

2. 施工及质量控制要点

(1)实木地板、实木集成地板、竹地板面层应采用条材或块材或拼花，以空铺或实铺方式在基层上铺设。

(2)实木地板、实木集成地板、竹地板面层可采用双层面层和单层面层铺设，其厚度应符合设计要求；其选材应符合国家现行有关标准的规定。双层木地板面层适用于高级民用建筑；室内体育训练、比赛、练习用房和舞厅等公共建筑，以及有特殊要求建筑的硬木楼、地面工程；单层木地板面层适用于办公室、托儿所、会议室、高洁度实验室和中、高档旅馆及住宅；竹地板可用于通风干燥便于维护的室内场所，不宜用于卫生间、浴室、防潮处理不好的建筑底层及地下室等潮湿的环境。

(3)铺设实木地板、实木集成地板、竹地板面层时，其木搁栅的截面尺寸、间距和稳固方法等均应符合设计要求。木搁栅固定时，不得损坏基层和预埋管线。木搁栅应垫实钉牢，与柱、墙之间留出 20mm 的缝隙，表面应平直，其间距不宜大于 300mm。竹地板面层的搁栅校正水平后铺设的防潮材料，要求完整，破损处或接头处应重复遮盖；墙角四周的防潮材料不应低于踢脚线的高度。

(4)当面层下铺设垫层地板时，铺设前应清除垫层地板下空间内的刨花等杂物，垫层地板的髓心应向上，板间缝隙不应大于 3mm，与柱、墙之间应留 8～12mm 的空隙，表面应刨平，经检查合格后方可铺钉(贴)面层板。

(5)实木地板、实木集成地板、竹地板面层铺设时，相邻板材接头位置应错开不小于 300mm 的距离；与柱、墙之间应留 8～12mm 的空隙。

(6)采用实木制作的踢脚线，背面应抽槽并做防腐处理。

(7)竹地板宜采用错位法拼装，即将两端榫槽的结合缝与相邻的互相错开，而与相隔的结合缝处于同一条直线上。

(8)竹地板的宽度和长度与室内尺寸不成倍数，需将竹地板锯断、锯开时，应在锯口上涂抹一层清漆。

(9)竹地板铺设完工后，在拼缝中应涂入地板蜡。地板安装完毕后 12h 内不得踩踏。

(10)竹地板不得洒水清洗，应用湿布绞干擦洗，严禁用松香水、香蕉水等化学药水清洗。

3. 施工质量验收

(1)主控项目

1)实木地板、实木集成地板、竹地板面层采用的地板、铺设时的木(竹)材含水率、胶黏剂等应符合设计要求和国家现行有关标准的规定。

检验方法：观察检查和检查型式检验报告、出厂检验报告、出厂合格证。

检查数量：同一工程、同一材料、同一生产厂家、同一型号、同一规格、同一批号检查一次。

2)实木地板、实木集成地板、竹地板面层采用的材料进入施工现场时，应有以下有害物质限量合格的检测报告：

①地板中的游离甲醛（释放量或含量）；

②溶剂型胶黏剂中的挥发性有机化合物（VOC）、苯、甲苯＋二甲苯；

③水性胶黏剂中的挥发性有机化合物（VOC）和游离甲醛。

检验方法：检查检测报告。

检查数量：同一工程、同一材料、同一生产厂家、同一型号、同一规格、同一批号检查一次。

3)木搁栅、垫木和垫层地板等应做防腐、防蛀处理。

检验方法：观察检查和检查验收记录。

检查数量：按本章第一节"三、质量管理"的第 2 款规定的检验批检查。

4)木搁栅安装应牢固、平直。

检验方法：观察、行走、钢尺测量等检查和检查验收记录。

检查数量：按本章第一节"三、质量管理"的第 2 款规定的检验批检查。

5)面层铺设应牢固；黏结应无空鼓、松动。

检验方法：观察、行走或用小锤轻击检查。

检查数量：按本章第一节"三、质量管理"的第 2 款规定的检验批检查。

(2)一般项目

1)实木地板、实木集成地板面层应刨平、磨光，无明显刨痕和毛刺等现象；图案应清晰、颜色应均匀一致。

检验方法：观察、手摸和行走检查。

检查数量：按本章第一节"三、质量管理"的第 2 款规定的检验批检查。

2)竹地板面层的品种与规格应符合设计要求，板面应无翘曲。

检验方法：观察、用 2m 靠尺和楔形塞尺检查。

检查数量：按本章第一节"三、质量管理"的第 2 款规定的检验批检查。

3)面层缝隙应严密；接头位置应错开，表面应平整、洁净。

检验方法：观察检查。

检查数量：按本章第一节"三、质量管理"的第 2 款定的检验批检查。

4)面层采用黏、钉工艺时，接缝应对齐，黏、钉应严密；缝隙宽度应均匀一致；表面应洁净，无溢胶现象。

检验方法：观察检查。

检查数量：按本章第一节"三、质量管理"的第2款规定的检验批检查。

5)踢脚线应表面光滑，接缝严密，高度一致。

检验方法：观察和用钢尺检查。

检查数量：按本章第一节"三、质量管理"的第2款规定的检验批检查。

6)实木地板、实木集成地板、竹地板面层的允许偏差应符合表3-19的规定。

检验方法：按表3-19中的检验方法检验。

检查数量：按本章第一节"三、质量管理"的第2款规定的检验批和第3款的规定检查。

三、实木复合地板面层

1. 材料控制要点

（1）实木复合地板：实木复合地板面层所采用的条材和块材，其技术等级和质量要求应符合设计要求，含水率不应大于12％。木搁栅、垫木和毛地板等必须做防腐、防蛀及防火处理。

（2）胶黏剂：应采用具有耐老化、防水和防菌、无毒等性能的材料，或按设计要求选用。胶黏剂应符合现行国家标准《民用建筑工程室内环境污染控制规范》GB 50325 的规定。

（3）防腐、防蛀材料应符合相关产品质量标准。

2. 施工及质量控制要点

（1）实木复合地板面层采用的材料、铺设方式、铺设方法、厚度以及垫层地板铺设等，均应符合本节"二、实木地板、实木集成地板、竹地板面层"的要求。

（2）实木复合地板面层应采用空铺法和粘贴法（满粘或点粘）铺设。采用粘贴法铺设时，粘贴材料应按设计要求选用，并应具有耐老化、防水、防菌、无毒等性能；

（3）实木复合地板面层铺设时，相邻板材接头位置应错开不小于300mm的距离；与柱、墙之间应留不小于10mm的空隙。当面层采用无龙骨的空铺法铺设时，应在面层与柱墙之间的空隙内加设金属弹簧卡或木楔子，其间距宜为200～300mm。

（4）大面积铺设实木复合地板面层时，应分段铺设，分段缝的处理应符合设计要求。

（5）厕浴间、厨房等潮湿场所相邻的实木面层连接处，应做防水（防潮）处理，以防实木地面与基层剥离，空鼓。

3. 施工质量验收

(1)主控项目

1)实木复合地板面层采用的地板、胶黏剂等应符合设计要求和国家现行有关标准的规定。

检验方法:观察检查和检查型式检验报告、出厂检验报告、出厂合格证。

检查数量:同一工程、同一材料、同一生产厂家、同一型号、同一规格、同一批号检查一次。

2)实木复合地板面层采用的材料进入施工现场时,应有以下有害物质限量合格的检测报告:

①地板中的游离甲醛(释放量或含量);

②溶剂型胶黏剂中的挥发性有机化合物(VOC)、苯、甲苯+二甲苯;

③水性胶黏剂中的挥发性有机化合物(VOC)和游离甲醛。

检验方法:检查检测报告。

检查数量:同一工程、同一材料、同一生产厂家、同一型号、同一规格、同一批号检查一次。

3)木搁栅、垫木和垫层地板等应做防腐、防蛀处理。

检验方法:观察检查和检查验收记录。

检查数量:按本章第一节"三、质量管理"的第2款规定的检验批检查。

4)木搁栅安装应牢固、平直。

检验方法:观察、行走、钢尺测量等检查和检查验收记录。

检查数量:按本章第一节"三、质量管理"的第2款规定的检验批检查。

5)面层铺设应牢固;粘贴应无空鼓、松动。

检验方法:观察、行走或用小锤轻击检查。

检查数量:按本章第一节"三、质量管理"的第2款规定的检验批检查。

(2)一般项目

1)实木复合地板面层图案和颜色应符合设计要求,图案应清晰,颜色应一致,板面应无翘曲。

检验方法:观察、用2m靠尺和楔形塞尺检查。

检查数量:按本章第一节"三、质量管理"的第2款规定的检验批检查。

2)面层缝隙应严密;接头位置应错开,表面应平整、洁净。

检验方法:观察检查。

检查数量:按本章第一节"三、质量管理"的第2款规定的检验批检查。

3)面层采用粘、钉工艺时,接缝应对齐,粘、钉应严密;缝隙宽度应均匀一致;表面应洁净,无溢胶现象。

检验方法：观察检查。

检查数量：按本章第一节"三、质量管理"的第2款规定的检验批检查。

4）踢脚线应表面光滑，接缝严密，高度一致。

检验方法：观察和用钢尺检查。

检查数量：按本章第一节"三、质量管理"的第2款规定的检验批检查。

5）实木复合地板面层的允许偏差应符合表3-19的规定。

检验方法：按表3-19中的检验方法检验。

检查数量：按本章第一节"三、质量管理"的第2款规定的检验批和第3款的规定检查。

四、浸渍纸层压木质地板面层

1. 材料控制要点

（1）浸渍纸层压木质地板出厂应有合格证，外观质量和规格尺寸应符合现行国家标准《浸渍纸层压木地板》（GB/T 18102—2007）的要求。

（2）胶黏剂：应采用具有耐老化、防水和防菌、无毒等性能的材料，或按设计要求选用。胶黏剂应符合现行国家标准《民用建筑工程室内环境污染控制规范》（GB 50325—2010）的规定。

（3）防腐、防蛀材料应符合相关产品质量标准。

2. 施工及质量控制要点

（1）浸渍纸层压木质地板面层可采用有垫层地板和无垫层地板的方式铺设。有垫层地板时，垫层地板的材料和厚度应符合设计要求。

（2）衬垫一般为卷材，铺设前应按实际需要裁切成块，距离墙比地板略短10～20mm，方向与地板条方向垂直，衬垫拼缝应采用对接，留出2mm伸缩缝。如加设防潮薄膜时，防潮薄膜应重叠200mm。

（3）地板面层铺设应满足以下要求：

1）相邻板材接头位置应错开不小于300mm的距离；衬垫层、垫层地板及面层与柱、墙之间均应留出不小于10mm的空隙；

2）铺设前应试铺，铺设方向按设计要求，一般与房间长度方向一致或按"顺光，顺行走方向"的原则确定。自左向右逐排铺装，第一排凹槽向墙。在地板与墙之间用木楔控制离墙距离；

3）浸渍纸层压木质地板面层采用无龙骨的空铺法铺设时应在面层与柱、墙之间的空隙内加设金属弹簧卡或木楔子，其间距宜为200～300mm。

（4）夏季在高温条件下施工时，对所使用的胶黏剂要及时加以覆盖以防曝晒。

3. 施工质量验收

(1)主控项目

1)浸渍纸层压木质地板面层采用的地板、胶黏剂等应符合设计要求和国家现行有关标准的规定。

检验方法:观察检查和检查型式检验报告、出厂检验报告、出厂合格证。

检查数量:同一工程、同一材料、同一生产厂家、同一型号、同一规格、同一批号检查一次。

2)浸渍纸层压木质地板面层采用的材料进入施工现场时,应有以下有害物质限量合格的检测报告:

①地板中的游离甲醛(释放量或含量);

②溶剂型胶黏剂中的挥发性有机化合物(VOC)、苯、甲苯+二甲苯;

③水性胶黏剂中的挥发性有机化合物(VOC)和游离甲醛。

检验方法:检查检测报告。

检查数量:同一工程、同一材料、同一生产厂家、同一型号、同一规格、同一批号检查一次。

3)木搁栅、垫木和垫层地板等应做防腐、防蛀处理;其安装应牢固、平直,表面应洁净。

检验方法:观察、行走、钢尺测量等检查和检查验收记录。

检查数量:按本章第一节"三、质量管理"的第2款规定的检验批检查。

4)面层铺设应牢固、平整,粘贴应无空鼓、松动。

检验方法:观察、行走、钢尺测量、用小锤轻击检查。

检查数量:按本章第一节"三、质量管理"的第2款规定的检验批检查。

(2)一般项目

1)浸渍纸层压木质地板面层的图案和颜色应符合设计要求,图案应清晰,颜色应一致,板面应无翘曲。

检验方法:观察、用2m靠尺和楔形塞尺检查。

检查数量:按本章第一节"三、质量管理"的第2款规定的检验批检查。

2)面层的接头应错开、缝隙应严密、表面应洁净。

检验方法:观察检查。

检查数量:按本章第一节"三、质量管理"的第2款规定的检验批检查。

3)踢脚线应表面光滑,接缝严密,高度一致。

检验方法:观察和用钢尺检查。

检查数量:按本章第一节"三、质量管理"的第2款规定的检验批检查。

4)浸渍纸层压木质地板面层的允许偏差应符合表3-17的规定。

检验方法:按表 3-19 中的检验方法检验。

检查数量:按本章第一节"三、质量管理"的第 2 款规定的检验批和第 3 款的规定检查。

五、软木类地板面层

1. 材料控制要点

(1)软木类地板表面应平整、光滑,漆面应均匀,漆膜不允许鼓泡、皱皮。应具有自然、弹性好、脚感舒适、防滑、耐磨、变形小等特点。其具体要求应符合相应规范标准。

(2)胶黏剂:应采用具有耐老化、防水和防菌、无毒等性能的材料,或按设计要求选用。胶黏剂应符合现行国家标准《民用建筑工程室内环境污染控制规范》(GB 50325—2010)的规定。

(3)防腐、防蛀材料应符合相关产品质量标准。

2. 施工及质量控制要点

(1)软木类地板面层应采用软木地板或软木复合地板的条材或块材,在水泥类基层或垫层地板上铺设。软木地板面层应采用粘贴方式铺设,软木复合地板面层应采用空铺方式铺设。

(2)软木类地板面层的厚度应符合设计要求。

(3)软木类地板面层的垫层地板在铺设时,与柱、墙之间应留不大于 20mm 的空隙,表面应刨平。

(4)软木类地板面层铺设时,相邻板材接头位置应错开不小于 1/3 板长且不小于 200mm 的距离;面层与柱、墙之间应留出 8～12mm 的空隙;软木复合地板面层铺设时,应在面层与柱、墙之间的空隙内加设金属弹簧卡或木楔子,其间距宜为 200～300mm。

3. 施工质量验收

(1)主控项目

1)软木类地板面层采用的地板、胶黏剂等应符合设计要求和国家现行有关标准的规定。

检验方法:观察检查和检查型式检验报告、出厂检验报告、出厂合格证。

检查数量:同一工程、同一材料、同一生产厂家、同一型号、同一规格、同一批号检查一次。

2)软木类地板面层采用的材料进入施工现场时,应有以下有害物质限量合格的检测报告:

①地板中的游离甲醛（释放量或含量）；

②溶剂型胶黏剂中的挥发性有机化合物（VOC）、苯、甲苯＋二甲苯；

③水性胶黏剂中的挥发性有机化合物（VOC）和游离甲醛。

检验方法：检查检测报告。

检查数量：同一工程、同一材料、同一生产厂家、同一型号、同一规格、同一批号检查一次。

3）木搁栅、垫木和垫层地板等应做防腐、防蛀处理；其安装应牢固、平直，表面应洁净。

检验方法：观察、行走、钢尺测量等检查和检查验收记录。

检查数量：按本章第一节"三、质量管理"的第 2 款规定的检验批检查。

4）软木类地板面层铺设应牢固；粘贴应无空鼓、松动。

检验方法：观察、行走检查。

检查数量：按本章第一节"三、质量管理"的第 2 款规定的检验批检查。

（2）一般项目

1）软木类地板面层的拼图、颜色等应符合设计要求，板面应无翘曲。

检查方法：观察，2m 靠尺和楔形塞尺检查。

检查数量：按本章第一节"三、质量管理"的第 2 款规定的检验批检查。

2）软木类地板面层缝隙应均匀，接头位置应错开，表面应洁净。

检查方法：观察检查。

检查数量：按本章第一节"三、质量管理"的第 2 款规定的检验批检查。

3）踢脚线应表面光滑，接缝严密，高度一致。

检验方法：观察和用钢尺检查。

检查数量：按本章第一节"三、质量管理"的第 2 款规定的检验批检查。

4）软木类地板面层的允许偏差应符合表 3-19 的规定。

检验方法：按表 3-19 中的检验方法检验。

检查数量：按本章第一节"三、质量管理"的第 2 款规定的检验批和第 3 款的规定检查。

六、地面辐射供暖的木板面层

1. 施工及质量控制要点

（1）地面辐射供暖的木板面层宜采用实木复合地板、浸渍纸层压木质地板等，应在填充层上铺设。

（2）地面辐射供暖的木板面层可采用空铺法或胶粘法（满粘或点粘）铺设。当面层设置垫层地板时，垫层地板的材料和厚度应符合设计要求。

（3）地面辐射供暖的木板面层铺设时不得扰动填充层，不得向填充层内楔入任何物件。

（4）木地板铺设时，应留不小于 14mm 的伸缩缝；伸缩缝应从填充层的上边缘做到高出面层上表面 10～20mm，面层敷设完毕后，应裁去伸缩缝多余部分；伸缩缝填充材料宜采用高发泡聚乙烯泡沫塑料。

（5）面积较大的面层应由建筑专业计算伸缩量，设置必要的面层伸缩缝。

（6）以木地板作为面层时，木材应经过干燥处理，且应在填充层和找平层完全干燥后进行木地板施工。

2. 施工质量验收

（1）主控项目

1）地面辐射供暖的木板面层采用的材料或产品除应符合设计要求和本章相应面层的规定外，还应具有耐热性、热稳定性、防水、防潮、防霉变等特点。

检验方法：观察检查和检查质量合格证明文件。

检查数量：同一工程、同一材料、同一生产厂家、同一型号、同一规格、同一批号检查一次。

2）地面辐射供暖的木板面层与柱、墙之间应留不小于 10mm 的空隙。当采用无龙骨的空铺法铺设时，应在空隙内加设金属弹簧卡或木模子，其间距宜为 200～300mm。

检验方法：观察和用钢尺检查。

检查数量：按本章第一节"三、质量管理"的第 2 款规定的检验批检查。

3）其余主控项目及检验方法、检查数量应符合《建筑地面工程施工质量验收规范》（GB 50209—2010）第 7.3 节、7.4 节的有关规定。

（2）一般项目

1）地面辐射供暖的木板面层采用无龙骨的空铺法铺设时，应在填充层上铺设一层耐热防潮纸（布）。防潮纸（布）应采用胶黏搭接，搭接尺寸应合理，铺设后表面应平整，无皱褶。

检验方法：观察检查。

检查数量：按本章第一节"三、质量管理"的第 2 款规定的检验批检查。

2）其余一般项目及检验方法、检查数量应符合《建筑地面工程施工质量验收规范》（GB 50209—2010）第 7.3 节、7.4 节的有关规定。

第四章 抹 灰 工 程

第一节 一 般 规 定

1. 抹灰砂浆的品种及强度等级

（1）抹灰砂浆的品种宜根据使用部位或基体种类按表 4-1 选用。

表 4-1 抹灰砂浆的品种选用

使用部位或基体种类	抹灰砂浆品种
内墙	水泥抹灰砂浆、水泥石灰抹灰砂浆、水泥粉煤灰抹灰砂浆、掺塑化剂水泥抹灰砂浆、聚合物水泥抹灰砂浆、石膏抹灰砂浆
外墙、门窗洞口外侧壁	水泥抹灰砂浆、水泥粉煤灰抹灰砂浆
温(湿)度较高的车间和房屋、地下室、屋檐、勒脚等	水泥抹灰砂浆、水泥粉煤灰抹灰砂浆
混凝土板和墙	水泥抹灰砂浆、水泥石灰抹灰砂浆、聚合物水泥抹灰砂浆、石膏抹灰砂浆
混凝土顶棚、条	聚合物水泥抹灰砂浆、石膏抹灰砂浆
加气混凝土砌块(板)	水泥石灰抹灰砂浆、水泥粉煤灰抹灰砂浆、掺塑化剂水泥抹灰砂浆、聚合物水泥抹灰砂浆、石膏抹灰砂浆

（2）抹灰砂浆的品种及强度等级应满足设计要求。除特别说明外，抹灰砂浆性能的试验方法应按现行行业标准《建筑砂浆基本性能试验方法标准》(JGJ/T 70—2009)执行。

（3）抹灰砂浆强度不宜比基体材料强度高出两个及以上强度等级，并应符合下列规定：

1）对于无粘贴饰面砖的外墙，底层抹灰砂浆宜比基体材料高一个强度等级或等于基体材料强度。

2）对于无粘贴饰面砖的内墙，底层抹灰砂浆宜比基体材料低一个强度等级。

3）对于有粘贴饰面砖的内墙和外墙，中层抹灰砂浆宜比基体材料高一个强度等级且不宜低于 M15，并宜选用水泥抹灰砂浆。

4）孔洞填补和窗台、阳台抹面等宜采用 M15 或 M20 水泥抹灰砂浆。

2. 抹灰砂浆组成材料

(1)配制强度等级不大于 M20 的抹灰砂浆,宜用 32.5 级通用硅酸盐水泥或砌筑水泥;配制强度等级大于 M20 的抹灰砂浆,宜用强度等级不低于 42.5 级的通用硅酸盐水泥。通用硅酸盐水泥宜采用散装的。

(2)用通用硅酸盐水泥拌制抹灰砂浆时,可掺入适量的石灰膏、粉煤灰、粒化高炉矿渣粉、沸石粉等,不应掺入消石灰粉。用砌筑水泥拌制抹灰砂浆时,不得再掺加粉煤灰等矿物掺合料。

(3)拌制抹灰砂浆,可根据需要掺入改善砂浆性能的添加剂。目前抹灰砂浆中常用的外加剂包括:减水剂、防水剂、缓凝剂、塑化剂、砂浆防冻剂等。

3. 抹灰砂浆的施工稠度

抹灰砂浆的施工稠度宜按表 4-2 选取。聚合物水泥抹灰砂浆的施工稠度宜为 50~60mm,石膏抹灰砂浆的施工稠度宜为 50~70mm。

表 4-2　抹灰砂浆的施工稠度

抹灰层	施工稠度(mm)
底层	90~110
中层	70~90
面层	70~80

4. 抹灰砂浆的搅拌时间

抹灰砂浆的搅拌时间应自加水开始计算,并应符合下列规定。

(1)水泥抹灰砂浆和混合砂浆,搅拌时间不得小于 120s。

(2)预拌砂浆和掺有粉煤灰、添加剂等的抹灰砂浆,搅拌时间不得小于 180s。

5. 抹灰工程应对下列隐蔽工程项目进行验收

(1)抹灰总厚度大于或等于 35mm 时的加强措施。

(2)不同材料基体交接处的加强措施。

6. 抹灰工程验收应检查的文件和记录

(1)工程施工图、设计说明或其他设计文件。

(2)原材料的产品合格证书和性能检测报告、进场验收记录和复验报告。

(3)隐蔽工程验收记录。

(4)砂浆配合比报告及试块抗压强度检验报告。

(5)外墙及顶棚抹灰层拉伸黏结强度检测报告。

(6)抹灰工程施工记录。

7. **各分项工程检验批的划分：**

(1)相同材料、工艺和施工条件的室外抹灰工程每 500～1000m² 时应划分为一个检验批，不足 500m² 时也应划分为一个检验批。

(2)相同材料、工艺和施工条件的室内抹灰工程每 50 个自然间(大面积房间和走廊按抹灰面积 30m² 为一间)应划分为一个检验批，不足 50 间也应划分为一个检验批。

8. **检查数量**

(1)室内每个检验批应至少抽查 10％，并不得少于 3 间；不足 3 间时应全数检查。

(2)室外每个检验批每 100m² 应至少抽查一处，每处不得小于 10m²。

第二节　一般抹灰工程

1. **材料控制要点**

(1)抹灰砂浆所用原材料不应对人体、生物与环境造成有害的影响，并应符合现行国家标准《建筑材料放射性核素限量》GB 6566 的规定。

(2)水泥宜采用强度等级不低于 32.5 级的硅酸盐水泥、普通硅酸盐水泥和矿渣硅酸盐水泥。不同品种、不同等级、不同厂家的水泥，不得混合使用。

通用硅酸盐水泥和砌筑水泥应分别符合现行国家标准《通用硅酸盐水泥》国家标准号第 1 号修改单(GB 175—2007/XG1—2009)和《砌筑水泥》(GB/T 3183—2003)的规定。

(3)抹灰砂浆宜用中砂。不得含有有害杂质，砂的含泥量不应超过 5％，且不应含有 4.75mm 以上粒径的颗粒，并应符合现行行业标准《普通混凝土用砂、石质量及检验方法标准》(JGJ 52—2006)的规定。人工砂、山砂及细砂应经试配试验证明能满足抹灰砂浆要求后再使用。

(4)其他材料

1)石灰膏

①石灰膏应在储灰池中熟化，熟化时间不应少于 15d，且用于罩面抹灰砂浆时不应少于 30d，并应用孔径不大于 3mm×3mm 的网过滤。

②磨细生石灰粉熟化时间不应少于 3d，并应用孔径不大于 3mm×3mm 的网过滤。

③沉淀池中储存的石灰膏，应采取防止干燥、冻结和污染的措施。

④脱水硬化的石灰膏不得使用；未熟化的生石灰粉及消石灰粉不得直接使用。

2）抹灰砂浆的拌合用水应符合现行行业标准《混凝土用水标准》（JGJ 63—2006）的规定。

3）粉煤灰应符合现行国家标准《用于水泥和混凝土中的粉煤灰》（GB/T 1596—2005）的规定。

4）磨细生石灰粉应符合现行行业标准《建筑生石灰粉》（JC/T 479—2013）的规定。

5）建筑石膏宜采用半水石膏，并应符合现行国家标准《建筑石膏》（GB/T 9776—2008）规定。

6）界面砂浆应符合现行行业标准《混凝土界面处理剂》（JC/T 907—2002）的规定。

7）纤维、聚合物、缓凝剂等应具有产品合格证书、产品性能检测报告。

2. 施工及质量控制要点

（1）内墙抹灰

1）对于烧结砖砌体的基层，应清除表面杂物、残留灰浆、舌头灰、尘土等，并应在抹灰前一天浇水润湿，水应渗入墙面内 10～20mm。抹灰时，墙面不得有明水。

2）对于蒸压灰砂砖、蒸压粉煤灰砖、轻骨料混凝土、轻骨料混凝土空心砌块的基层，应清除表面杂物、残留灰浆、舌头灰、尘土等，并可在抹灰前浇水润湿墙面。

3）抹灰饼时，应根据室内抹灰要求确定灰饼的正确位置，并应先抹上部灰饼，再抹下部灰饼，然后用靠尺板检查垂直与平整。灰饼宜用 M15 水泥砂浆抹成 50mm 方形。

4）抹灰前应对预留孔洞和配电箱、槽、盒的位置、安装进行检查，箱、槽、盒外口应与抹灰面齐平或略低于抹灰面。应先抹底灰，抹平后，应把洞、箱、槽、盒周边杂物清除干净，用水将周边润湿，并用砂浆把洞口、箱、槽、盒周边压抹平整、光滑。再分层抹灰，抹灰后，应把洞、箱、槽、盒周边杂物清除干净，再用砂浆抹压平整、光滑。

5）水泥踢脚（墙裙）、梁、柱等应用 M20 以上的水泥砂浆分层抹灰。当抹灰层需具有防水、防潮功能时，应采用防水砂浆。

（2）外墙抹灰

先上部，后下部，先檐口再墙面（包括门窗周围、窗台、阳台、雨篷等）。大面积的外墙可分片同时施工。高层建筑垂直方向适当分段，如一次抹不完时，可在阴阳角交接处或分隔线处间断施工。

外墙抹灰应在冲筋 2h 后再抹底灰，并应先抹一层薄灰，且应压实并覆盖整个基层，待前一层六七成干时，再分层抹灰、找平。每层每次抹灰厚度宜为 5～7mm，如找平有困难需增加厚度，应分层分次逐步加厚。抹灰总厚度大于或等于 35mm 时，应采取加强措施，并应经现场技术负责人认定。

1）在抹檐口、窗台、窗眉、阳台、雨篷、压顶和突出墙面的腰线以及装饰凸线时,应有流水坡度,下面应做滴水线(槽)不得出现倒坡。窗洞口的抹灰层应深入窗框周边的缝隙内,并应堵塞密实。做滴水线(槽)时,应先抹立面,再抹顶面,后抹底面,并应保证其流水坡度方向正确。

2)阳台、窗台、压顶等部位应用 M20 以上水泥砂浆分层抹灰。

(3)顶棚抹灰

1)混凝土顶棚抹灰前,应先将楼板表面附着的杂物清除干净,并应将基面的油污或脱模剂清除干净,凹凸处应用聚合物水泥抹灰砂浆修补平整或剔平。

2)抹底灰的方向与楼板接缝及木模板木纹方向相垂直;抹灰顺序宜由前往后退。

3)抹中层灰应先抹顶棚四周,再抹大面。抹完后用软刮尺顺平,并用木抹子搓平。使整个中层灰表面顺平,如平整度欠佳,应再补抹及赶平一次,如底层砂浆吸收较快,应及时洒水。

4)抹面层灰时应待中层灰六七成干时,即可用纸筋石灰或麻刀石灰抹灰层。抹面层一般二遍成活,第一遍宜薄抹,紧接着抹第二遍,砂浆稍干,再用塑料抹子顺着抹纹压实压光。

5)预制混凝土顶棚抹灰厚度不宜大于 10mm;现浇混凝土顶棚抹灰厚度不宜大于 5mm。

3. 施工质量验收

(1)主控项目

1)抹灰前基层表面的尘土、污垢、油渍等应清除干净,并应洒水润湿。

检验方法:检查施工记录。

2)一般抹灰所用材料的品种和性能应符合设计要求。水泥的凝结时间和安定性复验应合格。砂浆的配合比应符合设计要求。

检验方法:检查产品合格证书、进场验收记录、复验报告和施工记录。

3)抹灰工程应分层进行。当抹灰总厚度大于或等于 35mm 时,应采取加强措施。不同材料基体交接处表面的抹灰,应采取防止开裂的加强措施,当采用加强网时,加强网与各基体的搭接宽度不应小于 100mm。

检验方法:检查隐蔽工程验收记录和施工记录。

4)抹灰层与基层之间及各抹灰层之间必须黏结牢固,抹灰层应无脱层、空鼓,面层应无爆灰和裂缝。

检验方法:观察;用小锤轻击检查;检查施工记录。

(2)一般项目

1)一般抹灰工程的表面质量应符合下列规定:

①普通抹灰表面应光滑、洁净、接搓平整,分格缝应清晰。

②高级抹灰表面应光滑、洁净、颜色均匀、无抹纹,分格缝和灰线应清晰美观。

检验方法:观察;手摸检查。

2)护角、孔洞、槽、盒周围的抹灰表面应整齐、光滑;管道后面的抹灰表面应平整。

检验方法:观察。

3)抹灰层的总厚度应符合设计要求;水泥砂浆不得抹在石灰砂浆层上;罩面石膏灰不得抹在水泥砂浆层上。

检验方法:检查施工记录。

4)抹灰分格缝的设置应符合设计要求,宽度和深度应均匀,表面应光滑,棱角应整齐。

检验方法:观察;尺量检查。

5)有排水要求的部位应做滴水线(槽)。滴水线(槽)应整齐顺直,滴水线应内高外低,滴水槽的宽度和深度均不应小于 10mm。

检验方法:观察;尺量检查。

6)一般抹灰工程质量的允许偏差和检验方法应符合表 4-3 的规定。

表 4-3 抹灰工程质量的允许偏差和检验方法

序号	项目	允许偏差(mm)		检验方法
		普通抹灰	高级抹灰	
1	立面垂直度	+4 0	+3 0	用 2m 垂直检测尺检查
2	表面平整度	+4 0	+3 0	用 2m 靠尺和塞尺检查
3	阴阳角方正	+4 0	+3 0	用直角检测尺检查
4	分格条(缝)直线度	+4 0	+3 0	拉 5m 线,不足 5m 拉通线,用钢直尺检查
5	墙裙、勒脚上口直线度	+4 0	+3 0	拉 5m 线,不足 5m 拉通线,用钢直尺检查

注:1. 普通抹灰,上表第三项阴阳角方正可不检查;

2. 顶棚抹灰,上表第二项表面平整度可不检查,但应平顺。

第三节 装饰抹灰工程

1. 材料控制要点

（1）水刷石

1）石渣宜选 4～6mm 的中、小八厘，要求颗粒坚韧、有棱角、洁净，使用应过筛，冲洗干净并晾干，装袋或用苫布盖好存放，防水、防尘、防污染。

2）砂宜采用中砂，使用前应用 5mm 筛孔过筛，含泥量不大于 3%。

（2）斩假石

所用集料（石子、玻璃、粒砂等）颗粒坚硬，色泽一致，不含杂质，使用前必须过筛、洗净、晾干，防止污染。

（3）干粘石

1）石子粒径宜选 5～6mm 或 3～4mm，使用前应淘洗、择渣，晾晒后选出干净房间或袋装予以分类储存备用。

2）砂宜为中砂，或粗砂与中砂混合掺用。中砂平均粒径为 0.35～0.5mm，要求颗粒坚硬洁净，含泥量不得超过 3%，砂在使用前应过筛。

（4）假面砖

砂宜选用中粗砂，使用前过筛，含泥量不大于 3%。

（5）颜料

采用耐碱、耐光的颜料，应采用同一个厂家、同一牌号、同一批量生产的产品，并应一次备齐。

2. 施工及质量控制要点

（1）水刷石

1）面层厚度视石粒粒径而定，通常为石粒粒径的 2.5 倍。水泥石粒浆（或水泥石灰膏石粒浆）的稠度应为 50～70mm。

2）抹石子浆时，每个分格自下而上用铁抹子一次抹完揉平，注意石粒不要压得过于紧固。

3）每抹完一格，用直尺检查，凹凸处及时修理，露出平面的石粒轻轻拍平。

4）抹阳角时，先抹的一侧不宜使用八字靠尺，将石粒浆没过转角，然后再抹另一侧。抹另一侧时用八字靠尺将角部靠直找平。

5）石子浆面层稍收水后，用铁抹子把石子浆满压一遍，露出的石子尖棱拍平，小孔洞压实、挤严，将其内水泥浆挤出，用软毛刷蘸水刷去表面灰浆，重新压实溜光，反复进行 3～4 遍。分格条边的石粒要略高 1～2mm。

（2）斩假石的斩剁顺序宜先上后下，由左到右，先剁转角和四周边缘，后剁中间墙面。剁纹的深度一般以 1/3 石米的粒径为宜。斩剁完后用水冲刷墙面。

（3）干粘石

1）干湿情况适宜时即可开始甩石粒。甩粒顺序宜为先边角后中间，先上面后下面。

2）一手拿木拍，一手抱托盘，用木拍铲起石粒，反手甩向黏结层，方向与墙面大致垂直。

3）用抹子或油印橡胶滚轻轻压一下，使石粒嵌入砂浆的深度不小于 1/2 粒径。

（4）假面砖按面砖尺寸画线应符合下列要求：

1）面层稍收水后，用靠尺板使铁梳子或铁辊向上向下划纹，深度不超过 1mm。

2）根据面砖尺寸线，用铁钩子沿木靠尺划出砖缝沟，深度以露出中层灰面为准。划好砖缝后，扫去浮砂。

3. 施工质量验收

（1）主控项目

1）抹灰前基层表面的尘土、污垢、油渍等应清除干净，并应洒水润湿。

检验方法：检查施工记录。

2）装饰抹灰工程所用材料的品种和性能应符合设计要求。水泥的凝结时间和安定性复验应合格。砂浆的配合比应符合设计要求。

检验方法：检查产品合格证书、进场验收记录、复验报告和施工记录。

3）抹灰工程应分层进行。当抹灰总厚度大于或等于 35mm 时，应采取加强措施。不同材料基体交接处表面的抹灰，应采取防止开裂的加强措施，当采用加强网时，加强网与各基体的搭接宽度不应小于 100mm。

检验方法：检查隐蔽工程验收记录和施工记录。

4）各抹灰层之间及抹灰层与基体之间必须粘接牢固，抹灰层应无脱层、空鼓和裂缝。

检验方法：观察；用小锤轻击检查；检查施工记录。

（2）一般项目

1）装饰抹灰工程的表面质量应符合下列规定：

①水刷石表面应石粒清晰、分布均匀、紧密平整、色泽一致，应无掉粒和接搓痕迹。

②斩假石表面剁纹应均匀顺直、深浅一致，应无漏剁处；阳角处应横剁并留出宽窄一致的不剁边条，棱角应无损坏。

③干粘石表面应色泽一致、不露浆、不漏粘，石粒应黏结牢固、分布均匀，阳角处应无明显黑边。

④假面砖表面应平整、沟纹清晰、留缝整齐、色泽一致,应无掉角、脱皮、起砂等缺陷。

检验方法:观察;手摸检查。

2)装饰抹灰分格条(缝)的设置应符合设计要求,宽度和深度应均匀,表面应平整光滑,棱角应整齐。

检验方法:观察。

3)有排水要求的部位应做滴水线(槽)。滴水线(槽)应整齐顺直,滴水线应内高外低,滴水槽的宽度和深度均不应小于 10mm。

检验方法:观察;尺量检查。

4)装饰抹灰工程质量的允许偏差和检验方法应符合表 4-4 的规定。

表 4-4　装饰抹灰的允许偏差和检验方法

项次	项目	允许偏差(mm)				检验方法
		水刷石	斩假石	干粘石	假面砖	
1	立面垂直度	5	4	5	5	用 2m 靠尺和塞尺检查
2	表面平整度	3	3	5	4	用 2m 垂直检测尺检查
3	阳角方正	3	3	4	4	用直角检测尺检查
4	分格条(缝)直线度	3	3	3	3	拉 5m 线,不足 5m 拉通线,用钢直尺检查
5	墙裙、勒脚上口直线度	3	3	—	—	拉 5m 线,不足 5m 拉通线,用钢直尺检查

第四节　清水砌体勾缝工程

1. 材料控制要点

(1)水泥、砂、磨细生石灰粉、石灰膏参见本章"第二节　一般抹灰工程"的材料控制要点。

(2)颜料:应选用耐碱、耐光的矿物性颜料,使用时按设计要求和工程用量,与水泥一次性拌均匀,计量配比准确,应做好样板(块),过筛装袋,保存时避免潮湿。

2. 施工及质量控制要点

(1)将墙面上残余砂浆、污垢、灰尘等清理干净,在勾缝前一天浇水湿润。

(2)根据所弹控制基准线,凡在线外的棱角,均用开缝凿剔掉(俗称开缝),对剔掉后偏差较大的,应用水泥砂浆顺线补齐,然后用原砖研磨粉与胶黏剂拌和成浆,刷在补好的灰层上,应使颜色与原砖墙一致。

(3)勾缝砂浆配制应符合设计及相关要求,稠度以勾缝溜子挑起不掉下为宜,随拌随用。勾缝顺序应由上而下,先勾水平缝,然后勾立缝。勾平缝时应使用长溜子,将托灰板顶在要勾的缝的下口,边移动托灰板,边用溜子将灰浆推入缝内,勾完一段,用溜子在缝内左、右推拉移动,将缝内砂浆赶平压实、压光,深浅一致。勾立缝时用短溜子,左手将托灰板端平,右手拿小溜子将灰板上的砂浆用力压下(压在砂浆前沿),然后左手将托灰板扬起,右手将小溜子向前上方用力推起(动作要迅速),将砂浆叼起勾入主缝,这样可避免污染墙面。然后使溜子在缝中上、下推动,将砂浆压实在缝中。勾缝深度应符合设计要求,无设计要求时,一般可控制在 4~5mm 为宜。

(4)勾缝完成,应及时检查有无漏勾的墙缝,以便及时补勾。每一操作段勾缝完成后,即用笤帚顺缝清扫,先平缝后立缝,并不断抖弹笤帚上的砂浆,将墙面余灰扫掉。如难以扫掉时用毛刷蘸水轻刷,然后仔细将灰痕擦洗掉,使墙面干净整洁。

3. 施工质量验收

(1)主控项目

1)清水砌体勾缝所用水泥的凝结时间和安定性复验应合格。砂浆的配合比应符合设计要求。

检验方法:检查复验报告和施工记录。

2)清水砌体勾缝应无漏勾。勾缝材料应黏结牢固、无开裂。

检验方法:观察。

(2)一般项目

1)清水砌体勾缝应横平竖直,交接处应平顺,宽度和深度应均匀,表面应压实抹平。

检验方法:观察;尺量检查。

2)灰缝应颜色一致,砌体表面应洁净。

检验方法:观察。

第五章 门窗工程

第一节 一般规定

1. 门窗安装前，应对门窗洞口尺寸进行检验，如与设计不符合，应予以处理。

2. 金属门窗和塑料门窗安装应采用预留洞口的方法施工，不得采用边安装边砌口或先安装后砌口的方法施工。门窗固定可采用焊接、膨胀螺栓或射钉固定等方式。

3. 安装过程中，应及时清理门窗表面的水泥砂浆、密封膏等，以保护表面质量。

4. 木门窗与砖石砌体、混凝土或抹灰层接触处应进行防腐处理并设置防潮层，埋入砌体或混凝土中的木砖应进行防腐处理。

5. 当金属窗或塑料窗组合时，其拼樘料的尺寸、规格、壁厚应符合设计要求。

6. 推拉门窗扇必须有防止脱落措施，扇与框的搭接应符合设计要求。

7. 建筑外门窗的安装必须牢固。在砌体上安装门窗严禁用射钉固定。

8. 特种门安装除应符合设计要求和《建筑装饰装修工程质量验收规范》(GB 50210—2001)规定外，还应符合有关专业标准和主管部门的规定。

9. 门窗工程验收时应检查下列文件和记录：

(1)门窗工程的施工图、设计说明及其他设计文件。

(2)材料的产品合格证书、性能检测报告、进场验收记录和复验报告。

(3)特种门及其附件的生产许可文件。

(4)隐蔽工程验收记录。

(5)施工记录。

10. 各分项工程检验批的划分及检查数量

(1)各分项工程检验批的划分

1)同一品种、类型和规格的木门窗、金属门窗、塑料门窗及门窗玻璃每100樘应划分为一个检验批，不足100樘也应划分为一个检验批。

2)同一品种、类型和规格的特种门每 50 樘应划分为一个检验批,不足 50 樘也应划分为一个检验批。

(2)检查数量

1)木门窗、金属门窗、塑料门窗及门窗玻璃,每个检验批应至少抽查 5%,并不得少于 3 樘,不足 3 樘时应全数检查;高层建筑的外窗,每个检验批应至少抽查 10%,并不得少于 6 樘,不足 6 樘时应全数检查。

2)特种门每个检验批应至少抽查 50%,并不得少于 10 樘,不足 10 樘时应全数检查。

第二节　木门窗安装工程

1. 材料控制要点

(1)木门窗的品种、型号、规格、尺寸应符合设计和规范的要求。木门面板,胶合板应选择不潮湿、无脱胶开裂的板材;饰面胶合板应选择木纹流畅、色调一致、无节疤点、不潮湿、无脱落的板材。

(2)由木材加工厂供应的木门窗应有出厂合格证(或成品门产品合格证书)及环保检测报告,且木门窗制作时的木材含水率不应大于 12%。

(3)木制纱门窗应与木门窗配套加工,且符合设计要求,与门窗相匹配,并有出厂合格证。

(4)五金配件必须符合设计要求,与门窗相匹配,并有出厂合格证。

(5)防火、防腐、防蛀、防潮等处理剂和胶黏剂应有产品合格证,并有环保检测报告。

(6)水泥宜采用强度等级不小于 32.5 级普通硅酸盐水泥,并有产品合格证、出厂检验报告和复验报告,若出厂超过 3 个月应做复验,并按复验结果使用。

(7)砂宜采用中砂、粗砂或中、粗砂混合使用。

2. 施工及质量控制要点

(1)门、窗框安装应在地面和墙面抹灰施工前完成。根据门、窗的规格,按规范要求,确定固定点数量。门、窗框安装时,以弹好的控制线为准,先用木楔将框临时固定于门、窗洞内,用水平尺、线坠、方尺调平、找垂直、找方正,在保证门、窗框的水平度、垂直度和开启方向无误后,再将门、窗框与墙体固定。

(2)门窗框固定:用木砖固定框时,在每块防腐木砖处应用 2 个钉帽砸扁的 100mm 长钉子钉进木砖内,木砖间距不应大于 1.2m,每侧不得少于 2 个。使用膨胀螺栓时,螺杆直径＞6mm。用射钉时,要保证射钉射入混凝土内不少于 40mm,达不到规定深度时,必须使用固定条固定,除混凝土墙外,禁止使用射钉固定门、窗框。

（3）门、窗洞口为混凝土墙又无木砖时,宜采用 50mm 宽、1.5mm 厚铁皮做固定条,一端用不少于 2 颗木螺钉固定在框上,另一端用射钉固定在墙上。

内门窗通常在墙面抹灰前,用与墙面抹灰相同的砂浆将门、窗框与洞口的缝隙塞实。外门窗一般采用保温砂浆或发泡胶将门窗框与洞口的缝隙塞实。

（4）按设计确定门、窗扇的开启方向、五金配件型号和安装位置,对于双开扇的门、窗,一般的开启方向为右扇压左扇。

（5）安装对开扇时,应保证两扇宽度尺寸、对口缝的裁口深度一致。采用企口时,对口缝的裁口深度及裁口方向应满足装锁或其他五金件的要求。

（6）五金件的安装:一般门锁、拉手等距地高度为 950～1000mm,有特殊要求的门锁由专业厂家安装。

（7）安装门、窗扇时,应注意扇上玻璃裁口方向。一般厨房裁口在外,厕所裁口在内,其他房间按设计要求确定。

3. 施工质量验收

（1）主控项目

1）木门窗的木材品种、材质等级、规格、尺寸、框扇的线型及人造木板的甲醛含量应符合设计要求。设计未规定材质等级时,所用木材的质量应符合《建筑装饰装修工程质量验收规范》(GB 50210—2001)附录 A 的规定。

检验方法:观察;检查材料进场验收记录和复验报告。

2）木门窗应采用烘干的木材,含水率应符合《建筑木门、木窗》(JG/T 122—2000)的规定。

检验方法:检查材料进场验收记录。

3）木门窗的防火、防腐、防虫处理应符合设计要求。

检验方法:观察;检查材料进场验收记录。

4）木门窗的结合处和安装配件处不得有木节或已填补的木节。木门窗如有允许限值以内的死节及直径较大的虫眼时,应用同一材质的木塞加胶填补。对于清漆制品,木塞的木纹和色泽应与制品一致。

检验方法:观察。

5）门窗框和厚度大于 50mm 的门窗扇应用双榫连接。榫槽应采用胶料严密嵌合,并应用胶楔加紧。

检验方法:观察;手扳检查。

6）胶合板门、纤维板门和模压门不得脱胶。胶合板不得刨透表层单板,不得有戗槎。制作胶合板门、纤维板门时,边框和横楞应在同一平面上,面层、边框及横楞应加压胶结。横楞和上、下冒头应各钻两个以上的透气孔,透气孔应通畅。

检验方法：观察。

7)木门窗的品种、类型、规格、开启方向、安装位置及连接方式应符合设计要求。

检验方法：观察；尺量检查；检查成品门的产品合格证书。

8)木门窗框的安装必须牢固。预埋木砖的防腐处理、木门窗框固定点的数量、位置及固定方法应符合设计要求。

检验方法：观察；手扳检查；检查隐蔽工程验收记录和施工记录。

9)木门窗扇必须安装牢固，并应开关灵活，关闭严密，无倒翘。

检验方法：观察；开启和关闭检查；手扳检查。

10)木门窗配件的型号、规格、数量应符合设计要求，安装应牢固，位置应正确，功能应满足使用要求。

检验方法：观察；开启和关闭检查；手扳检查。

（2）一般项目

1)木门窗表面应洁净，不得有刨痕、锤印。

检验方法：观察。

2)木门窗的割角、拼缝应严密平整。门窗框、扇裁口应顺直，刨面应平整。

检验方法：观察。

3)木门窗上的槽、孔应边缘整齐，无毛刺。

检验方法：观察。

4)木门窗与墙体间缝隙的填嵌材料应符合设计要求，填嵌应饱满。寒冷地区外门窗（或门窗框）与砌体间的空隙应填充保温材料。

检验方法：轻敲门窗框检查；检查隐蔽工程验收记录和施工记录。

5)木门窗批水、盖口条、压缝条、密封条的安装应顺直，与门窗结合应牢固、严密。

检验方法：观察；手扳检查。

6)木门窗制作的允许偏差和检验方法应符合表 5-1 的规定。

表 5-1 木门窗制作的允许偏差和检验方法

项次	项目	构件名称	允许偏差（mm）		检验方法
			普通	高级	
1	翘曲	框	3	2	将框、扇平放在检查平台上，用塞尺检查
		扇	2	2	
2	对角线长度差	框、扇	3	2	用钢尺检查，框量裁口里角，扇量外角

（续）

项次	项目	构件名称	允许偏差（mm）		检验方法
			普通	高级	
3	表面平整度	扇	2	2	用 1m 靠尺和塞尺检查
4	高度、宽度	框	0；−2	0；−1	用钢尺检查，框量裁口里角，扇量外角
		扇	+2；0	+1；0	
5	裁口、线条结合处高低差	框、扇	1	0.5	用钢直尺和塞尺检查
6	相邻权子两端间距	扇	2	1	用钢直尺检查

7)木门窗安装的留缝限值、允许偏差和检验方法应符合表 5-2 的规定。

表 5-2 木门窗安装的留缝限值、允许偏差和检验方法

项次	项目		留缝限值（mm）		允许偏差（mm）		检验方法
			普通	高级	普通	高级	
1	门窗槽口对角线长度差		—	—	3	2	用钢尺检查
2	门窗框的正、侧面垂直度		—	—	2	1	用 1m 垂直检测尺检查
3	框与扇、扇与扇接缝高低差		—	—	2	1	用钢尺和塞尺检查
4	门窗扇对口缝		1～2.5	1.5～2	—	—	
5	工业厂房双扇大门对口缝		2～5	—	—	—	
6	门窗扇与上框间留缝		1～2	1～1.5	—	—	用塞尺检查
7	门窗扇与侧框间留缝		1～2.5	1～1.5	—	—	
8	窗扇与下框间留缝		2～3	2～2.5	—	—	
9	门扇与下框间留缝		3～5	3～4	—	—	
10	双层门窗内外框间距		—	—	4	3	用钢尺检查
11	门扇与地面间留缝 无下框时	外门	4～7	5～6	—	—	用塞尺检查
		内门	5～8	6～7	—	—	
		卫生间门	8～12	8～10	—	—	
		厂房大门	10～20	—	—	—	

第三节　金属门窗安装工程

一、钢门窗、涂色镀锌钢板门窗

1. 材料控制要点

（1）水泥、砂的技术要求参见第二节木门窗的材料控制要点相关内容。

（2）门窗的品种、型号应符合设计要求，五金配件配套齐全，进场时应核对清楚。

（3）产品表面应清洁、光滑、平整，没有明显的色差、凹凸不平、划伤、擦伤、碰伤等缺陷。产品表面不得有氧化铁皮（铝屑）、毛刺、裂纹、折叠、分层、油污或其他污迹。

（4）门窗及零附件性能、尺寸偏差等应符合国家相关标准规定。

2. 施工及质量控制要点

（1）钢门框的固定方法：

1）采用 $3mm \times (12 \sim 18mm) \times (100 \sim 150mm)$ 的扁钢脚其一端与预埋铁件焊牢，或是用豆石混凝土或水泥砂浆埋入墙内，另一端用螺钉与门框拧紧。

2）用一端带有倒刺形状的圆铁埋入墙内，另一端装有木螺钉，可用圆头螺钉将门框旋牢。

3）先把门框用对拔木楔临时固定于洞口内，再用电钻（钻头 $\phi 5.5mm$）通过门框上的 $\phi 7mm$ 孔眼在墙体上钻 $\phi 5.6 \sim \phi 5.8mm$ 孔，孔深约为 $35mm$，把预制的 $\phi 6mm$ 钢钉强行打入孔内挤紧，固定钢门后，拔除木楔，在周边抹灰。

（2）采用铁脚固定钢门时，铁脚埋设洞用 $1：2$ 水泥砂浆或豆石混凝土填塞严密，并浇水养护。

（3）填洞材料达到一定强度后，用水泥砂浆嵌实门框四周的缝隙，砂浆凝固后取出木楔再次堵水泥砂浆。

（4）安装五金配件

1）做好安装前的检查工作。检查安装是否牢固，框与墙之间缝隙是否已嵌填密实，门扇闭合是否密封，开启是否灵活等。如有缺陷应予以调整。

2）钢门五金配件宜在油漆工程完成后安装。

3）按厂家提供的装配图进行试装，合格后，全面进行安装。装配螺钉应拧紧，埋头螺钉不得高出零件表面。

（5）安装纱门时要对纱门进行检查，如有变形及时进行调整。裁割纱布，纱布裁割时应比实际尺寸长出 $50mm$。

3. 施工质量验收

（1）主控项目

1）金属门窗的品种、类型、规格、尺寸、性能、开启方向、安装位置、连接方式及铝合金门窗的型材壁厚应符合设计要求。金属门窗的防腐处理及填嵌、密封处理应符合设计要求。

检验方法：观察；尺量检查；检查产品合格证书、性能检测报告、进场验收记录和复验报告；检查隐蔽工程验收记录。

2）金属门窗框和副框的安装必须牢固。预埋件的数量、位置、埋设方式、与框的连接方式必须符合设计要求。

检验方法：手扳检查；检查隐蔽工程验收记录。

3）金属门窗扇必须安装牢固，并应开关灵活、关闭严密，无倒翘。推拉门窗扇必须有防脱落措施。

检验方法：观察；开启和关闭检查；手扳检查。

4）金属门窗配件的型号、规格、数量应符合设计要求，安装应牢固，位置应正确，功能应满足使用要求。

检验方法：观察；开启和关闭检查；手扳检查。

（2）一般项目

1）金属门窗表面应洁净、平整、光滑、色泽一致，无锈蚀。大面应无划痕、碰伤。漆膜或保护层应连续。

检验方法：观察。

2）金属门窗框与墙体之间的缝隙应填嵌饱满，并采用密封胶密封。密封胶表面应光滑、顺直，无裂纹。

检验方法：观察；轻敲门窗框检查；检查隐蔽工程验收记录。

3）金属门窗扇的橡胶密封条或毛毡密封条应安装完好，不得脱槽。

检验方法：观察；开启和关闭检查。

4）有排水孔的金属门窗，排水孔应畅通，位置和数量应符合设计要求。

检验方法：观察。

5）钢门窗安装的留缝限值、允许偏差和检验方法应符合表 5-3 的规定。

表 5-3　钢门窗安装的留缝限值、允许偏差和检验方法

项次	项目		留缝限值（mm）	允许偏差（mm）	检验方法
1	门窗槽口宽度、高度	≤1500mm	—	2.5	用钢尺检查
		>1500mm	—	3.5	

（续）

项次	项目		留缝限值（mm）	允许偏差（mm）	检验方法
2	门窗槽口对角线长度差	≤2000mm	—	5	用钢尺检查
		>2000mm	—	6	
3	门窗框的正、侧面垂直度		—	3	用 1m 垂直检测尺检查
4	门窗横框的水平度		—	3	用 1m 水平尺和塞尺检查
5	门窗横框标高		—	5	用钢尺检查
6	门窗竖向偏离中心		—	4	用钢尺检查
7	双层门窗内外框间距		—	5	用钢尺检查
8	门窗框、扇配合间隙		≤2	—	用钢尺检查
9	无下框时门扇与地面间留缝		4~8	—	用钢尺检查

6）涂色镀锌钢板门窗安装的允许偏差和检验方法应符合表 5-4 的规定。

表 5-4　涂色镀锌钢板门窗安装的允许偏差和检验方法

项次	项目		允许偏差（mm）	检验方法
1	门窗槽口宽度、高度	≤1500mm	2	用钢尺检查
		>1500mm	3	
2	门窗槽口对角线长度差	≤2000mm	4	用钢尺检查
		>2000mm	5	
3	门窗框的正、侧面垂直度		3	用垂直检测尺检
4	门窗横框的水平度		3	用 1m 水平尺和塞尺检查
5	门窗横框标高		5	用钢尺检查
6	门窗竖向偏离中心		5	用钢尺检查
7	双层门窗内外框间距		4	用钢尺检查
8	推拉门窗扇与框搭接量		2	用钢直尺检查

二、铝合金门窗

1. 材料控制要点

（1）铝合金门窗工程用铝合金型材的合金牌号、供应状态、化学成分、力学性能、尺寸允许偏差应符合现行国家标准《铝合金建筑型材　第 1 部分：基材》（GB 5237.1—2008）的规定。型材横截面尺寸允许偏差可选用普通级，有配合要求时应选用高精级或超高精级。

（2）铝合金门窗主型材的壁厚应经计算或试验确定，除压条、扣板等需要弹性装配的型材外，门用主型材主要受力部位基材截面最小实测壁厚不应小于2.0mm，窗用主型材主要受力部位基材截面最小实测壁厚不应小于1.4mm。

（3）铝合金型材表面处理应符合现行国家标准《铝合金建筑型材　第 2 部分：阳极氧化型材》（GB 5237.2—2008）、《铝合金建筑型材　第 3 部分：电泳涂漆型材》（GB 5237.3—2008）、《铝合金建筑型材第 4 部分：粉末喷涂型材》（GB 5237.4—2008）、《铝合金建筑型材　第 5 部分：氟碳漆喷涂型材》（GB 5237.5—2008）的规定。

（4）密封材料

1）铝合金门窗用密封胶条宜使用硫化橡胶类材料或热塑性弹性体类材料。

2）铝合金门窗用密封毛条应符合现行行业标准《建筑门窗密封毛条》（JC/T 635—2011）规定，毛条的毛束应经过硅化处理，宜使用加片型密封毛条。

3）铝合金门窗用密封胶应符合下列规定：

①玻璃与窗框之间的密封胶应符合现行行业标准《建筑窗用弹性密封胶》（JC/T 485—2007）的规定；

②窗框与洞口之间的密封胶应符合国家现行标准《硅酮建筑密封胶》（GB/T 14683—2003）和《丙烯酸酯建筑密封胶》（JC/T 484—2006）的规定。

（5）五金件、紧固件

1）铝合金门窗工程用五金件应满足门窗功能要求和耐久性要求，合页、滑撑、滑轮等五金件的选用应满足门窗承载力要求，五金件应符合现行行业标准《建筑门窗五金件通用要求》（JG/T 212—2007）的规定。

2）铝合金门窗工程连接用螺钉、螺栓宜使用不锈钢紧固件。铝合金门窗受力构件之间的连接不得采用铝合金抽芯铆钉。

3）铝合金门窗五金件、紧固件用钢材宜采用奥氏体不锈钢材料，黑色金属材料根据使用要求应选用热浸镀锌、电镀锌、防锈涂料等有效防腐处理。

（6）其他

1）铝合金门窗框与洞口间采用泡沫填缝剂做填充时，宜采用聚氨酯泡沫填缝胶。固化后的聚氨酯泡沫胶缝表面应做密封处理。

2)铝合金门窗工程用纱门、纱窗,宜使用径向不低于 18 目的窗纱。

2. 施工及质量控制要点

(1)加工制作

1)铝合金门窗构件的槽口(图 5-1)、豁口(图 5-2)、榫头(图 5-3)加工尺寸允许偏差应符合表 5-5 的规定。

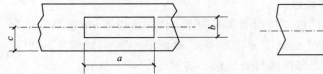

图 5-1　构件的槽口加工　　　　　　图 5-2　构件的豁口加工

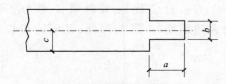

图 5-3　构件的榫头加工

表 5-5　构件槽口、豁口、榫头尺寸允许偏差(mm)

项目	a	b	c
槽口、豁口允许偏差	+0.5 0.0	+0.5 0.0	±0.5
榫头允许偏差	0.0 −0.5	0.0 −0.5	±0.5

2)铝合金门窗组装

①铝合金门窗组装尺寸允许偏差应符合表 5-6 的规定。

表 5-6　铝合金门窗组装尺寸允许偏差(mm)

项　目	尺　寸　范　围	允许偏差	
		门	窗
门窗宽度、高度构造内侧尺寸	$L<2000$	±1.5	
	$2000 \leqslant L<3500$	±2.0	
	$L \geqslant 3500$	±2.5	

（续）

项 目	尺寸范围	允许偏差	
		门	窗
门窗宽度、高度构造内侧对边尺寸差	$L<2000$	+2.0 0.0	
	$2000\leqslant L<3500$	+3.0 0.0	
	$L\geqslant 3500$	+4.0 0.0	
门窗框、扇搭接宽度	—	±2.0	±1.0
型材框、扇杆件接缝表面高低差	相同截面型材	±0.3	
	不同截面型材	±0.5	
型材框、扇杆件装配间隙	—	+0.3 0.0	

②铝合金构件间连接应牢固，紧固件不应直接固定在隔热材料上。当承重（承载）五金件与门窗连接采用机制螺钉时，啮合宽度应大于所用螺钉的两个螺距。不宜用自攻螺钉或铝抽芯铆钉固定。

③构件间的接缝应做密封处理。

④开启五金件位置安装应准确，牢固可靠，装配后应动作灵活。多锁点五金件的各锁闭点动作应协调一致。在锁闭状态下五金件锁点和锁座中心位置偏差不应大于 3mm。

⑤铝合金门窗框、扇搭接宽度应均匀，密封条、毛条压合均匀；扇装配后启闭灵活，无卡滞、噪声，启闭力应小于 50N（无启闭装置）。

⑥平开窗开启限位装置安装应正确，开启量应符合设计要求。

⑦窗纱位置安装应正确，不应阻碍门窗的正常开启。

（2）安装

1）铝合金门窗工程不得采用边砌口边安装或先安装后砌口的施工方法。

2）铝合金门窗安装宜采用干法施工方式。

3）铝合金门窗的安装施工宜在室内侧或洞口内进行。

4）门窗应启闭灵活、无卡滞。

5）铝合金门窗安装固定时，其临时固定物不得导致门窗变形或损坏，不得使用坚硬物体。安装完成后，应及时移除临时固定物体。

6）铝合金门窗框与洞口缝隙，应采用保温、防潮且无腐蚀性的软质材料填塞密实；亦可使用防水砂浆填塞，但不宜使用海砂成分的砂浆。使用聚氨酯泡沫填缝胶,施工前应清除粘接面的灰尘,墙体粘接面应进行淋水处理,固化后的聚氨酯泡沫胶缝表面应作密封处理。

7)与水泥砂浆接触的铝合金框应进行防腐处理。湿法抹灰施工前,应对外露铝型材表面进行可靠保护。

8)砌体墙不得使用射钉直接固定门窗。

9)铝合金门窗框安装后,允许偏差应符合表5-7规定。

表 5-7　门窗框安装允许偏差(mm)

项　　目		允许偏差	检查方法
门窗框进出方向位置		±5.0	经纬仪
门窗框标高		±3.0	水平仪
门窗框左右方向相对位置偏差(无对线要求时)	相邻两层处于同一垂直位置	+10 0.0	经纬仪
	全楼高度内处于同一垂直位置(30m 以下)	+15 0.0	
	全楼高度内处于同一垂直位置(30m 以上)	+20 0.0	
门窗框左右方向相对位置偏差(有对线要求时)	相邻两层处于同一垂直位置	+2 0.0	经纬仪
	全楼高度内处于同一垂直位置(30m 以下)	+10 0.0	
	全楼高度内处于同一垂直位置(30m 以上)	+15 0.0	
门窗竖边框及中竖框自身进出方向和左右方向的垂直度		±1.5	铅垂仪或经纬仪
门窗上、下框及中横框水平		±1.0	水平仪
相邻两横向框的高度相对位置偏差		+1.5 0.0	水平仪
门窗宽度、高度构造内侧对边尺寸差	$L<2000$	+2.0 0.0	钢卷尺
	$2000≤L<3500$	+3.0 0.0	钢卷尺
	$L≥3500$	+4.0 0.0	钢卷尺

10)边框与墙体间的密封防水处理

铝合金门窗安装就位后,边框与墙体之间应做好密封防水处理,并应符合下列要求:

①应采用粘接性能良好并相容的耐候密封胶；

②打胶前应清洁粘接表面，去除灰尘、油污，粘接面应保持干燥，墙体部位应平整洁净；

③胶缝采用矩形截面胶缝时，密封胶有效厚度应大于 6mm，采用三角形截面胶缝时，密封胶截面宽度应大于 8mm；

④注胶应平整密实，胶缝宽度均匀、表面光滑、整洁美观。

3. 施工质量验收

铝合金门窗的质量验收除应满足钢门窗、涂色镀锌钢板门窗的质量验收外尚应符合下列要求：

(1)铝合金门窗推拉门窗扇开关力应不大于 100N。

检验方法：用弹簧秤检查。

(2)铝合金门窗安装的允许偏差和检验方法应符合表 5-8 的规定。

表 5-8 铝合金门窗安装的允许偏差和检验方法

项次	项　　目		允许偏差（mm）	检验方法
1	门窗槽口宽度、高度	≤1500mm	1.5	用钢尺检查
		>1500mm	2	
2	门窗槽口对角线长度差	≤2000mm	3	用钢尺检查
		>2000mm	4	
3	门窗框的正、侧面垂直度		2.5	用垂直检测尺检查
4	门窗横框的水平度		2	用 1m 水平尺和塞尺检查
5	门窗横框标高		5	用钢尺检查
6	门窗竖向偏离中心		5	用钢尺检查
7	双层门窗内外框间距		4	用钢尺检查
8	推拉门窗扇与框搭接量		1.5	用钢直尺检查

第四节　塑料门窗安装工程

一、材料控制要点

1. 塑料门窗及其材料

(1)塑料门窗采用的型材应符合现行国家标准《门、窗用未增塑聚氯乙烯

(PVC-U)型材》(GB/T 8814—2004)的有关规定,其老化性能应达到 S 类的技术指标要求。

(2)塑料门窗采用的密封条、紧固件、五金配件等应符合国家现行标准的有关规定。

(3)塑料门窗用钢化玻璃的质量应符合现行国家标准《建筑用安全玻璃 第 2 部分:钢化玻璃》(GB 15763.2—2005)的有关要求。

(4)塑料门窗用中空玻璃除应符合现行国家标准《中空玻璃》(GB/T 11944—2012)的有关规定外,尚应符合下列规定:

1)中空玻璃用的间隔条可采用连续折弯型或插角型且内含干燥剂的铝框,也可使用热压复合式胶条;

2)用间隔铝框制备的中空玻璃应采用双道密封:第一道密封必须采用热熔性丁基密封胶;第二道密封应采用硅酮、聚硫类中空玻璃密封胶,并应采用专用打胶机进行混合、打胶。

(5)用于中空玻璃第一道密封的热熔性丁基密封胶应符合国家现行标准《中空玻璃用丁基热熔密封胶》(JC/T 914—2014)的有关规定。第二道密封胶应符合国家现行标准《中空玻璃用弹性密封胶》(JC/T 486—2001)的有关规定。

(6)塑料门窗用镀膜玻璃应符合现行国家标准《镀膜玻璃 第 1 部分:阳光控制镀膜玻璃》(GB/T 18915.1—2013)及《镀膜玻璃第 2 部分:低辐射镀膜玻璃》(GB/T 18915.2—2013)的有关规定。

2. 安装材料

(1)安装塑料门窗用固定片应符合国家现行标准《聚氯乙烯(PVC)门窗固定片》(JG/T 132—2000)的有关规定。

(2)塑料组合门窗使用的拼樘料截面尺寸及内衬增强型钢的形状、壁厚应符合设计要求。承受风荷载的拼樘料应采用与其内腔紧密吻合的增强型钢作为内衬,型钢两端应比拼樘料略长,其长度应符合设计要求。

(3)用于组合门窗拼樘料与墙体连接的钢连接件,厚度应经计算确定,并不应小于 2.5mm。连接件表面应进行防锈处理。

(4)钢附框应采用壁厚不小于 1.5mm 的碳素结构钢或低合金结构钢制成。附框的内、外表面均应进行防锈处理。

(5)塑料门窗用密封条等原材料应符合国家现行标准的有关规定。密封胶应符合国家现行标准《硅酮建筑密封胶》(GB/T 14683—2003)、《建筑窗用弹性密封胶》(JC/T 485—2007)及《混凝土建筑接缝用密封胶》(JC/T 881—2001)的有关规定。密封胶与聚氯乙烯型材应具有良好的黏结性。

(6)门窗安装用聚氨酯发泡胶应符合国家现行标准《单组分聚氨酯泡沫填缝

剂》(JC 936—2004)的有关规定。

(7)与聚氯乙烯型材直接接触的五金件、紧固件、密封条、玻璃垫块、密封胶等材料应与聚氯乙烯塑料相容。

二、施工及质量控制要点

1. 门窗在安装时应确保门窗框上下边位置及内外朝向准确,安装应符合下列要求:

(1)当门窗框与墙体间采用固定片固定时,应使用单向固定片,固定片应双向交叉安装。与外保温墙体固定的边框固定片宜朝向室内。固定片与窗框连接应采用十字槽盘头自钻自攻螺钉直接钻入固定,不得直接锤击钉入或仅靠卡紧方式固定。

(2)当门窗框与墙体间采用膨胀螺钉直接固定时,应按膨胀螺钉规格先在窗框上打好基孔,安装膨胀螺钉时应在伸缩缝中膨胀螺钉位置两边加支撑块。膨胀螺钉端头应加盖工艺孔帽(图 5-4),并应用密封胶进行密封。

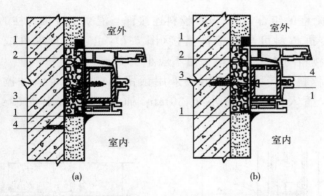

(a)	(b)
1-密封胶;2-聚氨酯发泡胶;	1-密封胶;2-聚氨酯发泡胶;
3-固定片;4-膨胀螺钉	3-膨胀螺钉;4-工艺孔帽

图 5-4 窗安装节点图

(3)固定片或膨胀螺钉的位置应距门窗端角、中竖梃、中横梃 150～200mm,固定片或膨胀螺钉之间的间距应符合设计要求,并不得大于 600mm(见图 5-5)。不得将固定片直接装在中横梃、中竖梃的端头上。平开门安装铰链的相应位置宜安装固定片或采用直接固定法固定。

2. 建筑外窗的安装必须牢固可靠,在砖砌体上安装时,严禁用射钉固定。

3. 附框或门窗与墙体固定时,应先固定上框,后固定边框。固定片形状应预先弯曲至贴近洞口固定面,不得直接锤打固定片使其弯曲。

4. 窗下框与墙体的固定可按照图 5-6 进行。

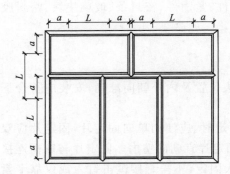

图 5-5　固定片或膨胀螺钉的安装位置

a-端头（或中框）至固定片（或膨胀螺钉）的距离；
L-固定片（或膨胀螺钉）之间的间距

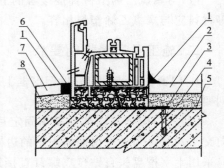

图 5-6　窗下框与墙体固定节点图

1-密封胶；2-内窗台板；3-固定片；4-膨胀螺钉；
5-墙体；6-防水砂浆；7-装饰面；8-抹灰层

5. 安装组合窗时，应从洞口的一端按顺序安装，拼樘料与洞口的连接应符合下列要求：

（1）不带附框的组合窗洞口，拼樘料连接件与混凝土过梁或柱的连接应符合规范的规定。拼樘料可与连接件搭接（图 5-7），也可与预埋件或连接件焊接（图 5-8）。拼樘料与连接件的搭接量不应小于 30mm。

（2）当拼樘料与砖墙连接时，应采用预留洞口法安装。拼樘料两端应插入预留洞中，插入深度不应小于 30mm，插入后应用水泥砂浆填充固定（图 5-9）。

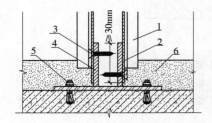

图 5-7　拼樘料安装节点图

1-拼樘料；2-增强型钢；3-自攻螺钉；4-连接件；
5-膨胀螺钉或射钉；6-伸缩缝填充物

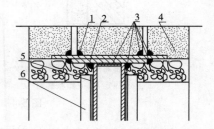

图 5-8　拼樘料安装节点图

1-预埋件；2-调整垫块；3-焊接点；
4-墙体；5-增强型钢；6-拼樘料

6. 当门窗与拼樘料连接时，应先将两窗框与拼樘料卡接，然后用自钻自攻螺钉拧紧，其间距应符合设计要求并不得大于 600mm；紧固件端头应加盖工艺孔帽（图 5-10），并用密封胶进行密封处理。拼樘料与窗框间的缝隙也应采用密封胶进行密封处理。

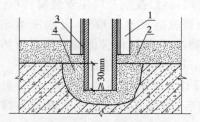

图 5-9 预留洞口法拼樘料与墙体的固定

1-拼樘料;2-伸缩缝充填物;3-增强型钢;4-水泥砂浆

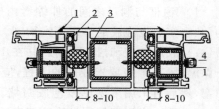

图 5-10 拼樘料连接节点图

7. 当门连窗的安装需要门与窗拼接时,应采用拼樘料,拼樘料下端应固定在窗台上。

8. 窗下框与洞口缝隙的处理

(1)普通墙体:应先将窗下框与洞口间缝隙用防水砂浆填实,填实后撤掉临时固定用木楔或垫块,其空隙也应用防水砂浆填实,并在窗框外侧做相应的防水处理。当外侧抹灰时,应做出拨水坡度,并应采用片材将抹灰层与窗框临时隔开,留槽宽度及深度宜为 5～8mm。抹灰面应超出窗框(图 5-6),但厚度不应影响窗扇的开启,并不得盖住排水孔。待外侧抹灰层硬化后,应撤去片材,然后将密封胶挤入沟槽内填实抹平。打胶前应将窗框表面清理干净,打胶部位两侧的窗框及墙面均应用遮蔽条遮盖严密,密封胶的打注应饱满,表面应平整光滑,刮胶缝的余胶不得重复使用。密封胶抹平后,应立即揭去两侧的遮蔽条。内侧抹灰应略高于外侧,且内侧与窗框之间也应采用密封胶密封。

(2)保温墙体:应将窗下框与洞口间缝隙全部用聚氨酯发泡胶填塞饱满。外侧防水密封处理应符合设计要求。外贴保温材料时,保温材料应略压住窗下框(图 5-11),其缝隙应用密封胶进行密封处理。当外侧抹灰时,应做出拨水坡度,并应采用片材将抹灰层与窗框临时隔开,留槽宽度及深度宜为 5～8mm。抹灰及密封胶的打注应符合上述第(1)目的规定。

9. 当需要安装窗台板时,其安装方法应符合下列规定:

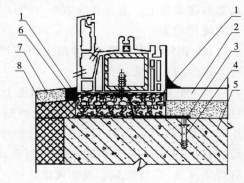

图 5-11 外保温墙体窗下框安装节点图

1-密封胶;2-内窗台板;3-固定片;4-膨胀螺钉;5-墙体;
6-聚氨酯发泡胶;7-防水砂浆;8-保温材料

(1)普通墙体:应先处理窗下框与洞口缝隙,然后将窗台板顶住窗下框下边缘 5～10mm,不得影响窗扇的开启。窗台板安装的水平精度应与窗框一致;

(2)保温墙体：应先处理窗下框与洞口缝隙，然后按规范规定安装窗台板。

10. 窗框与洞口之间的伸缩缝内应采用聚氨酯发泡胶填充，发泡胶填充应均匀、密实。发泡胶成型后不宜切割。打胶前，框与墙体间伸缩缝外侧应用挡板盖住；打胶后，应及时拆下挡板，并在 10～15min 内将溢出泡沫向框内压平。对于保温、隔声等级要求较高的工程，应先按设计要求采用相应的隔热、隔声材料填塞，然后再采用聚氨酯发泡胶封堵。填塞后，撤掉临时固定用木楔或支撑垫块，其空隙也应用聚氨酯发泡胶填塞。

11. 推拉门窗扇必须有防脱落装置。

12. 推拉门窗安装后框扇应无可视变形，门扇关闭应严密，开关应灵活。窗扇与窗框上下搭接量的实测值（导轨顶部装滑轨时，应减去滑轨高度）均不应小于 6mm。门扇与门框上下搭接量的实测值（导轨顶部装滑轨时，应减去滑轨高度）均不应小于 8mm。

13. 安装窗五金配件时，应将螺钉固定在内衬增强型钢或内衬局部加强钢板上，或使螺钉至少穿过塑料型材的两层壁厚。紧固件应采用自钻自攻螺钉一次钻入固定，不得采用预先打孔的固定方法。五金件应齐全，位置应正确，安装应牢固，使用应灵活，达到各自的使用功能。平开窗扇高度大于 900mm 时，窗扇锁闭点不应少于 2 个。

14. 安装滑撑时，紧固螺钉必须使用不锈钢材质，并应与框扇增强型钢或内衬局部加强钢板可靠连接。螺钉与框扇连接处应进行防水密封处理。

15. 安装门锁与执手等五金配件时，应将螺钉固定在内衬增强型钢或内衬局部加强钢板上。五金件应齐全，位置应正确，安装应牢固，使用应灵活，达到各自的使用功能。

16. 窗纱应固定牢固，纱扇关闭应严密。安装五金件、纱窗铰链及锁扣后，应整理纱网和压实压条。

17. 安装后的门窗关闭时，密封面上的密封条应处于压缩状态，密封层数应符合设计要求。密封条应是连续完整的，装配后应均匀、牢固，无脱槽、收缩、虚压等现象；密封条接口应严密，且应位于窗的上方。门窗表面应洁净、平整、光滑，颜色应均匀一致。可视面应无划痕、碰伤等影响外观质量的缺陷，门窗不得有焊角开裂、型材断裂等损坏现象。

三、施工质量验收

1. 主控项目

（1）塑料门窗的品种、类型、规格、尺寸、开启方向、安装位置、连接方式及填嵌密封处理应符合设计要求，内衬增强型钢的壁厚及设置应符合国家现行产品标准的质量要求。

检验方法:观察;尺量检查;检查产品合格证书、性能检测报告、进场验收记录和复验报告;检查隐蔽工程验收记录。

(2)塑料门窗框、副框和扇的安装必须牢固。固定片或膨胀螺栓的数量与位置应正确,连接方式应符合设计要求。固定点应距窗角、中横框、中竖框 150～200mm,固定点间距应不大于 600mm。

检验方法:观察;手扳检查;检查隐蔽工程验收记录。

(3)塑料门窗拼樘料内衬增强型钢的规格、壁厚必须符合设计要求,型钢应与型材内腔紧密吻合,其两端必须与洞口固定牢固。窗框必须与拼樘料连接紧密,固定点间距应不大于 600mm。

检验方法:观察;手扳检查;尺量检查;检查进场验收记录。

(4)塑料门窗扇应开关灵活、关闭严密,无倒翘。推拉门窗扇必须有防脱落措施。

检验方法:观察;开启和关闭检查;手扳检查。

(5)塑料门窗配件的型号、规格、数量应符合设计要求,安装应牢固,位置应正确,功能应满足使用要求。

检验方法:观察;手扳检查;尺量检查。

(6)塑料门窗框与墙体间缝隙应采用闭孔弹性材料填嵌饱满,表面应采用密封胶密封。密封胶应黏结牢固,表面应光滑、顺直、无裂纹。

检验方法:观察;检查隐蔽工程验收记录。

2. 一般项目

(1)塑料门窗表面应洁净、平整、光滑,大面应无划痕、碰伤。

检验方法:观察。

(2)塑料门窗扇的密封条不得脱槽。旋转窗间隙应基本均匀。

(3)塑料门窗扇的开关力应符合下列规定:

1)平开门窗扇平铰链的开关力应不大于 80N;滑撑铰链的开关力应不大于 80N,并不小于 30N。

2)推拉门窗扇的开关力应不大于 100N。

检验方法:观察;用弹簧秤检查。

(4)玻璃密封条与玻璃及玻璃槽口的接缝应平整,不得卷边、脱槽。

检验方法:观察

(5)排水孔应畅通,位置和数量应符合设计要求。

检验方法:观察。

(6)塑料门窗安装的允许偏差和检验方法应符合表 5-9 的规定。

表 5-9　塑料门窗安装的允许偏差和检验方法

项次	项　目		允许偏差(mm)	检验方法
1	门窗槽口宽度、高度	≤1500mm	2	用钢尺检查
		>1500mm	3	
2	门窗槽口对角线长度差	≤2000mm	3	用钢尺检查
		>2000mm	5	
3	门窗框的正、侧面垂直度		3	用 1m 垂直检测尺检查
4	门窗横框的水平度		3	用 1m 水平尺和塞尺检查
5	门窗横框标高		5	用钢尺检查
6	门窗竖向偏离中心		5	用钢直尺检查
7	双层门窗内外框间距		4	用钢尺检查
8	同樘平开门窗相邻扇高度差		2	用钢直尺检查
9	平开门窗铰链部位配合间隙		+2；-1	用塞尺检查
10	推拉门窗扇与框搭接量		+1.5；-2.5	用钢直尺检查
11	推拉门窗扇与竖框平行度		2	用 1m 水平尺和塞尺检查

第五节　特种门安装工程

一、材料控制要点

1. 防火门、防盗门

防火门、防盗门有钢质和木质防火门、防盗门等。防火门的耐火极限分为三级：甲级防火门耐火极限 1.2h，乙级防火门耐火极限 0.9h，丙级防火门耐火极限 0.6h。

（1）防火门、防盗门的品种、规格、型号、尺寸、防火等级必须符合设计要求，生产厂家必须有主管部门批准核发的生产许可证书。产品出厂时应有出厂合格证、检测报告，每件产品上必须标有产品名称、规格、耐火等级、厂名及检验年、月、日；并经现场验收合格。

（2）防火门采用的填充材料应符合现行国家标准的规定；玻璃应采用不影响

防火门耐火性能试验合格的产品。

(3)防火门配套的小五金(包括合页、门锁、闭门器、顺序器、暗插销等),应有出厂质量合格证和检测报告,并通过消防局认可。防盗门锁具必须有公安局的检验认可证书。

(4)水泥宜采用强度等级不低于 32.5 级的普通硅酸盐水泥或矿渣硅酸盐水泥。砂宜采用中砂、粗砂或中、粗砂混合使用,并过 5mm 孔径的筛子。

(5)焊条应与其焊件要求相符配套,且应有出厂合格证。

(6)防锈漆、防腐涂料应有产品合格证和性能检测报告。

2. 自动门

自动门按开启方式分为推拉式、中分式、折叠式、滑动式和平开式自动门;按探测传感器自动门一般分为三种:微波自动门、踏板式和光电感应自动门。现在一般使用光电感应自动门(中分式)。

(1)自动门通常按设计要求在工厂制作或在市场上按设计要求选购。产品出厂时应有生产许可证、产品合格证书、检测报告,并经现场验收合格。

(2)安装材料应符合设计要求,并为优质品。

3. 全玻门

全玻装饰门分为有框全玻门和无框全玻门。

(1)玻璃:主要采用 12mm 及以上厚度的安全玻璃(如钢化玻璃),按设计规定的品种、规格、尺寸、颜色、图案和涂膜朝向选购。玻璃进场时应有产品出厂合格证、性能检测报告。

(2)不锈钢、铜合金或铝合金门夹:其品种、规格、尺寸应符合设计要求。

(3)顶铰、地弹簧:其品种、规格、性能应符合设计要求,应有产品合格证。

(4)其他:玻璃胶、五金配件、木螺钉、自攻螺钉等应选择优等品。

4. 旋转门

旋转门一般有铝质和钢质两种

(1)旋转门产品的品种、规格均应符合设计要求及现行标准的规定。并应有生产许可证、产品合格证和性能检测报告。

(2)其他材料:钢板、膨胀螺栓、焊条等应有出厂合格证和检测报告。

5. 金属卷帘门

(1)符合设计的卷帘门产品由卷帘、卷轴、导轨、电动设备、感应设备及附件等组成。其品种、规格均应符合设计要求及现行标准的规定。应有生产许可证、产品合格证和性能检测报告。

(2)其他材料:钢板、膨胀螺栓、焊条等应有出厂合格证和检测报告。

二、施工及质量控制要点

1. 防火门、防盗门

(1)当门框为无底槛框时,门框两侧的立框下脚必须埋入地面面层内,埋入深度不小于 20mm。

(2)若防火门、防盗门为木质门时,在立门框之前用 2 颗沉头木螺钉通过中心两孔,将铁脚固定在门框上。通常铁脚间距为 500~800mm,每边固定不少于 3 个铁脚,固定位置与门洞预埋件相吻合。

(3)砌体墙门洞口,门框铁脚两头用沉头木螺钉与预埋木砖固定。无预埋木砖时,铁脚两头用 M6 金属膨胀螺栓固定,禁止用射钉固定;混凝土墙体,铁脚两头与预埋件用螺栓连接或焊接。若无预埋件,铁脚两头用 M6 金属膨胀螺栓或射钉固定,固定点不少于 3 个。

(4)门框周边缝隙用 C20 以上的细石混凝土或 1∶2 水泥砂浆填塞密实、镶嵌牢固,应保证与墙体连成整体。养护凝固后用水泥砂浆抹灰收口或门套施工。门框与墙体连接处打建筑密封胶。

(5)检查门扇与门框的尺寸、型号、防火等级及开启方向是否符合设计要求。双扇门门扇的裁口一般采取右扇为盖口扇。

(6)金属门扇安装时,按厂家要求进行。注意核对好规格、型号、尺寸,调整好四周缝隙。

(7)安装五金件根据门的安装说明安装插销、闭门器、顺序器、门锁及拉手等五金件。闭门器安装在门开启方向一面的门扇顶端,斜撑杆固定端安装在门框上,并调节闭门器的闭门速度。拉手和防火锁安装高度通常为距地面 950~1000mm,对开门扇锁要装在盖口扇(一般为右扇或大扇)上,对开门必须安装顺序器。

2. 自动门

自动门地面上一般装有导向下轨道。异形钢管自动门下无轨道,而设滚轮导向铁件。安装前撬出预埋方木条,安装下轨道。安装的轨道必须水平,预埋的动力线不得影响门扇的开启。

自动门上部机箱层横梁一般采用 18 号槽钢,槽钢与墙体上预埋钢板连接支承机箱层。预埋钢板与横梁连接必须牢固可靠,安装后不能使门受到安装内应力。因此对连接横梁的土建支撑结构有一定的承载力和稳定性要求。

要求门扇滑动平稳、润滑。

3. 全玻门

(1)将上、下门夹安装到玻璃门上,要定位准确,安装牢固。调整门夹使位置与门口相协调。上、下门夹调整时必须注意上、下轴孔的位置和距门边的尺寸，应使上、下门轴孔中心线保持在同一直线上，且与门平面中心重合，与门边线平行。

(2)将顶铰轴调整螺钉旋出，使门轴缩回到顶铰内。

(3)将安装好上、下门轴夹的玻璃门扇就位。先将地弹簧门轴插入下门轴夹轴孔内，再将门扇开启90°(转动时要扶正门扇)，旋入顶铰轴调整螺钉，使顶铰轴插入到上门轴夹轴孔内15mm左右，开关玻璃门扇进行调试，开关灵活，四周缝隙均匀。

(4)安装门拉手和五金件时，安装前应在拉手或五金件需插入玻璃的部位，涂少量玻璃胶，安装时与玻璃贴靠紧密后，再紧固螺钉，以保证拉手或五金件不出现松动现象。

(5)有框全玻门的玻璃与门框、门夹、五金件的缝隙处均需注入玻璃胶，注满之后，使玻璃胶在缝隙处形成一条表面均匀的直线或曲线，最后刮去多余的玻璃胶，并用干净布擦去胶迹。

4. 旋转门

(1)将桁架的连接件与铁件(或膨胀螺栓)焊接固定。焊接固定时需敲尽焊渣，经检查合格后，在施焊部位刷好防锈漆。

(2)底座下要平整，不得产生下沉，临时点焊上轴承座，使转轴在同一个中心线垂直于地面。

(3)应使卷动芯轴保持水平，且使卷芯与导轴之间距离保持一致。先对卷芯轴进行临时固定，然后调整校核，检查无误后，将支架与预埋件焊接牢固。芯轴安装后应转动灵活。

(4)按图纸要求，将转门顶与转壁就位，注意转壁采用临时固定，便于调整与活扇之间的间隙。使旋转门扇保持90°(四扇式)或120°(三扇式)的夹角，转动门扇，保证上、下间隙。

(5)在门扇安装就位后，首先焊接上轴承座，然后用C25细石混凝土固定底座，埋入插销下壳，固定转壁。

(6)试旋转满足设计要求后，方可在门上安装玻璃。

5. 金属卷帘门

(1)以门洞口中线为准，按设计要求确定卷帘门的安装位置，以标高控制线为准确定门的安装高度，测设出门两侧的轨道垂线、卷筒中心线。

(2)安装时，应使卷动芯轴保持水平，且使卷芯与导轴之间距离保持一致。先对卷芯轴进行临时固定，然后调整校核，检查无误后，将支架与预埋件焊接牢固。芯轴安装后应转动灵活。

（3）电器控制系统、感应器、导轴、导轨驱动机构等部件按产品说明书或装配图进行安装。安装各部件时，要定位准确，安装牢固，松紧适度，并在轨道、链轮等转动或滑动部位适当填加润滑油，然后接通电源，对各部件进行空载调试。如果是手动的，安装手动机构。

（4）卷帘分为工厂拼装和现场拼装两种。现场拼装时，将帘片逐片进行拼装后，固定盘卷到卷动轴上。工厂已拼装好的，可直接固定并盘卷到卷轴上。安装时卷帘正面朝外，不得装反。安装好后应将帘片擦干净，并调整大面的平整度，片与片之间应转动灵活。

（5）按图纸要求，将导轨就位，用木楔临时固定，调平、调垂直后，通过角码、膨胀螺栓或电焊与墙体埋件连接牢固，焊接固定时需将焊渣清理干净，经检查合格后，在施焊部位刷好防锈漆。安装好的两条导轨，必须平行且与地面垂直。

（6）调试时先进行手动升降，确认无问题后再将卷帘下降到门洞口中间部位，进行通电运行，使卷帘上、下动作。调试达到动作灵敏，启闭灵活，无明显卡阻和异常噪声为止，升降速度符合设计和规范要求。

（7）将导轨边缝清理干净，用发泡胶或密封胶塞缝，再按要求粉刷或镶砌墙体饰面层。最后将卷帘门及现场清理干净。

三、施工质量验收

1. 主控项目

（1）特种门的质量和各项性能应符合设计要求。

检验方法：检查生产许可证、产品合格证书和性能检测报告。

（2）特种门的品种、类型、规格、尺寸、开启方向、安装位置及防腐处理应符合设计要求。

检验方法：观察；尺量检查；检查进场验收记录和隐蔽工程验收记录。

（3）带有机械装置、自动装置或智能化装置的特种门，其机械装置、自动装置或智能化装置的功能应符合设计要求和有关标准的规定。

检验方法：启动机械装置、自动装置或智能化装置，观察。

（4）特种门的安装必须牢固。预埋件的数量、位置、埋设方式、与框的连接方式必须符合设计要求。

（5）特种门的配件应齐全，位置应正确，安装应牢固，功能应满足使用要求和特种门的各项性能要求。

检验方法：观察；手扳检查；检查产品合格证书、性能检测报告和进场验收记录。

2. 一般项目

（1）特种门的表面装饰应符合设计要求。

检验方法：观察。

（2）特种门的表面应洁净，无划痕、碰伤。

检验方法：观察。

（3）推拉自动门安装的留缝限值、允许偏差和检验方法应符合表 5-10 的规定。

表 5-10　推拉自动门安装的留缝限值、允许偏差和检验方法

项次	项目		留缝限值(mm)	允许偏差(mm)	检验方法
1	门槽口宽度、高度	≤1500mm	—	1.5	用钢尺检查
		>1500mm	—	2	
2	门槽口对角线长度差	≤2000mm	—	2	用钢尺检查
		>2000mm	—	2.5	
3	门框的正、侧面垂直度		—	1	用 1m 垂直检测尺检查
4	门构件装配间隙		—	0.3	用塞尺检查
5	门梁导轨水平度		—	1	用 1m 水平尺和塞尺检查
6	下导轨与门梁导轨平行度		—	1.5	用钢尺检查
7	门扇与侧框间留缝		1.2～1.8	—	用塞尺检查
8	门扇对口缝		1.2～1.8	—	用塞尺检查

（4）推拉自动门的感应时间限制和检验方法应符合表 5-11 的规定。

表 5-11　推拉自动门的感应时间限值和检验方法

项次	项目	感应时间限值(s)	检验方法
1	开门响应时间	≤0.5	用秒表检查
2	堵门保护延时	16～20	用秒表检查
3	门扇全开启后保持时间	13～17	用秒表检查

（5）旋转门安装的允许偏差和检验方法应符合表 5-12 的规定。

表 5-12　旋转门安装的允许偏差和检验方法

项次	项目	允许偏差（mm）		检验方法
		金属框架玻璃门旋转门	木质旋转门	
1	门扇正、侧面垂直度	1.5	1.5	用 1m 垂直检测尺检查
2	门扇对角线长度差	1.5	1.5	用钢尺检查
3	相邻扇高度差	1	1	用钢尺检查
4	扇与圆弧边留缝	1.5	2	用塞尺检查
5	扇与上顶间留缝	2	2.5	用塞尺检查
6	扇与地面间留缝	2	2.5	用塞尺检查

第六节　门窗玻璃安装

一、材料控制要点

（1）铝合金门窗用玻璃

1）铝合金门窗工程可根据功能要求选用浮法玻璃、着色玻璃、镀膜玻璃、中空玻璃、真空玻璃、钢化玻璃、夹层玻璃、夹丝玻璃等。

2）中空玻璃除应符合现行国家标准《中空玻璃》（GB/T 11944—2012）的有关规定外，尚应符合下列规定：

①中空玻璃的单片玻璃厚度相差不宜大于 3mm；

②中空玻璃应使用加入干燥剂的金属间隔框，亦可使用塑性密封胶制成的含有干燥剂和波浪形铝带胶条；

3）采用低辐射镀膜玻璃的铝合金门窗，所用玻璃应符合下列规定：

①真空磁控溅射法（离线法）生产的 Low-E 玻璃，应合成中空玻璃使用；中空玻璃合片时，应去除玻璃边部与密封胶粘接部位的镀膜，Low-E 膜层应位于中空气体层内；

②热喷涂法（在线法）生产的 Low-E 玻璃可单片使用，Low-E 膜层宜面向室内。

4）夹层玻璃应符合现行国家标准《建筑用安全玻璃第 3 部分：夹层玻璃》GB 15763.3 要求，且夹层玻璃的单片玻璃厚度相差不宜大于 3mm。

（2）填充材料：用于铝合金框、扇槽口内底部，主要为聚乙烯泡沫塑料，有片状、圆柱条等多种规格。

（3）密封材料：油灰、密封条、密封膏和密封剂等应符合国家现行标准的规定，有出厂合格证、性能检测报告和环保检测报告，并应与接触材料相容。油灰可用成品，也可按表5-13和表5-14进行现场配制。

表 5-13　油灰配合比表（质量比）

材料名称	碳酸钙	混合油
添加质量（kg）	100	13～14

表 5-14　油灰中混合油配合比（质量比）

材料名称	三线脱蜡油	熟桐油	硬醋酸	松香
添加质量（kg）	63	30	2.1	4.9

（4）支承块：挤压成型的未增塑 PVC、增塑 PVC、邵氏 A 硬度为 80～90 的氯丁橡胶等。

（5）压条、回形卡子、玻璃钉等。

二、施工及质量控制要点

1. 玻璃裁割

（1）玻璃应集中裁割。套割时应按照"先裁大，后裁小；先裁宽，后裁窄"的顺序进行。

（2）玻璃裁割留量，一般按实测长、宽各缩小 2～3mm。不同厚度单片玻璃、夹层玻璃的最小安装尺寸见表5-15，中空玻璃的最小安装尺寸见表5-16。

表 5-15　单片玻璃、夹层玻璃的最小安装尺寸（mm）

玻璃公称厚度	前部余隙或后部余隙			嵌入深度	边缘余隙
	①	②	③		
3	2.0	2.5	2.5	8	3
4	2.0	2.5	2.5	8	3
5	2.0	2.5	2.5	8	4
6	2.0	2.5	2.5	8	4
8	—	3.0	3.0	10	5
10	—	3.0	3.0	10	5
12	—	3.0	3.0	12	5

（续）

玻璃公称厚度	前部余隙或后部余隙			嵌入深度	边缘余隙
	①	②	③		
15	—	5.0	4.0	12	8
19	—	5.0	4.0	15	10
25	—	5.0	4.0	18	10

注：1. ①适用于建筑钢、木门窗油灰的安装，但不适用于安装夹层玻璃

②适用于塑性填料、密封剂或嵌缝条材料的安装

③适用于预成型的弹性材料（如聚氯乙烯或氯丁橡胶制成的密封垫）的安装；

2. 夹层玻璃最小安装尺寸，应按原片玻璃公称厚度的总和，在表 5-15 中选取。

表 5-16　中空玻璃的最小安装尺寸(mm)

玻璃公称厚度	固定部分			移动部分			镶嵌深度≥	镶嵌口净宽≥
	镶嵌槽间隙≥			镶嵌槽间隙≥				
	上边	下边	两侧	上边	下边	两侧		
3							12	
4	6	7	5	3	7	3	13	5
5							14	
6							15	

注：中空玻璃空气层厚度一般为 6～12mm。

2. 安装

（1）木门窗玻璃的安装

1）涂抹底油灰：在玻璃底面与裁口之间，沿裁口的全长抹厚 1～3mm 底油灰，要求均匀连续，随后将玻璃推入裁口并压实。待底油灰达到一定强度时，顶着槽口方向，将溢出的底油灰刮平清除。

2）嵌钉固定：玻璃四边均需钉上玻璃钉，钉与钉之间距离一般不超过300mm，每边不少于 2 颗，要求钉头紧靠玻璃。钉好后，还需检查嵌钉是否平整牢固，一般采取轻敲玻璃，听所发出的声音来判断玻璃是否卡牢。

3）涂抹表面油灰：选用无杂质、稠度适中的油灰。一般用油灰刀从一角开始，紧靠槽口边，均匀地用力向一个方向刮成 45°的斜坡形，再向反方向理顺光滑，如此反复修整，四角呈八字形，表面光滑无流淌、裂缝、麻面和皱皮现象。黏结严密、牢固，使打在玻璃上的雨水易于流走而不致腐蚀门窗框。涂抹表面油灰后用刨铁收刮油灰时，如发现玻璃钉外露，应将其钉进油灰面层，然后理好油灰。

4）木压条固定玻璃：木压条按设计要求或图纸尺寸加工，选用大小、宽窄一

致的优质木压条,要求木压条光滑平直,用小钉钉牢。钉帽应钉进木压条表面1～3mm,不得外露。木压条要贴紧玻璃、无缝隙,也不得将玻璃压得过紧,以免损坏玻璃。

(2)钢门窗玻璃的安装

1)涂底油灰:在槽口内涂抹厚度为3～4mm的底油灰。油灰要求调制均匀,稀稠适中,涂抹饱满、均匀、不堆积。如果采用橡皮垫,应先将橡皮垫嵌入裁口内,并用压条和螺钉加以固定。

2)安装玻璃:双手平推玻璃,使油灰挤出,然后将玻璃与槽口接触部位的油灰刮齐刮平。采用橡皮垫时,需将玻璃周围的橡皮垫推平、挤严、卡入槽中。

3)安钢丝卡、刮油灰:用钢丝卡固定玻璃时,其间距不应大于300mm,每边不得少于两个卡子,并用油灰填实抹光。在采用橡皮压条固定时,应先将橡胶压条嵌入钢门窗裁口内,并用螺钉和卡条固定,防止门窗玻璃松动和脱落。

(3)涂色镀锌钢板门窗玻璃的安装

1)玻璃就位:玻璃单块尺寸较小时,用双手夹住就位;单块玻璃尺寸较大时,可用玻璃吸盘帮助就位。

2)玻璃密封与固定:玻璃就位后,可用橡胶条嵌入凹槽挤玻璃,然后在胶条上面注入桂酮系列密封胶固定;也可用不小于25mm长的橡胶块将玻璃挤住,然后在凹槽中注入硅酮系列密封胶固定;还可将橡胶压条嵌入玻璃两侧密封,将玻璃挤紧,不再注胶密封。橡胶压条长度不得短于所需嵌入长度,不得强行嵌入胶条。

3)玻璃应放入凹槽中间,内、外两侧的间隙不应少于2mm,也不宜大于5mm。玻璃下部应用3mm厚的氯丁橡胶垫块垫起,不得直接坐落在金属面上。

(4)铝合金门窗玻璃的组装

1)玻璃支承块、定位块安装除应符合现行行业标准《建筑玻璃应用技术规程》(JGJ 113—2015)规定外,尚应符合下列规定:

①玻璃支承块长度不应小于50mm,厚度根据槽底间隙设计尺寸确定,宜为5～7mm;定位块长度不应小于25mm;

②支承块安装不得阻塞泄水孔及排水通道。

2)玻璃安装的内、外片配置、镀膜面朝向应符合设计要求。组装前应将玻璃槽口内的杂物清理干净。

3)玻璃采用密封胶条密封时,密封胶条宜使用连续条,接口不应设置在转角处,装配后的胶条应整齐均匀,无凸起。

4)玻璃采用密封胶密封时,注胶厚度不应小于3mm,粘接面应无灰尘、无油污、干燥,注胶应密实、不间断,表面光滑整洁。

5)玻璃压条应扣紧、平整不得翘曲,必要时可配装加工。

(5)塑料门窗玻璃的安装

1)玻璃应平整,安装牢固,不得有松动现象,内外表面均应洁净,玻璃的层数、品种及规格应符合设计要求。单片镀膜玻璃的镀膜层及磨砂玻璃的磨砂层应朝向室内。

2)镀膜中空玻璃的镀膜层应朝向中空气体层。

图 5-12 承重垫块和定位垫块位置示意图

3)安装好的玻璃不得直接接触型材,应在玻璃四边垫上不同作用的垫块,中空玻璃的垫块宽度应与中空玻璃的厚度相匹配,其垫块位置宜按图 5-12 放置。

4)竖框(扇)上的垫块,应用胶固定。

5)当安装玻璃密封条时,密封条应比压条略长,密封条与玻璃及玻璃槽口的接触应平整,不得卷边、脱槽,密封条断口接缝应粘接。

6)玻璃装入框、扇后,应用玻璃压条将其固定,玻璃压条必须与玻璃全部贴紧,压条与型材的接缝处应无明显缝隙,压条角部对接缝隙应小于 1mm,不得在一边使用 2 根(含 2 根)以上压条,且压条应在室内侧。

三、施工质量验收

1. 主控项目

(1)玻璃的品种、规格、尺寸、色彩、图案和涂膜朝向应符合设计要求。单块玻璃大于 1.5m² 时应使用安全玻璃。

检验方法:观察;检查产品合格证书、性能检测报告和进场验收记录。

(2)门窗玻璃裁割尺寸应正确。安装后的玻璃应牢固,不得有裂纹、损伤和松动。

检验方法:观察;轻敲检查。

(3)玻璃的安装方法应符合设计要求。固定玻璃的钉子或钢丝卡的数量、规格应保证玻璃安装牢固。

检验方法:观察;检查施工记录。

(4)镶钉木压条接触玻璃处,应与裁口边缘平齐。木压条应互相紧密连接,并与裁口边缘紧贴,割角应整齐。

检验方法:观察。

(5)密封条与玻璃、玻璃槽口的接触应紧密、平整。密封胶与玻璃、玻璃槽口的边缘应黏结牢固、接缝平齐。

检验方法：观察。

（6）带密封条的玻璃压条，其密封条必须与玻璃全部贴紧，压条与型材之间应无明显缝隙，压条接缝应不大于 0.5mm。

检验方法：观察；尺量检查。

2. 一般项目

（1）玻璃表面应洁净，不得有腻子、密封胶、涂料等污渍。中空玻璃内外表面均应洁净，玻璃中空层内不得有灰尘和水蒸气。

检验方法：观察。

（2）门窗玻璃不应直接接触型材。单面镀膜玻璃的镀膜层及磨砂玻璃的磨砂面应朝向室内。中空玻璃的单面镀膜玻璃应在最外层，镀膜层应朝向室内。

检验方法：观察。

（3）腻子应填抹饱满、黏结牢固；腻子边缘与裁口应平齐。固定玻璃的卡子不应在腻子表面显露。

检验方法：观察。

第六章　吊　顶　工　程

第一节　一　般　规　定

（1）吊顶系统施工前，施工单位应对吊顶施工人员进行培训，使吊顶施工人员熟悉施工设计图纸、安装工艺、安装顺序、工期进度、安全措施、环保措施及施工检查验收技术文件。依据吊顶施工设计图的要求和现场实际情况确定吊杆、龙骨位置间距及安装顺序；绘制饰面板排板图；确定各种连接处施工构造做法；并应取得设计单位的确认。

（2）所用的材料在运输、搬运、存放、安装时应采取防止挤压冲击、受潮、变形及损坏板材的表面和边角的措施。

（3）吊杆、龙骨及配件、饰面板及吊顶内填充的吸音、保温、防火等材料的品种、规格及安装方式应符合设计要求；填充材料应有防止散落、性能改变或造成环境污染的措施；预埋件、金属吊杆、自攻螺钉等应进行防锈处理。

（4）吊顶施工中各专业工种应加强配合，做好专业交接，合理安排工序，保护好已完成工序的半成品及成品。

（5）施工单位应建立吊顶安装质量保证体系，设专人对各种工序进行验收及保存验收记录，并应按施工程序组织隐蔽工程的验收和保存施工及验收记录。

（6）吊杆距主龙骨端部距离不得大于 300mm，当大于 300mm 时，应增加吊杆。当吊杆长度大于 1.5m 时，应设置反支撑。当吊杆与设备相遇时，应调整并增设吊杆。

（7）重型灯具、电扇及其他重型设备严禁安装在吊顶工程的龙骨上。

（8）吊顶工程的木吊杆、木龙骨和木饰面板必须进行防火处理，并应符合有关设计防火规范的规定。

（9）吊顶工程中的预埋件、钢筋吊杆和型钢吊杆应进行防锈处理。

（10）吊顶工程质量验收时应检查下列文件和记录：

1）吊顶工程的施工设计图、设计说明书及其他设计文件；

2）材料的产品合格证书、性能检测报告、人造板材有毒有害物质含量的合格报告、进场验收记录和复验报告；

3)分项工序施工记录;

4)隐蔽工程验收记录。

(11)吊顶工程应对下列隐蔽工程项目进行验收:

1)吊顶内各种管道、设备的安装及水管试压。

2)预埋件、钢筋吊杆和型钢吊杆防腐处理。

3)吊杆安装。

4)龙骨安装。

5)填充材料的设置。

(12)各分项工程的检验批的划分:

1)同一品种的吊顶工程每50间(大面积房间和走廊按吊顶面积30m² 为一间)应划分为一个检验批;

2)不足50间宜划分为一个检验批。

(13)检验批质量合格规定:

1)主控项目和一般项目的质量经抽样检验合格;

2)具有完整的施工操作依据、质量检查记录;

3)检查数量:每个检验批应至少抽查10%,并不得少于3间,如有不合格者,加倍检查;不足3间时,应全数检查。

第二节 石膏板类吊顶

一、材料控制要点

1. 吊顶系统中所用材料的品种、规格和质量等应符合设计要求和国家现行有关标准的规定。

2. 吊顶系统中所用的材料均应符合现行国家标准《民用建筑工程室内环境污染控制规范》(GB 50325—2010)、《建筑内部装修设计防火规范》(GB 50222—1995)的规定。

3. 龙骨

(1)轻钢龙骨的性能应符合国家标准《建筑用轻钢龙骨》(GB/T 11981—2008)的规定。T型龙骨承载力分级应符合表6-1的规定。

(2)铝合金龙骨的性能应符合现行国家标准《铝合金建筑型材 第1部分:基材》(GB/T 5237.1—2008)的规定。金属吊顶中明龙骨系统常用截面为"L"、"W"、"T"型的龙骨;暗龙骨系统常用截面为"A"型的龙骨;挂钩系统常用截面为"Z"型的龙骨。

表 6-1　T 型龙骨承载力分级

类　别	项目	承载力
轻载级	静载试验	不小于 72.5N/m
中载级	静载试验	不小于 175N/m

注:承载力指单支龙骨的吊杆间距为 1m,挠度等于 2.8mm 时承受的载荷(测试方法 GB/T 11981—2008)

(3)当采用其他材料作为龙骨时,均应符合相关材料的国家现行标准的规定。

4. 纸面石膏板的性能应符合现行国家标准《纸面石膏板》(GB/T 9775—2008)的规定。

5. 装饰纸面石膏板应符合现行行业标准《装饰纸面石膏板》(JC/T 997—2006)的规定;装饰石膏板应符合行业标准《装饰石膏板》(JC/T 799—2016)的规定;嵌装式装饰石膏板应符合行业标准《嵌装式装饰石膏板》(JC/T 800—2007)的规定。

6. 无石棉纤维增强水泥中、低密度板的性能应符合行业标准《纤维水泥平板　第 1 部分:无石棉纤维水泥平板》(JC/T 412.1—2006)的规定。

7. 无石棉纤维增强硅酸钙板的性能应符合现行行业标准《纤维增强硅酸钙板 第 1 部分:无石棉硅酸钙板》(JC/T 564.1—2008)的规定。

二、施工及质量控制要点

1. 石膏板类吊顶高度的确定

石膏板类吊顶高度的确定应根据设计要求,以室内标高基准线为准,在房间四周围护结构上标出吊顶标高线,标高线高低误差为 $^{+2}_{0}$mm。弹线应清晰,位置应准确。

2. 边龙骨的安装

边龙骨应安装在房间四周围护结构上,下边缘上口应与吊顶标高线平齐,并用射钉或膨胀螺栓固定,间距宜为 600mm,端头宜为 50mm。

3. 吊点位置

吊点位置应根据施工设计图纸,在室内顶部结构下确定。主龙骨端头吊点距主龙骨边端不应大于 200mm,端排吊点距侧墙间距不应大于 200mm。吊点横纵应在直线上,且应避开灯具、设备及管道,否则应调整或增加吊点或采用型钢转换层。

4. 吊杆及吊件的安装

(1)吊杆与室内顶部结构的连接应牢固、安全。吊杆应与结构中的预埋件焊接或与后置紧固件连接。

(2)根据不同的吊顶系统构造类型,确定吊装形式,选择吊杆类型。吊杆应

· 156 ·

通直并满足承载要求。吊杆需接长时,必须搭接焊牢,焊缝饱满。单面焊:搭接长度应为 10d;双面焊:搭接长度应为 5d。

5. 龙骨及挂件、接长件的安装

(1)主龙骨中间部分应适当起拱。房间面积不大于 50m² 时起拱高度应为房间短向跨度的 1‰~3‰,房间面积大于 50m² 时起拱高度应为房间短向跨度的 3‰~5‰。

(2)次龙骨间距应准确、均衡,按石膏板模数确定,保证石膏板两端固定于次龙骨上。石膏板长边接缝处应增加横撑龙骨,横撑龙骨用水平件连接,并与通长次龙骨固定。当采用 3000mm×1200mm 石膏板时,次龙骨间距宜为 300mm、375mm、500mm 或 600mm、750mm、1000mm;当采用 2700mm×1200mm 石膏板时,次龙骨间距宜为 300mm、450mm、900mm;当采用 2400mm×1200mm 石膏板时,次龙骨间距宜为 300mm、400mm、600mm、800mm。横撑龙骨间距宜为 300mm、400mm 或 600mm。潮湿环境次龙骨间距宜为 300mm、450mm。安装次龙骨及横撑龙骨时应避开设备开洞、检查孔的位置。

(3)纸面石膏板应按照设计施工图要求选择类型,并沿次龙骨垂直方向铺设。

(4)固定应先从板的中间开始,向板的两端和周边延伸,不应多点同时施工。相邻的板材应错缝安装。

(5)纸面石膏板应在自由状态下用自攻枪及高强自攻螺钉与次龙骨、横撑龙骨固定。

(6)板上的自攻螺钉间距和自攻螺钉与板边距离:长边自攻螺钉间距不应大于 200mm;距板面纸包封的板边宜为 10~15mm;短边自攻螺钉间距不应大于 200mm,螺钉距板面切割的板边应为 15~20mm。自攻螺钉宜选用优质产品,保证一次性钉入轻钢龙骨。

(7)自攻螺钉应与板面垂直,螺钉帽宜埋入板面,但不应使纸面破损暴露石膏板。弯曲、变形的螺钉应剔除,并在相隔 50mm 的部位另行安装自攻螺钉。

(8)不应采用用电钻等工具先打眼后安装螺钉的施工方法。

6. 纸面石膏板的嵌缝处理

(1)选用配套的与石膏板相互粘贴的嵌缝材料。

(2)相邻两块纸面石膏板的端头接缝坡口应自然靠紧。在接缝两边涂抹嵌缝膏作基层,宜采用 150mm 宽的刮刀将嵌缝膏抹平。

(3)用刮刀将嵌缝带压入嵌缝膏基层中,再用嵌缝膏覆盖,并与石膏板面齐平。第一层嵌缝膏涂抹宽度宜为 100mm。

(4)第一层嵌缝膏凝固并彻底干燥后,再在表面上涂第二层嵌缝膏。第二层嵌缝膏宜比第一层两边各宽 50mm,且使第二层嵌缝膏宽度不宜小于 200mm。

（5）第二层嵌缝膏凝固并彻底干燥后，再涂抹第三层嵌缝膏。第三层嵌缝膏宜比第二层嵌缝膏各宽50mm，且使整个嵌缝膏宽度不宜小于300mm，并应彻底干燥后抄平。

（6）不是楔形板边的纸面石膏板，嵌缝宽度应增加至60mm，确保嵌缝效果。

（7）复合矿棉板的接缝与石膏板基底材料的接缝不应重叠。

7. 吊顶的变形缝

（1）吊顶变形缝的两侧应设置通长次龙骨。

（2）变形缝的上部应采用超细玻璃棉等难燃材料将龙骨间的间隙填满。

第三节　矿棉板类吊顶

一、材料控制要点

（1）参见第二节石膏板类吊顶的材料控制要点。

（2）矿物棉装饰吸声板的性能应符合相关行业标准。

二、施工及质量控制要点

1. 矿棉板类吊顶高度

矿棉板类吊顶高度应以室内标高基准线为基准。根据设计要求，在房间四周围护结构上标出吊顶标高线，以标高线作为T型龙骨调平的基准面。吊顶标高线高低误差为$^{+2}_{0}$mm。弹线应清晰，位置应准确。

2. 边龙骨的安装

边龙骨应安装在房间四周围护结构上，下边缘应与吊顶标高线平齐，并用射钉或自攻螺钉配合塑料胀管固定，间距宜为500mm，端头宜为50mm。

3. 吊点位置

吊点位置应根据设计要求，在室内顶部结构下确定。当选用U型龙骨作为主龙骨时，端吊点距主龙骨顶端不应大于150mm，端排吊点距侧墙间距不应大于150mm。当选用T型龙骨作为主龙骨时，端吊点距主龙骨顶端不应大于150mm。端排吊点距侧墙间距不应大于一块饰面板宽度。吊点横纵应在直线上，且应避开灯具、设备及管道。否则应调整或增加吊点，或采用型钢转换层。

4. 吊杆及吊件的安装

（1）吊杆与室内顶部结构的连接应牢固、安全。钢丝应符合现行国家标准

《一般用途低碳钢丝》(YB/T 5294—2009)的规定,钢丝的直径应大于 2mm,经退火和镀锌处理、拔直,按所需长度截断,成捆包装。钢丝吊杆与顶板预埋件或后置紧固件应采用直接缠绕方式(如图 6-1 所示),钢丝穿过埋件吊孔在 75mm 高度内应绕其自身紧密缠绕三整圈(每圈 360°)以上。钢丝吊杆中间不应断接。

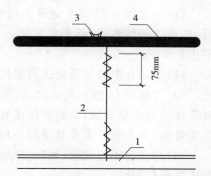

图 6-1　钢丝吊杆与顶板预埋件或
后置紧固件连接方式

1-主龙骨;2-钢丝;3-膨胀螺栓;4-结构顶板

(2)根据不同的吊顶系统构造类型,确定吊装形式,选择吊杆类型。吊杆应通直并满足承载要求。吊杆需接长时,必须搭接焊牢,焊缝饱满。单面焊:搭接长度应为 10d;双面焊:搭接长度应为 5d。

(3)根据吊顶设计高度确定吊杆长度。

(4)根据主龙骨规格型号选择配套吊件。吊件与钢筋吊杆应安装牢固,按吊顶高度调整位置,吊件应相邻对向安装。当选用钢丝吊杆时,钢丝下端与 T 型主龙骨的连接应采用直接缠绕方式(如图 6-2 所示)。钢丝穿过 T 型主龙骨的吊孔后 75mm 的高度内应绕其自身紧密缠绕三整圈(每圈 360°)以上。钢丝吊杆遇障碍物而无法垂直安装时,可在 1∶6 的斜度范围内调整,或采用斜拉法(如图 6-3～图 6-5 所示),斜拉法的最小角度为 45°。

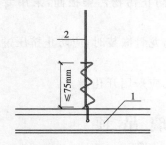

图 6-2　钢丝的下端与主龙骨连接方式

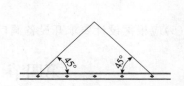

图 6-3　允许采用的斜拉方法一

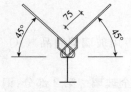

图 6-4　允许采用的斜拉方法二

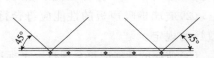

图 6-5　允许采用的斜拉方法三

5. 龙骨及挂件、接长件的安装

(1)当选用的 U 型主龙骨需加长时,应采用接长件连接。主龙骨安装完毕后,应调节吊件高度、调平主龙骨。当选用钢丝吊杆时,应在钢丝吊杆绷紧后调平主龙骨。

(2)主龙骨中间部分应适当起拱,起拱高度应符合设计要求。

(3)当选用 U 型主龙骨时,次龙骨应紧贴主龙骨的垂直方向安装,当采用挂件连接时应错位安装,T 型横撑龙骨垂直于 T 型次龙骨方向安装。当选用 T 型主龙骨时,次龙骨与主龙骨在同一标高上,垂直相交。

(4)龙骨间距应准确、均衡,T 型龙骨间距应按饰面板规格确定,以保证饰面板嵌装平整服帖。

(5)在矿棉板上开洞时,矿棉板后背宜加硬质背衬,并与硬质背衬钉贴为一体。

(6)应全面校正吊杆和龙骨的间距位置及水平度,符合设计要求后将所有吊挂件、连接件拧紧夹牢。

6. 饰面板的安装

(1)饰面板安装前,应进行吊顶内隐蔽工程验收,所有项目验收合格后才能进行饰面板安装施工。

(2)应按规格、颜色、花饰、图案等进行分类选配、预先排板,保证花饰、图案的整体性。

(3)应将饰面板置放于 T 型龙骨上并防止污物污染板面,采用专用工具切割板材。

(4)吸声板上不得放置重物。饰面板与龙骨嵌装时,应防止挤压过紧变形或脱挂。

(5)应根据设计要求开设备洞口。开孔应采用开孔器。

第四节　玻璃吊顶

一、材料控制要点

(1)参见第二节石膏板类吊顶的材料控制要点。

(2)玻璃棉吸声板的性能应符合行业标准《吸声用玻璃棉制品》(JC/T 469—2014)的规定。

(3)玻璃的性能应符合现行国家标准《建筑用安全玻璃　第 2 部分:钢化玻璃》(GB 15763.2—2009)、《建筑用安全玻璃　第 3 部分:夹层玻璃》(GB 15763.3—2009)的规定。

二、施工及质量控制要点

1. 吊顶高度

吊顶高度应以室内标高基准线为基准。吊顶标高线高低误差应为 $^{+2}_{0}$ mm。应根据设计要求,确定吊顶标高线。

2. 边龙骨的安装

边龙骨应安装在房间四周围护结构上,下边缘与吊顶标高线平齐,用射钉或膨胀螺栓固定。固定点间距应符合设计要求。

3. 吊杆间距及位置

吊杆间距及位置应根据设计施工图纸,在室内顶部结构下确定。

4. 吊杆的固定

吊杆应通直并满足承载要求。吊杆与室内顶部结构中的预埋件焊接或与后置紧固件连接,并应牢固、安全。在有条件时,采用在楼板或梁侧预埋的方式设置预埋件,然后将龙骨支架通过焊接、螺栓连接等方式进行固定。如无预埋件,可采用在梁侧设置膨胀螺栓或在楼板上设置穿墙螺栓的方式,应经过结构计算和试验,来确保固定的安全可靠。不可全部采用膨胀螺栓受拉的方式固定骨架。

5. 纵横龙骨的连接

当选用型钢或铝合金型材龙骨时,纵横龙骨应焊接或用螺栓连接,并保证连接牢固。

6. 玻璃的安装及控制

(1)应按规格、颜色、花饰、图案等进行分类选配、预先排板,保证花饰、图案的整体性。

(2)玻璃与龙骨之间的连接方式和尺寸应符合设计要求。

(3)玻璃边缘和孔洞边缘应进行磨边和倒角处理。

第五节　金属吊顶

一、材料控制要点

(1)参见第二节石膏板类吊顶的材料控制要点。

(2)金属吊顶饰面板的性能应符合国家标准《金属及金属复合材料吊顶板》(GB/T 23444—2009)的规定。

二、施工及质量控制要点

1. 金属面板类吊顶高度

金属面板类吊顶高度应以室内标高基准线为基准,根据要求设计,在房间四周围护结构上标出吊顶标高线,确定吊顶高度位置。吊顶标高线高低误差应为 $^{+2}_{0}$ mm。弹线应清晰,位置应准确。

2. 边龙骨的安装

边龙骨应安装在房间四周围护结构上,下边缘与吊顶标高线平齐,并按墙面材料的不同选用射钉或膨胀螺栓等固定,固定间距宜为 300mm,端头宜为 50mm。

3. 主龙骨吊点间距及位置

主龙骨吊点间距及位置应根据施工设计图纸,在室内顶部结构下确定。

4. 吊杆及吊件的安装

(1)吊杆与室内顶部结构的连接应牢固、安全。钢筋吊杆应与顶部结构预埋件连接,或与后置紧固件连接。

(2)根据不同的吊顶系统构造类型,确定吊装形式,选择吊杆类型。吊杆应通直并满足承载要求。吊杆需接长时,必须搭接焊牢,焊缝饱满。单面焊:搭接长度应为 10d;双面焊:搭接长度应为 5d。

(3)根据吊顶设计高度确定吊杆长度。

(4)根据主龙骨规格型号选择配套吊件。吊件与吊杆应安装牢固,并按吊顶高度调整位置。

5. 龙骨及挂件、接长件的安装

(1)单层龙骨安装

1)根据设计图纸,放样确定龙骨位置,龙骨与龙骨间距不应大于 1200mm,龙骨至板端不应大于 150mm。

2)应将龙骨与吊杆固定,当选用的龙骨需加长时,应采用龙骨连接件接长。主龙骨安装完毕后,应调直龙骨,保证每排龙骨顺直且每排龙骨之间平行。龙骨为卡齿龙骨时必须保证每排龙骨的对应卡齿在一条直线上。

3)应通过调节吊件来调整龙骨高度,调平龙骨。

(2)双层龙骨安装

1)根据设计图纸,放样确定上层龙骨位置,龙骨与龙骨间距不应大于 1200mm。边部上层龙骨与平行的墙面间距不应大于 300mm。

2)将上层龙骨与吊杆固定,当选用的龙骨需加长时,采用龙骨接长件连接。

3)通过调节吊件来调整上层龙骨高度,调平上层龙骨。

4)应根据金属板规格,确定下层龙骨的安装间距,安装下层龙骨,并调平下层龙骨。当吊顶为上人吊顶,上层龙骨为 U 型龙骨、下层龙骨为卡齿龙骨或挂钩龙骨时,上层龙骨通过轻钢龙骨吊件(反向)、吊杆(或增加垂直扣件)与上层龙骨相连;当吊顶上、下层龙骨均为 A 字卡式龙骨时,上、下层龙骨间用十字连接扣件连接。

(3)主龙骨中间部分应适当起拱,起拱高度应符合设计要求。

6. 饰面板的安装

(1)饰面板安装前,应进行吊顶内隐蔽工程验收,所有项目验收合格后才能进行饰面板安装施工。

(2)饰面板与龙骨嵌装时,应防止挤压过紧或脱挂。

(3)采用搁置法安装饰面板时应留有板材安装缝,每边缝隙不宜大于 1mm。

(4)当饰面板安装边为互相咬接的企口或彼此钩搭连接时,应按顺序从一侧开始安装。

(5)方格吊顶安装时应先将方格组条在地上组成方格组块,然后通过专用扣挂件与吊件连接组装。

(6)外挂耳式饰面板的龙骨均应设置于板缝处,饰面板安装应采用自攻螺钉在板缝处将挂耳与龙骨固定。饰面板的龙骨必须调平,板缝应根据需要选择密封胶嵌缝。

(7)在饰面板吊顶上留设的各种孔洞,必须在地面上用专用机具开孔,灯具、风口等设备应与饰面板同步安装。

(8)安装人员施工时应戴手套,避免污染板面。

(9)饰面板安装完成后应撕掉保护膜,清理表面,注意成品保护。

7. 吊顶的变形缝

(1)当吊顶为单层龙骨构造时,应根据变形缝与龙骨或条板间关系,将龙骨或条板分别断开。

(2)当吊顶为双层龙骨构造时,设置变形缝时必须完全断开变形缝两侧的吊顶。

第六节　吊顶工程施工质量验收

一、暗龙骨吊顶工程质量验收

1. 主控项目

(1)吊顶标高、尺寸、起拱和造型应符合设计要求。

检验方法:观察;尺量检查。

(2)饰面材料的材质、品种、规格、图案和颜色应符合设计要求。

检验方法:观察;检查产品合格证书、性能检测报告、进场验收记录和复验报告。

(3)暗龙骨吊顶工程的吊杆、龙骨和饰面材料的安装必须牢固。

检验方法:观察;手扳检查;检查隐蔽工程验收记录和施工记录。

(4)吊杆、龙骨的材质、规格、安装间距及连接方式应符合设计要求。金属吊杆、龙骨应经过表面防腐处理;木吊杆、龙骨应进行防腐、防火处理。

检验方法:观察;尺量检查;检查产品合格证书、性能检测报告、进场验收记录和隐蔽工程验收记录。

(5)石膏板的接缝应按其施工工艺标准进行板缝防裂处理。安装双层石膏板时,面层板与基层板的接缝应错开,并不得在同一根龙骨上接缝。

检验方法:观察。

2. 一般项目

(1)饰面材料表面应洁净、色泽一致,不得有翘曲、裂缝及缺损。压条应平直、宽窄一致。

检验方法:观察;尺量检查。

(2)饰面板上的灯具、烟感器、喷淋头、风口篦子等设备的位置应合理、美观,与饰面板的交接应吻合、严密。

检验方法:观察。

(3)金属吊杆、龙骨的接缝应均匀一致,角缝应吻合,表面应平整,无翘曲、锤印。木质吊杆、龙骨应顺直,无劈裂、变形。

检验方法:检查隐蔽工程验收记录和施工记录。

(4)吊顶内填充吸声材料的品种和铺设厚度应符合设计要求,并应有防散落措施。

检验方法:检查隐蔽工程验收记录和施工记录。

(5)暗龙骨吊顶工程安装的允许偏差和检验方法应符合表6-2的规定。

表6-2 暗龙骨吊顶工程安装的允许偏差和检验方法

项次	项目	允许偏差(mm)				检验方法
		纸面石膏板	金属板	矿棉板	木板、塑料板、格栅	
1	表面平整度	3	2	2	2	用2m靠尺和塞尺检查

（续）

项次	项目	允许偏差（mm）				检验方法
		纸面石膏板	金属板	矿棉板	木板、塑料板、格栅	
2	接缝直线度	3	1.5	3	3	拉 5m 线，不足 5m 拉通线，用钢直尺检查
3	接缝高低差	1	1	1.5	1	用钢直尺和塞尺检查

二、明龙骨吊顶工程质量验收

1. 主控项目

（1）吊顶标高、尺寸、起拱和造型应符合设计要求。

检验方法：观察；尺量检查。

（2）饰面材料的材质、品种、规格、图案和颜色应符合设计要求。当饰面材料为玻璃板时，应使用安全玻璃或采取可靠的安全措施。

检验方法：观察；检查产品合格证书、性能检测报告和进场验收记录。

（3）饰面材料的安装应稳固严密。饰面材料与龙骨的搭接宽度应大于龙骨受力面宽度的 2/3。

检验方法：观察；手扳检查；尺量检查。

（4）吊杆、龙骨的材质、规格、安装间距及连接方式应符合设计要求。金属吊杆、龙骨应进行表面防腐处理；木龙骨应进行防腐、防火处理。

检验方法：观察；尺量检查；检查产品合格证书、进场验收记录和隐蔽工程验收记录。

（5）明龙骨吊顶工程的吊杆和龙骨安装必须牢固。

检验方法：手扳检查；检查隐蔽工程验收记录和施工记录。

2. 一般项目

（1）饰面材料表面应洁净、色泽一致，不得有翘曲、裂缝及缺损。饰面板与明龙骨的搭接应平整、吻合，压条应平直、宽窄一致。

检验方法：观察；尺量检查。

（2）饰面板上的灯具、烟感器、喷淋头、风口篦子等设备的位置应合理、美观，与饰面板的交接应吻合、严密。

检验方法:观察。

(3)金属龙骨的接缝应平整、吻合、颜色一致,不得有划伤、擦伤等表面缺陷。木质龙骨应平整、顺直,无劈裂。

检验方法:观察。

(4)吊顶内填充吸声材料的品种和铺设厚度应符合设计要求,并应有防散落措施。

检验方法:检查隐蔽工程验收记录和施工记录。

(5)明龙骨吊顶工程安装的允许偏差和检验方法应符合表 6-3 的规定。

表 6-3　明龙骨吊顶工程安装的允许偏差和检验方法

项次	项目	允许偏差(mm)				检验方法
		石膏板	矿棉板	金属板	塑料板、玻璃板	
1	表面平整度	3.0	3.0	2.0	2.0	用 2m 靠尺和塞尺检查
2	接缝直线度	3.0	3.0	2.0	3.0	拉 5m 线,不足 5m 拉通线,用钢直尺检查
3	接缝高低差	1.0	2.0	1.0	1.0	用钢直尺和塞尺检查

第七章 轻质隔墙工程

第一节 一般规定

1. 轻质隔墙龙骨宜放在地面平整的室内,应采取措施,防止龙骨变形、生锈。

石膏板应按品种、规格分类存放于地面平整、干燥、通风处,并根据不同罩面板的性质分别采取措施,防止受潮变形。石膏条板堆放场地应平整、清洁、干燥,并应采取措施,防止石膏条板浸水损坏,受潮变形。

2. 轻质隔墙工程应对人造木板的甲醛含量进行复验。

3. 胶黏剂应按饰面板的品种选用。现场配置胶黏剂,其配合比应由试验决定。

4. 民用电器等的底座,应装嵌牢固,其表面应与罩面的底面齐平。

5. 门窗框与轻质隔墙相接处应符合设计要求。

6. 轻质隔墙的下端如用木踢脚板覆盖,罩面板应离地面 20～30mm;用大理石、水磨石踢脚板时,罩面板下端应与踢脚板上口齐平,接缝严密。

7. 罩面板安装前,应按其品种、规格、颜色进行分类选配;安装后,应采取保护措施,防止损坏。

8. 接触砖、石、混凝土的龙骨和埋置的木楔应做防腐处理。

9. 轻质隔墙与顶棚和其他墙体的交接处应采取防开裂措施。

10. 民用建筑轻质隔墙工程的隔声性能应符合现行国家标准《民用建筑隔声设计规范》(GBJ 50118—2010)的规定。

11. 轻质隔墙工程应对下列隐蔽工程项目进行验收:

(1)骨架隔墙中设备管线的安装及水管试压;

(2)木龙骨防火、防腐处理;

(3)预埋件或拉结筋;

(4)龙骨安装;

(5)填充材料的设置。

12. 轻质隔墙工程验收时应检查下列文件和记录:

（1）轻质隔墙工程的施工图、设计说明及其他设计文件；

（2）材料的产品合格证书、性能检测报告、进场验收记录和复验报告；

（3）隐蔽工程验收记录；

（4）施工记录。

13. 各分项工程的检验批划分及检查数量。

（1）各分项工程的检验批的划分

同一品种的轻质隔墙工程每50间（大面积房间和走廊按轻质隔墙的墙面30m² 为一间）应划分为一个检验批，不足50间也应划分为一个检验批。

（2）检查数量

1）板材隔墙工程、骨架隔墙工程的检查数量

每个检验批应至少抽查10%，并不得少于3间；不足3间时应全数检查。

2）活动隔墙工程、玻璃隔墙工程的检查数量

每个检验批应至少抽查20%，并不得少于6间；不足6间时应全数检查。

第二节　板材隔墙工程

一、材料控制要点

1. 金属夹芯板

金属面聚苯乙烯夹芯板、金属面硬质聚氨酯夹芯板、金属面岩棉矿渣棉夹芯板等。

外观质量要求

（1）金属夹芯板板面平整，无明显凹凸、翘曲、变形；

（2）表面清洁，色泽均匀，无胶痕、油污；

（3）无明显划痕、磕碰、伤痕等。切口平直，切面整齐，无毛刺；

（4）面材与芯板之间黏结牢固，芯材密实；

（5）金属夹芯板的技术性能应符合现行国家标准或行业标准的规定。

（6）其他复合板：蒸压加气混凝土板、玻璃纤维增强水泥轻质多孔（GRC）隔墙条板、预制混凝土板隔板等，并按设计要求的品种、规格提出各种条板的标准板、门框板、窗框板及异形板等。

（7）辅助材料：膨胀水泥砂浆、胶黏剂、石膏腻子、钢板卡、铝合金钉、铁钉、木楔、玻纤布条、水泥砂浆等。

2. 石膏空心板

标准板、门框板、窗框板、门上板、窗上板及异形板等。标准板用于一般隔

墙,其他的板按工程设计确定的规格进行加工。

3. 辅助材料

辅助材料:包括胶黏剂、建筑石膏粉、玻纤布条、石膏腻子、钢板卡、射钉等。

4. 钢丝网水泥板

钢丝网架水泥聚苯乙烯夹芯板、泰柏板等,按设计要求的品种、规格提出各种钢丝网水泥板以及配件。

钢丝网架水泥聚苯乙烯夹芯板(GSJ 板)及其主要配套件:网片、槽网、$\phi 6\sim$$\phi 10$ 钢筋、角网、U 形连接件、射钉、膨胀螺栓、钢丝、箍码、水泥砂浆、防裂剂等。

泰柏板隔墙板及其辅助材料:之字条、204mm 宽平联结网、102mm×204mm 角网、箍码压板、U 码、组合 U 码、角铁码、钢筋码、蝴蝶网、网码、压片 3×48×64 (mm)或 3×40×80(mm)、$\phi 6\sim\phi 10$ 钢筋、水泥砂浆、石膏腻子等。

二、施工及质量控制要点

1. 复合轻质墙板隔墙

(1)板的长度应按楼层结构净高尺寸减 20mm。

(2)计算并量测门窗洞口上部及窗口下部的隔板尺寸,按此尺寸配预埋件的门窗框板。

上方木直接压线顶在上部结构底面,下方木可离楼地面约 100mm 左右,上下方木之间每隔 1.5m 左右立支撑方木,并用木楔将下方木与支撑方木之间楔紧。临时方木支撑后,即可安装隔墙板。

(3)安装隔墙板可采用刚性连接,将板的上端与上部结构底面用黏结砂浆或胶黏剂黏结,下部用木楔顶紧后空隙间填入细石混凝土。隔墙板安装顺序应从门洞口处向两端依次进行,门洞两侧宜用整块板;无门洞的墙体,应从一端向另一端顺序安装。其安装步骤如下:

1)墙板安装前,先将条板顶端板孔堵塞,黏结面用钢丝刷刷去油垢并清除渣末。

2)条板上端涂抹一层胶黏剂,厚约 3mm。然后将板立于预定位置,用撬棍将板撬起,使板顶与上部结构底面粘紧;板的一侧与主体结构或已安装好的另一块墙板贴紧,并在板下端留 20~30mm 缝隙,用木楔对楔背紧,撤出撬棍,板即固定。

3)板与板缝间的拼接,要满抹黏结砂浆或胶黏剂,拼接时要以挤出砂浆或胶黏剂为宜,缝宽不得大于 5mm(陶粒混凝土隔板缝宽 10mm)。挤出的砂浆或胶黏剂应及时清理干净。

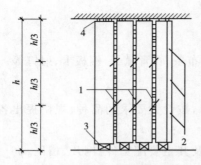

图 7-1　板与板之间的连接构造
1-铁销；2-转角处钉子；3-木楔；4-黏结砂浆

板与板之间在距板缝上、下各 1/3 处以 30°角斜向钉入铁销或铁钉（图 7-1），在转角墙、T 形墙条板连接处，沿高度每隔 700～800mm 钉入销钉或 ϕ8mm 铁件，钉入长度不小于 150mm（图 7-2），铁销和销钉应随条板安装随时钉入。

4）墙板固定后，在板下填塞 1：2 水泥砂浆或细石混凝土，细石混凝土应采用 C20 干硬性细石混凝土，坍落度控制在 0～20mm 为宜，并应在一侧支模，以利于捣固密实。

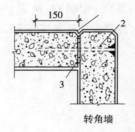

转角墙

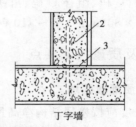

丁字墙

图 7-2　转角和丁字墙节点连接
1-八字缝；2-用绍钢筋打尖，经防锈处理；3-黏结砂浆

5）每块墙板安装后，应用靠尺检查墙面垂直和平整情况。

6）对于双层墙板的分户墙，安装时应使两面墙板的拼缝相互错开。

（4）安门窗框

在墙板安装的同时，应顺序立好门框，门框和板材采用粘钉结合的方法固定。即预先在条板上，门框上、中、下留木砖位置，钻深 100mm、直径 25～30mm 的洞，吹干净渣末，用水润湿后将相同尺寸的圆木蘸 108 胶水泥浆钉入到洞眼中，安装门窗框时将木螺丝拧入圆木内。也可用扒钉、胀管螺栓等方法固定门框。

若门窗框采取后塞口时，门窗框四周余量不超过 10mm。

（5）板缝和条板、阴阳角和门窗框边缝处理

（6）加气混凝土隔板之间板缝在填缝前应用毛刷蘸水湿润，填缝时应由两人在板的两侧同时把缝填实。填缝材料采用石膏或膨胀水泥。

（7）预制钢筋混凝土隔墙板高度以按房间高度净空尺寸预留 25mm 空隙为宜，与墙体间每边预留 10mm 空隙为宜。

（8）GRC 空心混凝土墙板之间贴玻璃纤维网格条，第一层采用 60mm 宽的玻璃纤维网格条贴缝，贴缝胶黏剂应与板之间拼装的胶黏剂相同，待胶黏剂稍干后，再贴第二层玻璃纤维网格条，第二层玻璃纤维网格条宽度为 150mm，贴完后

将胶黏剂刮平,刮干净。

(9)轻质陶粒混凝土隔墙板缝、阴阳转角和门窗框边缝用 1 号水泥胶黏剂粘贴玻纤布条(板缝、门窗框边缝粘贴 50～60mm 宽玻纤布条,阴阳转角处粘贴 200mm 宽玻纤布条)。光面板隔墙基面全部用 3mm 厚石膏腻子分两遍刮平,麻面墙隔墙基面用 10mm 厚 1:3 水泥砂浆找平压光。

(10)增强水泥条板隔墙板缝、墙面阴阳转角和门窗框边缝处用 1 号水泥胶黏剂粘贴玻纤布条,板缝用 50～60mm 宽的玻纤布条,阴阳转角用 200mm 宽布条,然后用石膏腻子分两遍刮平,总厚控制 3mm。

2. 石膏空心板隔墙

(1)隔板安装前要进行选板,如有缺棱掉角者,应用与板材材性相近的材料进行修补,未经修补的坏板不得使用。

(2)板的长度应按楼层结构净高尺寸减 20～30mm。

(3)计算并量测门窗洞口上部及窗口下部的隔板尺寸,按此尺寸配板。非地震区的条板连接,采用刚性黏结;地震地区的条板连接,采用柔性结合连接。

隔墙板安装顺序应从与墙的结合处或门洞口处向两端依次进行安装。

(4)结构墙面、顶面、条板顶面、条板侧面涂刷一层 1 号石膏型胶黏剂,然后将板立于预定位置,将墙板粘接固定。

(5)墙板黏结固定后,在 24h 以后用 C20 干硬性细石混凝土将板下口堵严,细石混凝土坍落度控制在 0～20mm 为宜,当混凝土强度达到 10MPa 以上,撤去板下木楔,并用同等强度的干硬性砂浆灌实。

(6)双层板隔断的安装,应先立好一层板后再安装第二层板,两层板的接缝要错开。隔声墙中填充轻质吸声材料时,可在第一层板安装固定后,把吸声材料贴在墙板内侧,再安装第二层板。

(7)安门窗框

1)门框安装在墙板安装的同时进行,依顺序立好门框,当板材顺序安装至门口位置时,将门框立好、挤严,缝宽 3mm～4mm,然后再安装门框另一侧条板。

2)门窗框与门窗口板之间缝隙不宜超过 3mm,如超过 3mm 时应加木垫片过渡。

3)将缝隙浮灰清理干净,用胶黏剂嵌缝。嵌缝要严密,以防止门扇开关时碰撞门框造成裂缝。

(8)隔墙板安装后 10d,检查所有缝隙是否黏结良好。已黏结良好的所有板缝、阴角缝,应清理浮灰。

3. 钢丝网水泥板隔墙

(1)各种配套用的连接件、加固件、埋件要配齐。凡未镀锌的铁件,要刷防锈漆两道做防锈处理。

（2）安装网架夹心板

当设计对钢丝网架夹心板的安装、连接、加固补强有明确要求的，应按设计要求进行，当无明确要求时，可按以下原则施工。

1）墙、梁、柱上已预埋锚筋应理直，并刷防锈漆两道。

2）地面、顶板、混凝土梁、柱、墙面未设置锚固筋时，可按400mm的间距埋膨胀螺栓或用射钉固定U形连接件。也可打孔插筋作连接件：紧贴钢丝网架两边打孔，孔距300mm，孔径6mm，孔深50mm，两排孔应错开，孔内插 $\phi6$ 钢筋，下埋50mm，上露100mm。地面上的插筋可不用环氧树脂锚固，其余的应先清孔，再用环氧树脂锚固插筋。

（3）按放线的位置安装钢丝网架夹心板。板与板的拼缝处用箍码或22号钢丝扎牢。

（4）墙、梁、柱上已预埋锚筋的，用22号钢丝将锚筋与钢丝网架扎牢，扎扣不少于3点。用膨胀螺栓或用射钉固定U形连接件，用钢丝将U形连接件与钢丝网架扎牢。

（5）夹心板的加固补强

1）隔墙的板与板纵横向拼缝处用之字条加固，用箍码或22号钢丝与钢丝网架连接。

2）转角墙、丁字墙阴、阳角处四角网加固，用箍码或22号钢丝与钢丝网架连接。阳角角网总宽400mm，阴角角网总宽300mm。

3）夹心板与混凝土墙、柱、砖墙连接处，阴角用网加固，阴角角网总宽300mm，一边用箍码或22号钢丝与钢丝网架连接，另一边用钢钉与混凝土墙、柱固定或用骑马钉与砖墙固定。

4）夹心板与混凝土墙、柱连接处的平缝，用300mm宽平网加固，一边用箍码或22号钢丝与钢丝网架连接，另一边用钢钉与混凝土墙、柱固定。

（6）用箍码或22号钢丝连接的，箍码或扎点的间距为200mm，呈梅花形布点。

（7）检查校正补强

在抹灰以前，要详细检查夹心板、门窗框、各种预埋件、管道、接线盒的安装和固定是否符合设计要求。安装好的钢丝网架夹心板要形成一个稳固的整体，并做到基本平整、垂直。达不到设计要求的要校正补强。

三、施工质量验收

1. 主控项目

（1）隔墙板材的品种、规格、性能、颜色应符合设计要求。有隔声、隔热、阻燃、防潮等特殊要求的工程,板材应有相应性能等级的检测报告。

检验方法:观察;检查产品合格证书、进场验收记录和性能检测报告。

(2)安装隔墙板材所需预埋件、连接件的位置、数量及连接方法应符合设计要求。

检验方法:观察;尺量检查;检查隐蔽工程验收记录。

(3)隔墙板材安装必须牢固。现制钢丝网水泥隔墙与周边墙体的连接方法应符合设计要求,并应连接牢固。

检验方法:观察;手扳检查。

(4)隔墙板材所用接缝材料的品种及接缝方法应符合设计要求。

检验方法:观察;检查产品合格证书和施工记录。

2. 一般项目

(1)隔墙板材安装应垂直、平整、位置正确,板材不应有裂缝或缺损。

检验方法:观察;尺量检查。

(2)板材隔墙表面应平整光滑、色泽一致、洁净,接缝应均匀、顺直。

检验方法:观察。

(3)隔墙上的孔洞、手摸检查。槽、盒应位置正确、套割方正、边缘整齐。

检验方法:观察。

(4)板材隔墙安装的允许偏差和检验方法应符合表 7-1 的规定。

表 7-1　板材隔墙安装的允许偏差和检验方法

| 项次 | 项目 | 允许偏差(mm) | | | | 检验方法 |
| | | 复合轻质墙板 | | 石膏空心板 | 钢丝网水泥 | |
		金属夹芯板	其他复合板			
1	立面垂直度	2	3	3	3	用 2m 垂直检测尺检查
2	表面平整度	2	3	3	3	用 2m 靠尺和塞尺检查
3	阴阳角方正	3	3	3	4	用直角检测尺检查
4	接缝高低差	1	2	2	3	用钢直尺和塞尺检查

第三节　骨架隔墙工程

一、材料控制要点

1. 隔墙龙骨及配件

（1）轻钢龙骨及配件

隔墙工程使用的轻钢龙骨主要有支撑卡系列龙骨和通贯系列龙骨。轻钢龙骨主件有沿顶沿地龙骨、加强龙骨、竖（横）向龙骨、横撑龙骨、扣盒龙骨、空气龙骨；轻钢龙骨配件有支撑卡、卡托、角托、连接件、固定件、护角条、压缝条、射钉、膨胀螺栓、镀锌自攻螺钉、木螺钉等。

轻钢龙骨的配置应符合设计要求。龙骨外观应表面平整，棱角挺直，过渡角及切边不允许有裂口和毛刺，表面不得有严重的污染、腐蚀和机械损伤。

（2）木龙骨

木方 40mm×70mm、25mm×25mm、15mm×35mm，板条、钉子、胀铆螺栓、胶黏剂等。

木龙骨应采用变形小、不易开裂和易于加工的红松、杉木等干燥的木料，含水量宜控制在 12% 以内，规格按设计要求加工。

2. 墙面板（纸面石膏板、人造木板、水泥纤维板等）

根据设计选用，一般为纸面石膏板，辅助材料准备嵌缝腻子、玻璃纤维接缝带、胶黏剂、自攻螺钉等；人造木板，辅助材料准备圆钉、油性腻子等；水泥纤维板，辅助材料准备密封膏、石膏腻子或水泥砂浆、自攻螺钉等。

人造木板：常见品种有胶合板和纤维板等，要求选料严格，板材厚薄均匀，表面平整、光洁，并不得有边棱翘起、脱层等毛病。

水泥纤维板：板正面应平整、光滑、边缘整齐，不应有裂缝、孔洞等缺陷，尺寸允许偏差及物理力学性能应符合有关国家和行业标准要求。

二、施工及质量控制要点

1. 检查数量

骨架隔墙工程的检查数量应符合下列规定：每个检验批应至少抽查 10%，并不得少于 3 间；不足 3 间时应全数检查。

2. 轻钢龙骨隔墙

（1）安装沿地、沿顶及沿边龙骨

1）横龙骨与建筑顶、地连接及竖龙骨与墙、柱连接可采用射钉，选用 M5×

35mm 的射钉将龙骨与混凝土基体固定,砖砌墙、柱体应采用金属胀铆螺栓。射钉或电钻打孔间距宜为 900mm,最大不应超过 1000mm。

2)轻钢龙骨与建筑基体表面接触处,应在龙骨接触面的两边各粘贴一根通长的橡胶密封条。沿地、沿顶和靠墙(柱)龙骨的固定方法,见图 7-3。

(2)由隔断墙的一端开始排列竖龙骨,有门窗者要从门窗洞口开始分别向两侧排列。当最后一根竖龙骨距离沿墙(柱)龙骨的尺寸大于设计规定时,必须增设一根竖龙骨。

1)将竖龙骨推向沿顶、沿地龙骨之间,翼缘朝罩面板方向就位。龙骨的上、下端如为钢柱连接,均用自攻螺钉或抽心铆钉与横龙骨固定(图 7-4)。

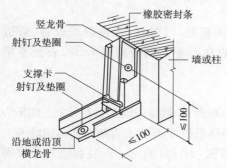

图 7-3 沿地(顶)及沿墙(柱)龙骨的固定

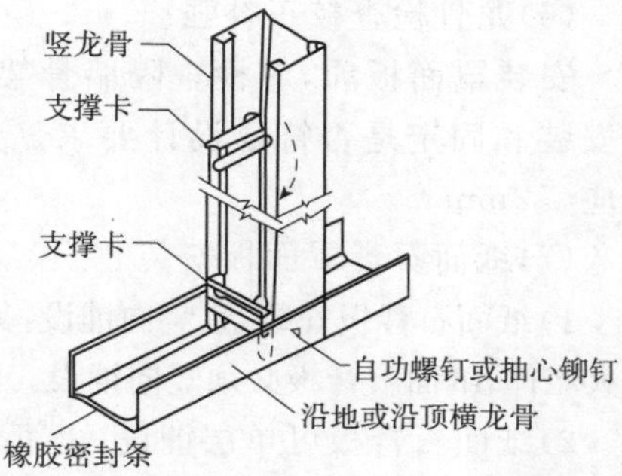

图 7-4 竖龙骨与沿地(顶)横龙骨的固定

2)当采用有冲孔的竖龙骨时,其上下方向不能颠倒,竖龙骨现场截断时一律从其上端切割,并应保证各条龙骨的贯通孔高度必须在同一水平。

3)门窗洞口处的竖龙骨安装应依照设计要求,采用双根并用或是扣盒子加强龙骨。如果门的尺度大且门扇较重时,应在门框外的上下左右增设斜撑。

(3)安装通贯龙骨

1)通贯横撑龙骨的设置:低于 3m 的隔断墙安装 1 道;3~5m 高度的隔断墙安装 2~3 道。

2)对通贯龙骨横穿各条竖龙骨进行贯通冲孔,需接长时应使用配套的连接件(图 7-5)。

3)在竖龙骨开口面安装卡托或支撑卡与通贯横撑龙骨连接锁紧(图 7-6),根

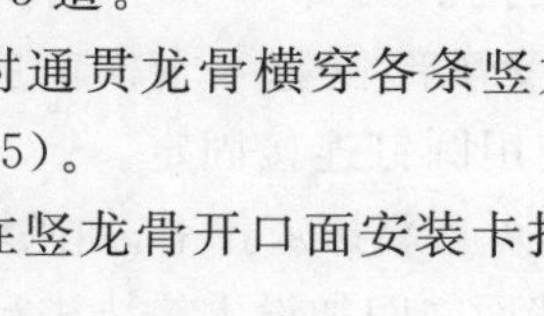

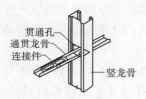

图 7-5 通贯龙骨的接长

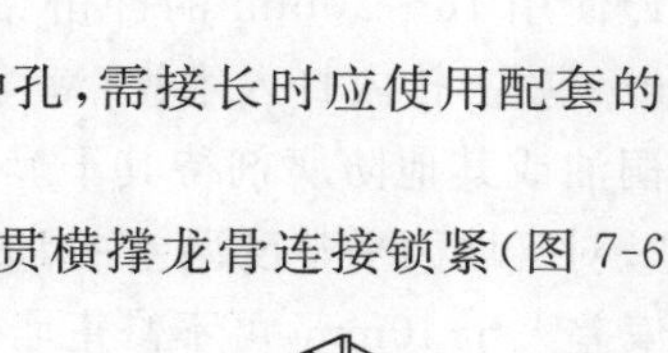

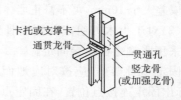

图 7-6 通贯龙骨与竖龙骨的连接固定

据需要在竖龙骨背面可加设角托与通贯龙骨固定。

（4）采用支撑卡系列的龙骨时，应先将支撑卡安装于竖龙骨开口面，卡距为400～600mm，距龙骨两端的距离为 20～25mm。

（5）安装横撑龙骨

1）隔墙骨架高度超过 3m 时，或罩面板的水平方向板端（接缝）未落在沿顶沿地龙骨上时，应设横向龙骨。

2）选用 U 形横龙骨或 C 形竖龙骨作横向布置，利用卡托、支撑卡（竖龙骨开口面）及角托（竖龙骨背面）与竖向龙骨连接固定。

3）有的系列产品，可采用其配套的金属嵌缝条作横竖龙骨的连接固定件。

（6）龙骨检查校正补强

安装罩面板前，应检查隔墙骨架的牢固程度，门窗框、各种附墙设备、管道的安装和固定是否符合设计要求。龙骨的立面垂直偏差应≤3mm，表面不平整应≤2mm。

（7）纸面石膏罩面板安装

1）纸面石膏板安装，宜竖向铺设，其长边（包封边）接缝应落在竖龙骨上。如果为防火墙体，纸面石膏板必须竖向铺设。曲面墙体罩面时，纸面石膏板宜横向铺设。

2）纸面石膏板可单层铺设，也可双层铺板，由设计确定。安装前应对预埋隔断中的管道和有关附墙设备等，采取局部加强措施。

（8）保温材料、隔声材料铺设

当设计有保温或隔声材料时，应按设计要求的材料铺设。铺放墙体内的玻璃棉、矿棉板、岩棉板等填充材料，应固定并避免受潮。安装时尽量与另一侧纸面石膏板同时进行，填充材料应铺满铺平。

3. 木龙骨隔墙

（1）隔墙木龙骨靠墙或柱骨架安装，可采用木楔圆钉固定法。

1）使用 16～20mm 的冲击钻头在墙（柱）面打孔，孔深不小于 60mm，孔距600mm 左右，孔内打入木楔（潮湿地区或墙体易受潮部位塞入木楔前应对木楔刷涂桐油或其他防腐剂待其干燥），将龙骨与木楔用圆钉连接固定。

2）对于墙面平整度误差在 10mm 以内的基层，可重新抹灰找平；如果墙体表面平整偏差大于 10mm，可不修正墙体，而在龙骨与墙面之间加设木垫块进行调平。

（2）对于大木方组成的隔墙骨架，在建筑结构内无预埋时，龙骨与墙体的连接应采用胀铆螺栓连接固定。

固定木骨架前，应按对应地面和顶面的墙面固定点的位置，在木骨架上画线，标出固定连接点位置，在固定点打孔，孔的直径略大于胀铆螺栓直径。

（3）木骨架与沿顶的连接可采用射钉、胀铆螺栓、木楔圆钉等固定。

1)不设开启门扇的隔墙,当其与铝合金或轻钢龙骨吊顶接触时,隔墙木骨架可独自通入吊顶内与建筑楼板以木楔圆钉固定;当其与吊顶的木龙骨接触时,应将吊顶木龙骨与隔墙木龙骨的沿顶龙骨钉接,如两者之间有接缝,还应垫实接缝后再钉钉子。

2)有门扇的木隔墙,竖向龙骨穿过吊顶面与楼板底需采用斜角支撑固定。斜角支撑的材料可用方木,也可用角钢,斜角支撑杆件与楼板底面的夹角以 60°为宜。斜角支撑与基体的固定,可用木楔铁钉或胀铆螺栓。

(4)木骨架与地(楼)面的连接

1)用 $\phi7.8mm$ 或 $\phi10.8mm$ 的钻头按 $300\sim400mm$ 的间距于地(楼)面打孔,孔深为 45mm 左右,利用 M6 或 M8 的胀铆螺栓将沿地龙骨固定。

2)对于面积不大的隔墙木骨架,可采用木楔圆钉固定法,在楼地面打 $\phi20mm$ 左右的孔,孔深 50mm 左右,孔距 $300\sim400mm$,孔内打入木楔,将隔墙木骨架的沿地龙骨与木楔用圆钉固定。

3)简易的隔墙木骨架,可采用高强水泥钉,将木框架的沿地面龙骨钉牢于混凝土地(楼)面。

(5)安装竖向木龙骨

1)安装竖向木龙骨应垂直,其上下端要顶紧上下槛,分别用钉斜向钉牢。

2)在立筋之间钉横撑,横撑可不与立筋垂直,将其两端头按相反方向稍锯成斜面,以便楔紧用钉固定。横撑的垂直间距宜 $1.2\sim1.5m$。

3)门樘边的立筋应加大断面或者是双根并用,门樘上方加设人字撑固定。

三、施工质量验收

1. 主控项目

(1)骨架隔墙所用龙骨、配件、墙面板、填充材料及嵌缝材种、规格、性能和木材的含水率应符合设计要求。有隔声隔热、阻燃、防潮等特殊要求的工程,材料应有相应性能等级的检测报告。

检验方法:观察;检查产品合格证书、进场验收记录、性能检测报告和复验报告。

(2)骨架隔墙工程边框龙骨必须与基体结构连接牢固,并应平整、垂直、位置正确。

检验方法:手扳检查;尺量检查;检查隐蔽工程验收记录。

(3)骨架隔墙中龙骨间距和构造连接方法应符合设计要求。骨架内设备管线的安装、门窗洞口等部位加强龙骨应安装牢固、位置正确,填充材料的设置应符合设计要求。

检验方法:检查隐蔽工程验收记录。

（4）木龙骨及木墙面板的防火和防腐处理必须符合设计要求。

检验方法：检查隐蔽工程验收记录。

（5）骨架隔墙的墙面板应安装牢固，无脱层、翘曲、折裂及缺损。

检验方法：观察；手扳检查。

（6）墙面板所用接缝材料的接缝方法应符合设计要求。

检验方法：观察。

2．一般项目

（1）骨架隔墙表面应平整光滑、色泽一致、洁净、无裂缝，接缝应均匀、顺直。

检验方法：观察；手摸检查。

（2）骨架隔墙上的孔洞、槽、盒应位置正确、套割吻合、边缘整齐。

检验方法：观察。

（3）骨架隔墙内的填充材料应干燥，填充应密实、均匀、无下坠。

检验方法：轻敲检查；检查隐蔽工程验收记录。

（4）骨架隔墙安装的允许偏差和检验方法应符合表7-2。

表 7-2　骨架隔墙安装的允许偏差和检验方法

项次	项　目	允许偏差（mm）		检 验 方 法
		纸面石膏板	人造木板、水泥纤维板	
1	立面垂直度	3	4	用2m垂直检测尺检查
2	表面平整度	3	3	用2m靠尺和塞尺检查
3	阴阳角方正	3	3	用直角检测尺检查
4	接缝直线度	—	3	拉5m线，不足5m拉通线，用钢直尺检查
5	压条直线度	—	3	拉5m线，不足5m拉通线，用钢直尺检查
6	接缝高低差	1	1	用钢直尺和塞尺检查

第四节　活动隔墙工程

一、材料控制要点

1．隔墙板材

（1）品种、规格应符合设计要求（现场制作或外加工）。

（2）隔墙板的木材含水率不大于 12%。

（3）人造板的甲醛含量应符合现行国家标准《室内装饰装修材料　人造板及其制品中甲醛释放限量》(GB 18580—2001)的规定。

（4）隔墙板燃烧性能等级应符合现行国家标准《建筑内部装修设计防火规范》(GB 50222—1995)的规定。

2. 轨道及五金配件

上、下轨道、滑轮组件及其配件应符合设计要求。

二、施工及质量控制要点

1. 活动隔墙工程的检查数量应符合下列规定

每个检验批应至少抽查 20%，并不得少于 6 间；不足 6 间时应全数检查。

2. 轨道固定件安装

按设计要求选择轨道固定件。安装轨道前要考虑墙面、地面、顶棚的收口做法并方便活动隔墙的安装，通过计算活动隔墙的质量，确定轨道所承受的荷载和预埋件的规格、固定方式等。轨道的预埋件安装要牢固，轨道与主体结构之间应固定牢固，所有金属件应做防锈处理。

3. 预制隔扇

（1）首先根据设计图纸结合现场实际测量的尺寸，确定活动隔墙的净尺寸。再根据轨道的安装方式、活动隔墙的净尺寸和设计分格要求，计算确定活动隔墙每一块隔扇的尺寸，最后绘制出大样图委托加工。由于活动隔墙是活动的墙体，要求每块隔扇都应像装饰门一样美观、精细，应在专业厂家进行预制加工，通过加工制作和试拼装来保证产品的质量。预制好的隔扇出厂前，为防止开裂、变形，应涂刷一道底漆或生桐油。饰面在活动隔墙安装后进行。

（2）活动隔墙的高度较高时，隔扇可以采用铝合金或型钢等金属骨架，防止由于高度过大引起变形。

（3）有隔声要求的活动隔墙，在委托专业厂家加工时，应提出隔声要求。不但保证隔扇本身的隔声性能，而且还要保证隔扇四周缝隙也能密闭隔声。

4. 安装轨道

应根据轨道的具体情况，提前安装好滑轮或轨道预留开口（一般在靠墙边 1/2 隔扇附近）。地面支承式轨道和地面导向轨道安装时，必须认真调整、检查，确保轨道顶面与完成后的地面面层表面平齐。

5. 安装活动隔扇

根据安装方式，在每块隔扇上准确划出滑轮安装位置线，然后将滑轮的固定架用螺钉固定在隔扇的上挺或下挺上。再把隔扇逐块装入轨道,调整各块隔扇,使其垂直于地面,且推拉转动灵活,最后进行各扇之间的连接固定。通常情况下相邻隔扇之间用合页铰链连接。

6. 饰面

根据设计要求进行饰面。一般采用软包、裱糊、镶装实木板、贴饰面板、镶玻璃等。饰面做好后,根据需要进行油漆涂饰或收边。饰面装饰施工需按相应的工艺标准要求进行。

三、施工质量验收

1. 主控项目

(1)活动隔墙所用墙板、配件等材料的品种、规格、性能和木材的含水率应符合设计要求。有阻燃、防潮等特性要求的工程,材料应有相应性能等级的检测报告。

检验方法:观察;检查产品合格证书、进场验收记录、性能检测报告和复验报告。

(2)活动隔墙轨道必须与基体结构连接牢固,并应位置正确。

检验方法:尺量检查;手扳检查。

(3)活动隔墙用于组装、推拉和制动的构配件必须安装牢固、位置正确,推拉必须安全、平稳、灵活。

检验方法:尺量检查;手扳检查;推拉检查。

(4)活动隔墙制作方法、组合方式应符合设计要求。

检验方法:观察。

2. 一般项目

(1)活动隔墙表面应色泽一致、平整光滑、洁净,线条应顺直、清晰。

检验方法:观察;手摸检查。

(2)活动隔墙上的孔洞、槽、盒应位置正确、套割吻合、边缘整齐。

检验方法:观察;尺量检查。

(3)活动隔墙推拉应无噪声。

检验方法:推拉检查。

(4)活动隔墙安装的允许偏差和检验方法应符合表 7-3 的规定。

表 7-3　活动隔墙安装的允许偏差和检验方法

项次	项　　目	允许偏差(mm)	检验方法
1	立面垂直度	3	用 2m 垂直检测尺检查
2	表面平整度	2	用 2m 靠尺和塞尺检查

（续）

项次	项　目	允许偏差（mm）	检验方法
3	接缝直线度	3	拉 5m 线，不足 5m 拉通线，用钢直尺检查
4	接缝高低差	2	用钢直尺和塞尺检查
5	接缝宽度	2	用钢直尺检查

第五节　玻璃隔墙工程

一、材料控制要点

1. 主材（玻璃砖和玻璃板）

玻璃砖和玻璃板的品种、规格、性能、图案和颜色应符合设计要求及国家现行标准《建筑玻璃应用技术规程》（JGJ 113—2015）的规定。玻璃板隔墙应使用安全玻璃（如钢化玻璃、夹胶玻璃等）。

玻璃砖和玻璃板应有出厂合格证及性能检测报告，玻璃板隔墙用安全玻璃应有资质检测试验机构出具的复验报告。

2. 金属材料

铝合金型材、不锈钢板、型钢（角钢、槽钢等）及轻型薄壁槽钢、支撑吊架等金属材料和配套材料，应符合设计要求，并有出厂合格证及性能检测报告。

3. 辅助材料

膨胀螺栓、玻璃支撑垫块、橡胶配件、金属配件、结构密封胶、玻璃胶、嵌缝条等应有出厂合格证，结构密封胶、玻璃胶应有环保检测报告。

二、施工及质量控制要点

1. 玻璃隔墙工程的检查数量应符合下列规定：

每个检验批应至少抽查 20％，并不得少于 6 间；不足 6 间时应全数检查。

2. 玻璃砖

（1）弹线定位：首先，根据隔墙安装定位控制线在地面上弹出隔墙的位置线，然后，用垂直线法在墙、柱上弹出位置及高度线和沿顶位置线。当设计有踢脚台墙垫时，应按其宽度，弹出边线。

（2）踢脚台施工：采用混凝土时，应将楼板凿毛、立模、洒水浇注混凝土。采用砖砌体时，应按踢脚台边线砌筑。在踢脚台施工中，应按设计要求与墙体进行锚固并预埋木砖。

（3）玻璃砖砌筑：按照设计图进行排列，在踢脚台上画线，立好皮数杆。如采用框架，则按设计要求先安装好金属架。同时，对两侧墙面进行清理使其平整垂直。砌筑时，玻璃砖按上、下对缝的方式，自下而上拉通线。为保证砌筑方便和平整度，每砌完一层砖，要放置木垫块（每块砖放 2～3 块），厚 50mm 的玻璃砖，用长 35mm 的木垫块，厚 80mm 的玻璃砖，用长 60mm 的木垫块，使其位于玻璃砖的凹槽中。面积较大时，应放置通长的水平钢筋（2ϕ6mm 或 1ϕ6mm），并与四周框架焊牢。玻璃砖宜以 1.5m 左右高度为一个施工段。砌筑时注意随砌随抹。

（4）勾缝：砌筑完成后，即进行表面勾缝，先勾平缝，再勾竖缝。

（5）饰边处理：一般采用木质材料和不锈钢饰边，式样和做法按设计要求确定。

3. 玻璃板

（1）弹线定位：首先，根据隔墙安装定位控制线在地面上弹出隔墙的位置线，然后，用垂直线法在墙、柱上弹出位置及高度线和沿顶位置线。有框玻璃板隔墙应标出竖框间隔位置和固定点位置。

（2）框材下料：有框玻璃隔墙型材下料时，应先复核现场实际尺寸，有水平横档时，每个竖框均应以底边为准，在竖框上划出横档位置线和连接部位的安装尺寸线，以保证连接件安装位置准确和横挡在同一水平线上。下料应使用专用工具（型材切割机），保证切口光滑、整齐。

（3）安装框架、边框：当玻璃板隔断的框为型钢外包饰面板时，将边框型钢（角钢或薄壁槽钢）按已弹好的位置线进行试安装，检查无误后与预埋铁件或金属膨胀螺栓焊接牢固，再将框内分格型材与边框焊接。型钢材料在安装前应做好防腐处理，焊接后经检查合格，局部补做防腐处理。

当面积较大的玻璃隔墙采用吊挂式安装时，应先在结构梁或板下做出吊挂玻璃的支撑架，并安好吊挂玻璃的夹具及上框。夹具距玻璃两个侧边的距离为玻璃宽度的 1/4（或根据设计要求）。上框的底面应与吊顶标高一致。

（4）安装玻璃

1）玻璃就位：边框安装好后，先将槽口清理干净，并垫好防振橡胶垫块。安装时两侧人员同时用玻璃吸盘把玻璃吸牢，抬起玻璃，先将玻璃竖着插入上框槽口内，然后轻轻垂直落下，放入下框槽口内。如果是吊挂式安装，在将玻璃送入上框时，还应将玻璃放入夹具内。

2)调整玻璃位置:先将靠墙(或柱)的玻璃就位,使其插入贴墙(柱)的边框槽口内,然后安装中间部位的玻璃。两块玻璃之间应按设计要求留缝,一般留 2～3mm 缝隙或留出与玻璃稳定器(玻璃肋)厚度相同的缝,因此玻璃下料时应考虑留缝尺寸。如果采用吊挂式安装,应逐块将玻璃夹紧、夹牢。对于有框玻璃隔墙,一般采用压条或槽口条在玻璃两侧压住玻璃,并用螺钉固定或卡在框架上。

(5)嵌缝打胶:玻璃全部就位后,校正平整度、垂直度,用嵌条嵌入槽口内定位,然后打硅酮结构胶或玻璃胶。注胶时应从缝隙的一端开始,一只手握住注胶枪,均匀用力将胶挤出,另一只手托住注胶枪,顺着缝隙匀速移动,将胶均匀地注入缝隙中,用塑料片刮平玻璃胶,胶缝宽度应一致,表面平整,并清除溢到玻璃表面的残胶。

(6)清洁:玻璃板隔墙安装后,应将玻璃面和边框的胶迹、污痕等清洗干净。玻璃清洁时不能用质地太硬的清洁工具,也不能采用含有磨料或酸、碱性较强的洗涤剂。其他饰面用专用清洁剂清洗时,不要让专用清洁剂溅落到镀膜玻璃上。

三、施工质量验收

1. 主控项目

(1)玻璃隔墙工程所用材料的品种、规格、性能、图案和颜色应符合设计要求。玻璃板隔墙应使用安全玻璃。

检验方法:观察;检查产品合格证书、进场验收记录和性能检测报告

(2)玻璃砖隔墙的砌筑或玻璃板隔墙的安装方法应符合设计要求。

检验方法:观察。

(3)玻璃砖隔墙砌筑中埋设的拉结筋必须与基体结构连接牢固,并应位置正确。

检验方法:手扳检查;尺量检查;检查隐蔽工程验收记录。

(4)玻璃板隔墙的安装必须牢固。玻璃板隔墙胶垫的安装应正确。

检验方法:观察;手推检查;检查施工记录。

2. 一般项目

(1)玻璃隔墙表面应色泽一致、平整洁净、清晰美观。

检验方法:观察。

(2)玻璃隔墙接缝应横平竖直,玻璃应无裂痕、缺损和划痕。

检验方法:观察。

(3)玻璃板隔墙嵌缝及玻璃砖隔墙勾缝应密实平整、均匀顺直、深浅一致。

检验方法:观察。

(4)玻璃隔墙安装的允许偏差和检验方法应符合表 7-4 的规定。

表 7-4　玻璃隔墙安装的允许偏差和检验方法

项次	项目	允许偏差（mm）		检验方法
		玻璃砖	玻璃板	
1	立面垂直度	3	2	用 2m 垂直检测尺检查
2	表面平整度	3	—	用 2m 靠尺和塞尺检查
3	阴阳角方正	—	2	用直角检测尺检查
4	接缝直线度	—	2	拉 5m 线，不足 5m 拉通线，用钢直尺检查
5	接缝高低差	3	2	用钢直尺和塞尺检查
6	接缝宽度	—	1	用钢直尺检查

第八章　饰面板(砖)工程

第一节　一般规定

1. 饰面工程的材料品种、规格、图案、固定方法和砂浆种类,应符合设计要求。

2. 粘贴、安装饰面的基体,应具有足够的强度、稳定性和刚度。

3. 饰面板应镶贴在粗糙的基体或基层上;用胶黏剂粘贴的饰面薄板基层应平整;饰面砖应镶贴在平整粗糙的基层上。光滑的基体或基层表面,镶贴前应处理。残留的砂浆、尘土和油渍等应清除干净。

4. 饰面板、饰面砖应镶贴平整,接缝宽度应符合设计要求,并填嵌密实,以防渗水。

5. 饰面板应安装牢固,且板的压茬尺寸及方向应符合设计要求。

6. 镶贴、安装室外突出的檐口、腰线、窗口、雨篷等饰面,必须有流水坡度和滴水线(槽)。

7. 装配式挑檐、托座等的下部与墙或柱相连接处,镶贴饰面板、饰面砖应留有适量的缝隙。

8. 饰面工程镶贴后,应采取保护措施。

9. 外墙饰面砖粘贴前和施工过程中,均应在相同基层上做样板件,并对样板件的饰面砖黏结强度进行检验,其检验方法和结果判定应符合《建筑工程饰面砖粘结强度检验标准》(JGJ 110—2008)的规定。

10. 饰面板(砖)工程的抗震缝、伸缩缝、沉降缝等部位的处理应保证缝的使用功能和饰面的完整性。

11. 饰面板(砖)工程所有材料进场时应对品种、规格、外观和尺寸进行验收。其中室内花岗石、瓷砖、水泥、外墙陶瓷面砖应进行复验:

1)室内用花岗石、瓷砖的放射性;

2)粘贴用水泥的凝结时间,安定性和抗压强度;

3)外墙陶瓷面砖的吸水率;

4)寒冷地面外墙陶瓷砖的抗冻性。

12.饰面板(砖)工程应对下列隐蔽工程项目进行验收:

(1)预埋件(或后置埋件)。

(2)连接节点。

(3)防水层。

13.饰面板(砖)工程验收时应检查下列文件和记录:

(1)饰面板(砖)工程的施工图、设计说明及其他设计文件。

(2)材料的产品合格证书、性能检测报告、进场验收记录和复验报告。

(3)后置埋件的现场拉拔检测报告。

(4)外墙饰面砖样板件的黏结强度检测报告。

(5)隐蔽工程验收记录。

(6)施工记录。

14.各分项工程的检验批的划分及检查数量

(1)各分项工程的检验批的划分

相同材料、工艺和施工条件的室内饰面板(砖)工程每50间(大面积房间和走廊按施工面积 $30m^2$ 为一间)应划分为一个检验批,不足 50 间也应划分为一个检验批。

相同材料、工艺和施工条件的室外饰面板(砖)工程每 $500\sim1000m^2$ 应划分为一个检验批,不足 $500m^2$ 也应划分为一个检验批。

(2)检查数量

1)室内每个检验批应至少抽查 10%,并不得少于 3 间;不足 3 间时应全数检查。

2)室外每个检验批每 $100m^2$ 应至少抽查一处,每处不得小于 $10m^2$。

第二节　饰面板安装工程

一、石材饰面板

1.材料控制要点

(1)石材:根据设计选用,一般有天然大理石、天然花岗石(光面、剁斧石、蘑菇石)、青石板、人造石材等。

饰面板应表面平整、边缘整齐,棱角不得损坏。天然大理石、花岗石饰面板,表面不得有隐伤、风化等缺陷。不宜用易褪色的材料包装。

(2)修补胶黏剂及腻子:环氧树脂胶黏剂、环氧树脂腻子、颜料等。

(3)防泛碱材料及防风化涂料:玻璃纤维网格布、石材防碱背涂处理剂、罩面剂等。

(4)连接件:膨胀螺栓、钢筋骨架、木龙骨、金属夹、铜丝或不锈钢丝、钢丝及钢丝网等。

(5)黏结材料及嵌缝膏:水泥、砂、嵌缝膏、密封胶、弹性胶条等。

(6)辅助材料:石膏、塑料条、防污胶带、木楔等。

2. 施工及质量控制要点

(1)石材表面处理:石材表面充分干燥湿作业法含水率不大于10%,干挂法含水率应不大于8%。

(2)先对石材板进行挑选,使同一立面或相邻两立面的石材板色泽、花纹一致,挑出色差、纹路相差较大的不用或用于边角不明显部位。

(3)石材板选好后进行钻孔、开槽,为保证孔槽的位置准确、垂直,应制作一个定型托架,将石板放在托架上作业。钻孔时应使钻头与钻孔面垂直,开槽时应使切割片与开槽面垂直,确保成孔、槽后准确无误。

(4)孔、槽的形状尺寸应按设计要求确定,一般孔深为22~23mm,孔径为7~8mm。一般槽宽为5~8mm,槽深为25~35mm。

(5)穿铜丝或镀锌铅丝:将直径不小于1mm的铜丝剪成长200mm左右的段,铜丝一端从板后的槽孔穿进孔内,铜丝打回头后用胶黏剂固定牢固,另一端从板后的槽孔穿出,弯曲卧入槽内。铜丝穿好后,石材板的上、下侧边不得有铜丝突出,以便和相邻石材接缝严密。

(6)绑焊钢筋网:墙(柱)面上,竖向钢筋与预埋筋焊牢(混凝土基层可用膨胀螺栓代替预埋筋),横向钢筋与竖筋绑扎牢固。

(7)安装石材板块:按编号将石板就位,先将石板上的铜丝或镀锌铅丝拉直,把石板上端外倾,右手伸入石板背面,把石板下口铜丝绑扎在钢筋网上。绑扎不要太紧,留出适宜余量,把铜丝和钢筋绑扎牢固即可。然后把石板竖起立正,绑扎石板上口的铜丝,并用木楔垫稳。石材与基层墙、柱面间的灌浆缝一般为30~50mm。用检测尺进行检查,调整木楔,使石材表面平整、立面垂直,接缝均匀顺直。最后将铜丝扎紧,逐块从一个方向依次向另一个方向进行。柱面可按顺时针方向安装,一般先从正面开始。第一层全部安装完毕后再用靠尺板检查垂直,水平尺检查平整,方尺检查阴、阳角方正,用靠尺板检查调整木楔,再拴紧铜丝或镀锌铅丝,依次向另一方进行。保证垂直、水平、表面平整、阴阳角方正、上口平直、缝隙宽窄一致、均匀顺直,确认符合要求后,用调制成糊状(稠度70~100mm)的熟石膏,将石材临时粘贴固定。临时粘贴应在石板的边角部位点粘,木楔处亦可粘贴,使石板固定、稳固即可。再检查一下有无变形,待石膏糊硬化后开始灌浆。如设计有嵌缝塑料软管者,应在灌浆前塞放好。

(8)分层灌浆:将拌制好的1:2.5水泥砂浆,用铁簸箕徐徐倒入石材与基层墙柱面间的灌浆缝内,边灌边用钢筋棍插捣密实,并用橡皮锤轻轻敲击石板面使灌入的砂浆内的气体排出。水泥砂浆的稠度一般采用90~150mm为宜。第一次浇灌高度一般为150mm,但不得超过石板高度的1/3。第一次灌浆很重要,操作必须要轻,不得碰撞石板和临时固定石膏,防止石板位移错动。

当发现有位移错动时,应立即拆除重新安装石板。柱子、门窗套贴面,可用木方或型钢做成卡具,卡住石材,以防止灌浆时错位变形。

(9)柱体贴面:安装柱面大理石或磨光花岗石,其弹线、钻孔、绑钢筋和安装等工序与镶贴墙面方法相同,要注意灌浆前用木方钉成槽形木卡子,双面卡住大理石板,以防止灌浆时大理石或磨光花岗石板外胀。

二、瓷板饰面板

1. 材料控制要点

(1)板材根据设计选用不同规格、颜色的瓷板。瓷板表面平整、边缘整齐,棱角不得损坏。瓷板的表面质量应符合表8-1的规定。

表 8-1 瓷板的表面质量

缺 陷 名 称		表面质量要求	
		瓷质饰面用瓷板	瓷质地面用瓷板
分层、开裂		不允许	不允许
裂纹		不允许	不超多对应边长的6%
斑点、起泡、熔洞、落脏、磕碰、坯粉、麻面、疵火		距离板面2m处目测,缺陷不明显	距离板面3m处目测,缺陷不明显
色差		距离板面3m处目测,色差不明显	距离板面3m处目测,色差不明显
抛光板	露磨	不允许	不明显
	漏抛	不允许	板边漏抛允许长度≯1/3边长,宽限3mm
	磨痕、磨划	不明显	稍有

注:1. 当色差作为装饰目的时,不属缺陷;
　　2. 瓷板背面和侧面,不允许有影响使用的附着物和缺陷。

(2)连接件:钢架、不锈钢挂件、铝合金挂件、膨胀螺栓等。

(3)黏结材料及嵌缝膏:水泥、砂、密封胶、胶黏剂、弹性胶条等。

2. 施工及质量控制要点

(1)当设计对建筑物外墙有防水要求时,安装前应修补施工过程中损坏的外墙防水层。

(2)除设计特殊要求外,同幅墙的瓷板色彩宜一致。

(3)清理瓷板的槽(孔)内及挂件表面的灰粉。

(4)扣齿板的长度应符合设计要求,当设计未作规定时,不锈钢扣齿板与瓷板支承边等长,铝合金扣齿板比瓷扳支承边短 20～50mm。

(5)扣齿或销钉插入瓷板深度应符合设计要求,扣齿插入深度允许偏差为±1mm,销钉插入深度允许偏差为±2mm。

(6)当为不锈钢挂件时,应将环氧树脂浆液抹入槽(孔)内,满涂挂件与瓷板的接合部位,然后插入扣齿或销钉。

三、金属饰面板

1. 材料控制要点

(1)板材:根据设计要求选用,常见板材有:彩色涂层钢板、彩色不锈钢板、铝合金板、塑铝板等。

金属饰面板的品种、质量、颜色、花型、线条应符合设计要求。表面应平整、光滑,无裂缝和皱折,颜色一致,边角整齐,金属饰面板涂膜厚度均匀。

(2)骨架:根据设计选用,一般有铝及铝合金龙骨、型钢龙骨、木龙骨及木夹板、垫板等。

(3)连接件:膨胀螺栓、连接铁件、配套的铁垫板、垫圈、螺钉、螺帽、铆钉等。

(4)黏结材料:胶黏剂、强力胶等。

(5)其他:防火涂料、防潮涂料、防水胶泥、密封胶、橡胶条、焊条等。

2. 施工及质量控制要点

(1)安装时应先从一端,逐块进行。按排板图划出龙骨上插挂件的安装位置,将插挂件固定于龙骨上,并确保龙骨与板上插挂件的位置吻合,固定牢固。

(2)龙骨插挂件安装完毕后,全面检验固定的牢固性及龙骨整体垂直度、平整度。并检验、修补防腐,对金属件及破损的防腐涂层补刷防锈漆。

(3)金属饰面板安装过程中,板、块缝之间塞填同等厚度的铝垫片,并应采取边安装、边调整垂直度、水平度、接缝宽度和邻板高低差,保证整体施工质量。

(4)对于小面积的金属饰面板墙面可采用胶粘法施工,胶粘法施工时可采用木质骨架。先在木骨架上固定一层细木工板,以保证墙面的平整度与刚度,然后用建筑胶直接将金属饰面板粘贴在细木工板上。粘贴时建筑胶应涂抹均匀,使饰面板黏结牢固。

四、木质饰面板

1. 材料控制要点

（1）面板：根据设计选用，一般为胶合板、硬木面板等。

（2）骨架：根据设计配备各种规格的木龙骨骨架、衬板（胶合板或其他人造板）、木压条等。

（3）其他：膨胀螺栓、圆钉、防水建筑胶粉、防腐剂、防火涂料、石膏腻子、白乳胶、108 胶、清油、色油等。

2. 施工及质量控制要点

（1）用木方采用半榫扣方，做成网片安装在墙面上，安装时先在龙骨交叉中心线位置打直径 14～16mm 的孔，将直径 14～16mm、长 50mm 的木楔植入，将木龙骨网片用 3 寸铁钉固定在墙面上，再用靠尺和线坠检查平整和垂直度，并进行调整，达到质量要求。

（2）铺设木龙骨后将木质防火涂料涂刷在基层木龙骨可视面上。

（3）用自攻螺钉固定防火夹板安装后用靠尺检查平整，如果不平整应及时修复直到合格为止。

（4）面层板用专用胶水粘贴后用靠尺检查平整，如果不平整应及时修复直到合格为止。

五、饰面板施工质量验收

1. 主控项目

（1）饰面板的品种、规格、颜色和性能应符合设计要求，木龙骨、木饰面板和塑料饰面板的燃烧性能等级应符合设计要求。

检验方法：观察；检查产品合格证书、进场验收记录和性能检测报告。

（2）饰面板孔、槽的数量、位置和尺寸应符合设计要求。

检验方法：检查进场验收记录和施工记录。

（3）饰面板安装工程的预埋件（或后置埋件）、连接件的数量、规格、位置、连接方法和防腐处理必须符合设计要求。后置埋件的现场拉拔强度必须符合设计要求。饰面板安装必须牢固。

检验方法：手扳检查；检查进场验收记录、现场拉拔检测报告、隐蔽工程验收记录和施工记录。

2. 一般项目

（1）饰面板表面应平整、洁净、色泽一致，无裂痕和缺损。石材表面应无泛碱等污染。

检验方法:观察。

(2)饰面板嵌缝应密实、平直,宽度和深度应符合设计要求,嵌填材料色泽应一致。

检验方法:观察;尺量检查。

(3)采用湿作业法施工的饰面板工程,石材应进行防碱背涂处理。饰面板与基体之间的灌注材料应饱满、密实。

检验方法:用小锤轻击检查;检查施工记录。

(4)饰面板上的孔洞应套割吻合,边缘应整齐。

检验方法:观察。

(5)饰面板安装的允许偏差和检验方法应符合表 8-2 的规定。

表 8-2　饰面板安装的允许偏差和检验方法

项次	项目	允许偏差(mm)							检验方法
		石材			瓷板	木材	塑料	金属	
		光面	剁斧石	蘑菇石					
1	立面垂直度	2	3	3	2	1.5	2	2	用 2m 垂直检测尺检查
2	表面平整度	2	3	—	1.5	1	3	3	用 2m 靠尺和塞尺检查
3	阴阳角方正	2	4	4	2	1.5	3	3	用直角检测尺检查
4	接缝直线度	2	4	4	2	1	1	1	拉 5m 线,不足 5m 拉通线,用钢直尺检查
5	墙裙、勒脚上口直线度	2	3	3	2	2	2	2	拉 5m 线,不足 5m 拉通线,用钢直尺检查
6	接缝高低差	0.5	3	—	0.5	0.5	1	1	用钢直尺和塞尺检查
7	接缝宽度	1	2	2	1	1	1	1	用钢直尺检查

第三节　饰面砖粘贴工程

一、材料控制要点

1. 饰面砖(陶瓷面砖、玻璃面砖)

饰面砖外观不得有色斑、缺棱掉角和裂纹等缺陷。其品种、规格、尺寸、色泽、图案应符合设计规定;其性能指标应符合现行国家标准的规定,面砖的吸水率不得大于 8%。饰面砖应具有产品合格证、性能检测报告,外墙陶瓷面砖的吸水率、寒冷地区外墙陶瓷面砖的抗冻性复试报告。

2. 水泥、砂等材料

(1)水泥:硅酸盐水泥、普通硅酸盐水泥和矿渣硅酸盐水泥强度等级不得低于 32.5 级。严禁不同品种、不同强度等级的水泥混用。水泥进场应有产品合格证和出厂检验报告,进场后应进行取样复验。当对水泥质量有怀疑或水泥出厂超过 3 个月时,在使用前应进行复验,并按复验结果使用。

(2)白水泥:白色硅酸盐水泥强度等级不小于 32.5 级,其质量应符合现行国家标准《白色硅酸盐水泥》(GB/T 2015—2005)的规定。

(3)砂:宜采用平均粒径为 0.35~0.5mm 的中砂,含泥量不大于 3%,用前过筛,筛后保持洁净。

(4)水:宜采用饮用水。

(5)石灰膏:选用成品石灰膏(熟化期不应少于 15d)。

(6)界面剂:采用的界面剂应符合现行标准的规定,应有合格证、使用说明书,并符合环保要求。

(7)胶黏剂、勾缝剂应有出厂合格证、性能检测报告和使用说明书。

二、施工及质量控制要点

(1)面砖进场后,根据砖的规格用自制选砖套板进行选砖,剔除尺寸、平整度差的砖,按不同规格、颜色分类码放。

(2)排砖:根据大样图及墙面尺寸进行横竖向排砖,以保证面砖缝隙均匀,符合设计图纸要求,注意大墙面、柱子和墙垛要排整砖,以及在同一墙面上的横竖排列,均不得有小于 1/4 砖的非整砖。非整砖应排在次要部位。但亦要注意一致和对称。如遇有突出的卡件,应用整砖套割吻合,不得用非整砖随意拼凑镶贴。

(3)粘贴应自下而上分层进行,按墙面、阴角、阳角、压顶及底座阴角进行,施工方法有三种：

1)第一种,抹 8mm 厚 1∶0.1∶2.5 水泥石灰膏砂浆结合层,要刮平,随抹随自下而上粘贴面砖,要求砂浆饱满,亏灰时,取下重贴,并随时用靠尺检查平整度,同时要保证缝隙宽度一致。

2)第二种,用 1∶1 水泥砂浆加界面剂胶或专用瓷砖胶,在砖背面抹 3～4mm 厚粘贴即可。但此种做法其基层灰必须抹得平整,而且砂子必须用窗纱筛后使用。

3)第三种,用胶粉胶黏剂来粘贴面砖,其厚度为 2～3mm,此种做法其基层灰必须更平整。

三、施工质量验收

1. 主控项目

(1)饰面砖的品种、规格、图案、颜色和性能应符合设计要求。

检验方法:观察;检查产品合格证书、进场验收记录、性能检测报告和复验报告。

(2)饰面砖粘贴工程的找平、防水、黏结和勾缝材料及施工方法应符合设计要求及国家现行产品标准和工程技术标准的规定。

检验方法:检查产品合格证书、复验报告和隐蔽工程验收记录。

(3)饰面砖粘贴必须牢固。

检验方法:检查样板件黏结强度检测报告和施工记录。

(4)满粘法施工的饰面砖工程应无空鼓、裂缝。

检验方法:观察;用小锤轻击检查。

2. 一般项目

(1)饰面砖表面应平整、洁净、色泽一致,无裂痕和缺损。

检验方法:观察。

(2)阴阳角处搭接方式、非整砖使用部位应符合设计要求。

检验方法:观察。

(3)墙面突出物周围的饰面砖应整砖套割吻合,边缘应整齐。墙裙、贴脸突出墙面的厚度应一致。

检验方法:观察;尺量检查。

(4)饰面砖接缝应平直、光滑,填嵌应连续、密实;宽度和深度应符合设计要求。

检验方法:观察;尺量检查。

(5)有排水要求的部位应做滴水线(槽)。滴水线(槽)应顺直,流水坡向应正确,坡度应符合设计要求。

检验方法:观察;用水平尺检查。

(6)饰面砖粘贴的允许偏差和检验方法应符合表 8-3 的规定。

表 8-3　饰面砖粘贴的允许偏差和检验方法

项次	项目	允许偏差(mm)		检验方法
		外墙面砖	内墙面砖	
1	立面垂直度	3	2	用 2m 垂直检测尺检查
2	表面平整度	4	3	用 2m 靠尺和塞尺检查
3	阴阳角方正	3	3	用直角检测尺检查
4	接缝直线度	3	2	拉 5m 线,不足 5m 拉通线,用钢直尺检查
5	接缝高低差	1	0.5	用钢直尺和塞尺检查
6	接缝宽度	1	1	用钢直尺检查

第九章 涂饰工程

第一节 一般规定

1. 涂料干燥前,应防止雨淋、尘土沾污和热空气的侵袭。

2. 涂料的工作黏度或稠度,必须加以控制,使其在涂料施涂时不流坠、不显刷纹。施涂过程中不得任意稀释。

3. 涂饰工程的基层处理应符合下列要求:

(1)新建筑物的混凝土或抹灰基层在涂饰涂料前应涂刷抗碱封闭底漆;

(2)旧墙面在涂饰涂料前应清除疏松的旧装修层,并涂刷界面剂;

(3)混凝土或抹灰基层涂刷溶剂型涂料时,含水率不得大于 8%;涂刷乳液型涂料时,含水率不得大于 10%。木材基层的含水率不得大于 12%;

(4)基层腻子应平整、坚实、牢固,无粉化、起皮和裂缝;内墙腻子的黏结强度应符合《建筑室内用腻子》JG/T 298 的规定;

(5)厨房、卫生间墙面必须使用耐水腻子。

4. 涂饰工程应在涂层养护期满后进行质量验收。

5. 涂饰工程验收时应检查下列文件和记录:

(1)涂饰工程的施工图、设计说明及其他设计文件;

(2)材料的产品合格证书、性能检测报告和进场验收记录;

(3)施工记录。

6. 各分项工程的检验批的划分和检查数量

(1)各分项工程的检验批的划分

室外涂饰工程每一栋楼的同类涂料涂饰的墙面每 500~1000m² 应划分为一个检验批,不足 500m² 也应划分为一个检验批。

室内涂饰工程同类涂料涂饰的墙面每 50 间(大面积房间和走廊按涂饰面积 30m² 为一间)应划分为一个检验批,不足 50 间也应划分为一个检验批。

(2)检查数量

室外涂饰工程每 100m² 应至少检查一处,每处不得小于 10m²。

室内涂饰工程每个检验批应至少抽查 10%,并不得少于 3 间;不足 3 间时应全数检查。

第二节　水性涂料涂饰工程

一、材料控制要点

1. 水性涂料

所选涂料应适合于混凝土及抹灰面基层情况、施工环境和季节,其品种、颜色应符合设计要求,并应具有产品合格证、质量保证书、性能检测报告、使用说明书,内墙涂料中有害物质含量检测报告。

2. 其他配套材料

(1)辅料:成品腻子、石膏、界面剂应具有产品合格证;水泥应具有产品合格证、出厂检验报告。

(2)腻子:所使用的腻子必须与相应的涂料配套,满足耐水性要求,并应适合于水泥砂浆、混合砂浆抹灰表面。腻子的黏结强度应符合国家现行标准的有关规定。

二、施工及质量控制要点

1. 将墙面基层上起皮、松动及鼓包等清除凿平,并将残留在基层表面上的灰尘、污垢和砂浆流痕等杂物清扫干净。基体或基层的缺棱掉角处用1:3水泥砂浆(或聚合物水泥砂浆)修补;表面麻面及缝隙应用腻子填补平。

2. 涂料使用前应搅拌均匀,适当加水或其他溶剂稀释,防止头遍漆刷不开。

3. 喷涂法:喷枪压力宜控制在0.4～0.8MPa范围内。喷涂时,喷枪与墙面应保持垂直,距离宜在500mm左右,匀速平行移动(400～600mm/min),重叠宽度宜控制在喷涂宽度的1/3。

4. 面层涂料一般涂两道,两道间隔时间为2～4h。涂饰时要注意与前一刷、滚、喷的搭接,做到不透底和不流坠。

5. 涂料施工时,应随涂饰随修整,发现有漏涂、透底、流坠等立即处理。

三、施工质量验收

1. 主控项目

(1)水性涂料涂饰工程所用涂料的品种、型号和性能应符合设计要求。

检验方法:检查产品合格证书、性能检测报告和进场验收记录。

(2)水性涂料涂饰工程的颜色、图案应符合设计要求。

检验方法:观察。

（3）水性涂料涂饰工程应涂饰均匀、黏结牢固，不得漏涂、透底、起皮和掉粉。

检验方法：观察；手摸检查。

（4）水性涂料涂饰工程的基层处理应符合《建筑装饰装修工程质量验收规范》GB 50210 第 10.1.5 条的要求。

检验方法：观察；手摸检查；检查施工记录。

2. 一般项目

（1）薄涂料的涂饰质量和检验方法应符合表 9-1 的规定。

表 9-1　薄涂料的涂饰质量和检验方法

项次	项目	普通涂饰	高级涂饰	检验方法
1	颜色	均匀一致	均匀一致	
2	泛碱、咬色	允许少量轻微	不允许	
3	流坠、疙瘩	允许少量轻微	不允许	观察
4	砂眼、刷纹	允许少量轻微砂眼、刷纹通顺	无砂眼、无刷纹	
5	装饰线、分色线直线度允许偏差（mm）	2	1	拉 5m 线，不足 5m 拉通线，用钢直尺检查

（2）厚涂料的涂饰质量和检验方法应符合表 9-2 的规定。

表 9-2　厚涂料的涂饰质量和检验方法

项次	项目	普通涂饰	高级涂饰	检验方法
1	颜色	均匀一致	均匀一致	
2	泛碱、咬色	允许少量轻微	不允许	观察
3	点状分布	—	疏密均匀	

（3）复层涂料的涂饰质量和检验方法应符合表 9-3 的规定。

表 9-3　复层涂料的涂饰质量和检验方法

项次	项目	质量要求	检验方法
1	颜色	均匀一致	
2	泛碱、咬色	不允许	观察
3	喷点疏密程度	均匀，不允许连片	

（4）涂层与其他装修材料和设备衔接处应吻合，界面应清晰。

检验方法：观察。

第三节　溶剂型涂料涂饰工程

一、材料控制要点

1. 溶剂型涂料（丙烯酸酯涂料、聚氨酯丙烯酸涂料、有机硅丙烯酸涂料等），应符合设计和国家现行标准的要求，并应具有产品合格证、质量保证书、性能检测报告、使用说明书，内墙涂料中有害物质含量检测报告。

2. 混色油漆按设计要求选用，产品应有出厂合格证、性能检测报告、有害物质含量检测报告。

3. 封闭底漆、面漆、清漆（硝基清漆、醇酸清漆、聚酯清漆）等应符合设计和国家现行标准的要求，并应有出厂合格证、性能检测报告、有害物质含量检测报告和进场验收记录。

4. 辅料：大白粉、滑石粉、石膏粉、光油、清油、聚醋酸乙烯乳液或成品腻子粉、涂料配套使用的稀释剂（汽油、煤油、醇酸稀料、松香水、酒精、漆片等），应符合相关标准要求，与涂料材性相符，并应有出厂合格证、性能检测报告。

5. 油漆、稀释剂、填充料、催干剂等材料选用必须符合现行国家标准《民用建筑工程室内环境污染控制规范》（GB 50325—2010）的规定，并具备国家环境检测机构有关有害物质限量等级检测报告。

二、施工及质量控制要点

1. 混凝土及抹灰面溶剂型涂料涂刷顺序应从上到下、从左到右。不应乱刷，以免涂刷过厚或漏刷，当为喷涂时，喷嘴距墙面一般为 400～600mm 左右。喷涂时，喷嘴垂直于墙面与被涂墙面平行稳步移动。开关枪门不可用力过猛，喷涂路线要直，喷涂先横后竖，当为细粒状时：喷嘴直径用 2～3mm；砂粒状时：喷嘴直径用 4～4.5mm；云母状时：喷嘴直径用 5～6mm。

2. 罩面涂料，涂料稠度可稍大。但在涂刷时应多理多顺，使涂膜饱满，厚薄均匀一致，不流不坠。大面积施工时，应几人同时配合一次完成。

3. 木材面喷第一遍底漆喷枪应走成直线，不能呈弧形移动，喷嘴与被喷面要垂直，否则就会形成中间厚、两边薄或一边厚一边薄的涂层。喷枪移动的速度应均匀平稳，一般控制在 10～12m/min，每次喷涂的长度约为 1.5m 为宜。喷到接头处要轻飘，以达到颜色深浅一致。

4. 涂刷面漆时注意不得漏刷、流坠和裹棱,顺木纹和长度方向应收理均匀。

5. 刷第二道面漆之前,应完成玻璃、五金等的安装,并将室内地面、台面浮尘清扫干净。

6. 最后一道面漆稠度应稍大,涂刷时要多理多刷,刷油饱满,不流不坠,光亮均匀,色泽一致。

7. 金属面油漆施工油漆的稠度以达到盖底、不流淌、不显刷痕为宜。油漆的颜色应符合样板色泽。刷油漆时应遵循先上后下、先左后右、先外后内、先小面后大面、先四周后中间原则,并注意分色清晰整齐,厚薄均匀一致。

三、施工质量验收

1. 主控项目

(1)溶剂型涂料涂饰工程所选用涂料的品种、型号和性能应符合设计要求。

检验方法:检查产品合格证书、性能检测报告和进场验收记录。

(2)溶剂型涂料涂饰工程的颜色、光泽、图案应符合设计要求。

检验方法:观察。

(3)溶剂型涂料涂饰工程应涂饰均匀、黏结牢固,不得漏涂、透底、起皮和反锈。

检验方法:观察;手摸检查。

(4)溶剂型涂料涂饰工程的基层处理应符合《建筑装饰装修工程质量验收规范》(GB 50210—2001)第 10.1.5 条的要求。

检验方法:观察;手摸检查;检查施工记录。

2. 一般项目

(1)色漆的涂饰质量和检验方法应符合表 9-4 的规定。

表 9-4　色漆的涂饰质量和检验方法

项次	项　目	普通涂饰	高级涂饰	检验方法
1	颜色	均匀一致	均匀一致	观察
2	光泽、光滑	光泽基本均匀光滑无挡手感	光泽均匀一致光滑	观察、手摸检查
3	刷纹	刷纹通顺	无刷纹	观察
4	裹棱、流坠、皱皮	明显处不允许	不允许	观察
5	装饰线、分色线直线度允许偏差(mm)	2	1	拉 5m 线,不足 5m 拉通线,用钢直尺检查

（2）清漆的涂饰质量和检验方法应符合表 9-5 的规定。

表 9-5　清漆的涂饰质量和检验方法

项次	项　目	普通涂饰	高级涂饰	检验方法
1	颜色	均匀一致	均匀一致	观察
2	木纹	棕眼刮平，木纹清楚	棕眼刮平，木纹清楚	观察
3	光泽、光滑	光泽基本均匀 光滑无挡手感	光泽均匀一致光滑	观察、手摸检查
4	刷纹	无刷纹	无刷纹	观察
5	裹棱、流坠、皱皮	明显处不允许	不允许	观察

（3）涂层与其他装修材料和设备衔接处应吻合，界面应清晰。

检验方法：观察。

<h1 align="center">第四节　美术涂饰工程</h1>

一、材料控制要点

1. 涂料：光油、清油、桐油、各色油性调和漆（酯胶调和漆、酚醛调和剂、醇酸调和漆等），或各色无光调和漆等；各色水溶性涂料。

2. 填充料：大白粉、滑石粉、石膏粉、双飞粉（麻斯满）、地板黄、红土子、立德粉、羧甲基纤维素、聚醋酸乙烯乳液等。

3. 稀释剂：汽油、煤油、松香水、酒精、醇酸稀料等与油漆相应配套的稀料。

4. 各色颜料：应耐碱、耐光、耐污染。

5. 所用材料应有产品合格证、质量保证书、性能检测报告、使用说明书，内墙涂料中有害物质含量检测报告；其品种、性能、颜色等应符合设计要求。

6. 油漆、填充料、催干剂、稀释剂等材料选用必须符合现行国家标准《民用建筑工程室内环境污染控制规范》GB 50325 的要求，并有相应的环境检测报告。

二、施工及质量控制要点

1. 刷底油（清油）：涂饰时，先上后下，仔细涂饰，不得漏涂、透底。

2. 涂饰调和漆：涂刷时，先刷分色线处，然后刷其他处。分色线处应先浅色后深色。涂刷顺序应从上到下、从左到右。不应乱刷,以免涂刷过厚或漏刷,在涂刷时应多理多顺,使涂膜饱满,厚薄均匀一致,不流不坠。

3. 漏花喷(刷)顺序是先中间色、浅色,后为深色。漏花板每操作 3～5 次,应清理涂料,以免污染。

4. 滚花涂饰按设计要求配好涂料,用刻有花纹的油漆辊蘸涂料,从左到右、从上到下在墙面进行滚涂。

5. 仿木纹涂饰按设计要求进行分格,一般竖木纹高约为横木纹板宽的四倍左右。刷面层油时涂料颜色要比底层深,稠度可稍大。

6. 仿石纹涂饰施工

(1)在调和漆干透后,将用温水浸泡的丝绵拧去水分,再甩开,使之松散,以小钉子挂在油漆好的墙面上,用手整理丝棉成斜纹状,如石纹一般,连续喷涂三遍色,喷涂的顺序是浅色、深色而后喷白色。油色喷涂完成后,须停 10～20min 即可取下丝棉,待喷涂的石纹干后再行画线。

(2)各色大理石的做法:油漆的颜色一般以底色油漆的颜色为基底,再喷涂深、浅 2 色。喷涂的顺序是浅色—深色—白色,共为 3 色,待所喷的油漆干燥后,再涂饰一遍清漆。

(3)粗纹大理石的做法:在底层涂好白色油漆的面上,再涂饰一遍浅灰色油漆,不等干燥就在上面刷上黑色的粗条纹,条纹要曲折不能端直。在油漆将干而又未干时,用干净刷子把条纹的边线刷混,刷到隐约可见,使两种颜色充分调和。干后再刷一遍清漆,即成粗纹大理石纹。

三、施工质量验收

1. 主控项目

(1)美术涂饰所用材料的品种、型号和性能应符合设计要求。

检验方法:观察;检查产品合格证书、性能检测报告和进场验收记录。

(2)美术涂饰工程应涂饰均匀、黏结牢固,不得漏涂、透底、起皮、掉粉和反锈。

检验方法:观察;手摸检查。

(3)美术涂饰工程的基层处理应符合《建筑装饰装修工程质量验收规范》GB 50210第 10.1.5 条的要求。

检验方法:观察;手摸检查;检查施工记录。

(4)美术涂饰的套色、花纹和图案应符合设计要求。

检验方法:观察。

2. 一般项目

(1)美术涂饰表面应洁净,不得有流坠现象。

检验方法:观察。

(2)仿花纹涂饰的饰面应具有被模仿材料的纹理。

检验方法:观察。

(3)套色涂饰的图案不得移位,纹理和轮廓应清晰。

检验方法:观察。

第十章 裱糊与软包工程

第一节 一般规定

1. 湿度较大的房间和经常潮湿的墙体表面,如需做裱糊时,应采用有防水性能的壁纸和胶黏剂等材料。

2. 裱糊前,应将突出基层表面的设备或附件卸下,钉帽应进入基层表面,并涂防锈涂料,钉眼用油性腻子填平。

3. 裱糊过程中和干燥前,应防止穿堂风劲吹和温度的突然变化。

4. 裱糊前,基层处理质量应达到下列要求:

(1)新建筑物的混凝土或抹灰基层墙面在刮腻子前应涂刷抗碱封闭底漆。

(2)旧墙面在裱糊前应清除疏松的旧装修层,并涂刷界面剂。

(3)混凝土或抹灰基层含水率不得大于 8%;木材基层的含水率不得大于 12%。

(4)基层腻子应平整、坚实、牢固,无粉化、起皮和裂缝;腻子的黏结强度应符合《建筑室内用腻子》(JG/T 298—2010N)型的规定。

(5)基层表面平整度、立面垂直度及阴阳角方正应达到《建筑装饰装修工程质量验收规范》(GB 50210—2001)第 4.2.11 条高级抹灰的要求。

(6)基层表面颜色应一致。

(7)裱糊前应用封闭底胶涂刷基层。

5. 裱糊与软包工程验收时应检查下列文件和记录:

(1)裱糊与软包工程的施工图、设计说明及其他设计文件;

(2)饰面材料的样板及确认文件;

(3)材料的产品合格证书、性能检测报告、进场验收记录和复验报告;

(4)施工记录。

6. 各分项工程的检验批的划分及检查数量

(1)各分项工程的检验批的划分

同一品种的裱糊或软包工程每 50 间(大面积房间和走廊按施工面积 30m² 为一间)应划分为一个检验批,不足 50 间也应划分为一个检验批。

（2）检查数量

裱糊工程每个检验批应至少抽查 10％，并不得少于 3 间，不足 3 间时应全数检查。

软包工程每个检验批应至少抽查 20％，并不得少于 6 间，不足 6 间时应全数检查。

第二节　裱　糊　工　程

一、材料控制要点

1. 壁纸、墙布

壁纸、墙布根据设计规定，以样板的方式由建设单位认定，且应一次备足同批的面材，以免不同批次的材料产生色差，影响同一空间的装饰效果；其品种、规格、图案、颜色应符合设计要求。

壁纸（聚氯乙烯塑料壁纸、复合纸质壁纸等）、墙布应具有产品合格证、性能检测报告、壁纸中有害物质含量检测报告。

2. 胶黏剂：宜采用专用的胶黏剂；胶黏剂应具有产品合格证、性能检测报告，水基型胶黏剂中有害物质含量检测报告。

3. 其他材料：嵌缝腻子、涂料（或清漆）、玻璃丝网格布等；应有产品合格证、性能检测报告。

4. 胶黏剂、嵌缝腻子等应根据设计和基层的实际需要提前备齐，其质量要满足设计和质量标准的规定，并满足防火及环保要求。

二、施工及质量控制要点

1. 一般情况下应在壁纸、墙布的背面和墙上进行刷胶。墙上刷胶时一次不应过宽，其刷胶宽度应与壁纸、墙布的幅宽相吻合。粘贴时应从预定的阴角开始铺贴第一幅，将上边与收口线对齐，侧边与已画好的垂直线对正，从上往下用手铺平，用刮板刮实，并用小辊将上、下阴角处压实。第一幅粘贴时两边各留出 10～20mm 不粘贴（在阴角处应拐过阴角 20mm），然后按同样方法粘贴第二幅，与第一幅搭接 10～20mm，并自上而下进行对缝、拼花，用刮板刮平，撕去窄边条，补刷胶并压实。

2. 墙面上遇有开关、插座盒时，应在其位置上沿盒子的对角划十字线开洞，注意十字线不得划出盒子范围。

3. 裱糊施工时，阳角应包角压实，不允许有接缝。阴角应采用顺光搭接缝，不允许整张裹角铺贴,避免产生空鼓与皱褶。

4. 花纸拼接:花纸的拼接缝处花形应对齐。在下料时要将第二幅与第一幅反复比对,并适当加大上、下边的预留量,以防对花时造成亏料。花形、图案拼接出现困难时,拼接错位应尽量放在阴角或其他不明显的地方,大面上不得出现拼接错位或花形、图案混乱的现象。

5. 修整、清洁:壁纸、墙布粘贴完成后,检查是否有起泡、粘贴不实、接槎不平顺、翘边等现象,若存在应及时进行修整处理。将壁纸、墙布表面的胶痕擦净。

三、施工质量验收

1. 主控项目

(1)壁纸、墙布的种类、规格、图案、颜色和燃烧性能等级必须符合设计要求及国家现行标准的有关规定。

检验方法:观察;检查产品合格证书、进场验收记录和性能检测报告。

(2)裱糊工程基层处理质量应符合《建筑装饰装修工程质量验收规范》(GB 50210—2001)第 11.1.5 条的要求。

检验方法:观察;手摸检查;检查施工记录。

(3)裱糊后各幅拼接应横平竖直,拼接处花纹、图案应吻合,不离缝,不搭接,不显拼缝。

检验方法:观察;拼缝检查距离墙面 1.5m 处正视。

(4)壁纸、墙布应粘贴牢固,不得有漏贴、补贴、脱层、空鼓和翘边。

检验方法:观察;手摸检查。

2. 一般项目

(1)裱糊后的壁纸、墙布表面应平整,色泽应一致,不得有波纹起伏、气泡、裂缝、皱折及斑污,斜视时应无胶痕。

检验方法:观察;手摸检查。

(2)复合压花壁纸的压痕及发泡壁纸的发泡层应无损坏。

检验方法:观察。

(3)壁纸、墙布与各种装饰线、设备线盒应交接严密。

检验方法:观察。

(4)壁纸、墙布边缘应平直整齐,不得有纸毛、飞刺。

检验方法:观察。

(5)壁纸、墙布阴角处搭接应顺光,阳角处应无接缝。

检验方法:观察。

第三节 软包工程

一、材料控制要点

1. 基层材料：基层龙骨、底板及其他辅材的材质、厚度、规格尺寸、型号应符合设计要求和国家现行有关规范及技术标准。设计无要求时，龙骨一般用白松烘干料，含水率不大于12％，厚度应根据设计要求，不得有腐朽、节疤、劈裂、扭曲等疵病，并预先经防腐处理；底板宜采用玻纤板、石膏板、环保细木工板或环保多层板等。各种木制品含水率不大于12％。

2. 玻纤板、石膏板、环保细木工板、环保多层板应具有产品合格证、性能检测报告，装饰装修用人造木板进场后必须抽样复验，具有甲醛含量复验报告。

3. 面层材料：织物、皮革、人造革等材料的材质、纹理、颜色、图案、幅宽应符合设计要求。织物应具有产品合格证、阻燃性能检测报告，皮革、人造革应具有产品合格证、性能检测报告。织物表面不得有明显的跳线、断丝和疵点。对本身不具有阻燃或防火性能的织物，必须对织物进行阻燃或防火处理，达到防火规范要求。

4. 内衬材料：材质、厚度及燃烧性能等级应符合设计要求，一般采用环保、阻燃型泡沫塑料做内衬。应有产品合格证和性能检测报告。

5. 其他材料：胶黏剂、防腐剂、防潮剂等材料按设计要求采用，均应满足环保要求，并具有产品合格证、性能检测报告、胶黏剂中有害物质含量检测报告。

二、施工及质量控制要点

1. 在需做软包的墙面或柱面上，按设计要求的纵横龙骨间距进行弹线，固定防腐木楔。设计无要求时，龙骨间距控制在400～600mm之间，防腐木楔间距一般为200～300mm。

2. 墙、柱面为抹灰基层或临近房间较潮湿时，为防止墙体的潮气使其基面板底翘曲变形影响装饰质量，做完木楔后应对墙面进行防潮处理。

3. 软包门扇的基层表面涂刷不少于两道底漆。门锁和其他五金件的安装孔应全部开好，并进行试安装。明插销、拉手及门锁等先拆下。门扇表面不得有毛刺、钉子或其他尖锐突出物。

4. 预制镶嵌软包时，要根据弹好的定位线，进行衬板制作和内衬材料粘贴。衬板按设计要求选材，设计无要求时，应采用不小于5mm厚的多层板，按弹好的分格线尺寸进行下料制作。

5. 衬板做好后应先上墙试装,以确定其尺寸是否准确,分缝是否通直、不错位,木条高度是否一致、平顺,然后取下来在衬板背面编号,并标注安装方向,在正面粘贴内衬材料。内衬材料的材质、厚度按设计要求选用。

6. 织物和人造革一般不宜进行拼接,采购订货时应考虑设计分格、造型等对幅宽的要求。如果皮革受幅面影响,需要进行拼接下料,拼接时应考虑整体造型,各小块的几何尺寸不宜小于 200mm×200mm,并使各小块皮革的鬃眼方向保持一致,接缝形式要满足设计要求。

7. 面层施工前,应确定面料的正、反面和纹理方向。一般织物面料的经线应垂直于地面、纬线沿水平方向使用。同一场所应使用同一批面料,并保证纹理方向一致,织物面料应拉伸熨烫平整后方可使用。

8. 清理接缝、边缘露出的面料纤维,接缝不顺直处应进行调整、修理。

三、施工质量验收

1. 主控项目

(1)软包面料、内衬材料及边框的材质、颜色、图案、燃烧性能等级和木材的含水率应符合设计要求及国家现行标准的有关规定。

检验方法:观察;检查产品合格证书、进场验收记录和性能检测报告。

(2)软包工程的安装位置及构造做法应符合设计要求。

检验方法:观察;尺量检查;检查施工记录。

(3)软包工程的龙骨、衬板、边框应安装牢固,无翘曲,拼缝应平直。

检验方法:观察;手扳检查。

(4)单块软包面料不应有接缝,四周应绷压严密。

检验方法:观察;手摸检查。

2. 一般项目

(1)软包工程表面应平整、洁净,无凹凸不平及皱折;图案应清晰、无色差,整体应协调美观。

检验方法:观察。

(2)软包边框应平整、顺直、接缝吻合。其表面涂饰质量应符合《建筑装饰装修工程质量验收规范》(GB 50210—2001)第 10 章的有关规定。

检验方法:观察;手摸检查。

(3)清漆涂饰木制边框的颜色、木纹应协调一致。

检验方法:观察。

(4)软包工程安装的允许偏差和检验方法应符合表 10-1 的规定。

表 10-1　软包工程安装的允许偏差和检验方法

项次	项　目	允许偏差（mm）	检验方法
1	垂直度	3	用 1m 垂直检测测尺检查
2	边框宽度、高度	0；－2	用钢尺检查
3	对角线长度差	3	用钢尺检查
4	裁口、线条接缝高低差	1	用钢直尺和塞尺检查

第十一章 细部工程

第一节 一般规定

1. 细部工程安装部位应在结构施工阶段按设计及施工要求预埋木砖、铁件、锚固连接件或预留孔洞。预埋的木砖必须涂刷防腐剂,铁件须经防锈处理。

2. 材料进场后,必须按设计图纸的要求,检查验收材料的质量、几何尺寸、图案、预埋件、锚固连接件以及预留孔洞等,并分类存放,便于提取使用。

3. 材料的包装、运输与储存应保证材料不变形、不受潮、不污染、防碰撞等。

4. 细部工程基层应平整、清洁、干燥,与基体之间必须黏结牢固,无脱层、空鼓、裂缝等缺陷。

5. 复杂分块花饰的安装,必须按设计要求试拼,分块编号。安装时,饰品图案应精确吻合。

6. 安装室内花饰制品的墙面、顶棚等部位,不得有潮湿和滴水现象,避免花饰制品受潮变色、变形。

7. 湿度较大的房间,不得使用未经防水处理的石膏花饰、纸制花饰等。

8. 细部工程应对人造木板的甲醛含量进行复验。

9. 细部工程应对下列部位进行隐蔽工程验收:

(1)预埋件(或后置埋件)。

(2)护栏与预埋件的连接节点。

10. 细部工程验收时应检查下列文件和记录:

(1)施工图、设计说明及其他设计文件。

(2)材料的产品合格证书、性能检测报告、进场验收记录和复验报告。

(3)隐蔽工程验收记录。

(4)施工记录。

11. 各分项工程的检验批的划分与检查数量

(1)各分项工程的检验批的划分

同类制品每 50 间(处)应划分为一个检验批,不足 50 间(处)也应划分为一个检验批。

每部楼梯应划分为一个检验批。

(2)各分项工程检查数量

1)橱柜制作与安装,窗帘盒、窗台板和散热器罩制作与安装,门窗套制作与安装工程每个检验批应至少抽查 3 间(处),不足 3 间(处)时应全数检查。

2)护栏和扶手制作与安装工程每个检验批的护栏和扶手应全部检查。

3)花饰制作与安装工程

室外每个检验批应全部检查。

室内每个检验批应至少抽查 3 间(处);不足 3 间(处)时应全数检查。

第二节 橱 柜

一、材料控制要点

1. 木方材:制作骨架的木方材,应选用木质较好、无腐朽、不潮湿、无扭曲变形的合格材料,含水率不大于 12%。木方材应具有等级质量证明和外观质量、含水率、强度等试验资料。

2. 人造木板(细木工板、胶合夹板等)

人造木板(细木工板、胶合夹板等)的品种、规格尺寸、外观质量、含水率、胶层剪切强度/胶合强度、游离甲醛含量或游离甲醛释放量等应符合设计图纸和国家现行标准、规范的要求,使用达到绿色环保标准的材料。应具有产品合格证书、环保、燃烧性能等级检测报告,装饰装修用人造木板进场应复验,具有甲醛含量复验报告。

3. 花岗石板材

天然花岗石板材的品种、规格、各项指标等应符合国家现行标准、规范的要求。应具有出厂合格证、性能检测报告、花岗石板材放射性限量检测报告,装饰装修用花岗石进场应复验,具有复验报告。

4. 玻璃、有机玻璃应具有产品合格证、性能检测报告;胶黏剂、防腐剂应具有产品合格证、环保检测报告、胶黏剂试验报告。

5. 五金配件(锁具、执手、铰链、柜门磁吸等),应选择正规厂家有质量保证的产品,具有产品合格证。

6.(由厂家加工的壁柜、吊柜)成品、半成品的产品合格证书、环保、燃烧性能等级检测报告。

二、施工及质量控制要点

1. 组装

木家具组装分部件组装和整体组装。组装前,应将所有的结构件用细刨刨光,然后按顺序逐渐进行装配,装配时,注意构件的部位和正反面。衔接部位需涂胶时,应涂刷均匀并及时擦净挤出的胶液。锤击装拼时,应将锤击部位垫上木板,不可猛击;如有拼合不严处,应查找原因并采取修整或补救措施,不可硬敲硬装就位。各种五金配件的安装位置应定位准确,安装严密、方正牢靠,结合处不得崩槎、歪扭、松动,不得缺件、漏钉和漏装。

2. 面板的安装

如果家具的表面做油漆涂饰,其框架的外封板一般是面板;如果家具的表面是使用装饰细木夹板饰面;或是用塑料板做贴面,家具框架外封板就是饰面的基层板。饰面板与基层板之间多是采用胶粘贴合。饰面板与基层黏合后,需在其侧边使用封边木条、木线、塑料条等材料进行封边收口。其原则是:凡直观的边部,都应封堵严密和美观。

3. 线脚收口常采用木质、塑料或是金属线脚(线条)。应符合下列规定:

(1)实木封边收口:采用钉胶结合的方法,胶黏剂可用立时得、白乳胶、木胶粉。

(2)塑料条封边收口:是采用嵌槽加胶的方法进行固定。

(3)铝合金条封边收口:铝合金封口条有 L 型和槽型两种,可用钉或木螺丝直接固定。

(4)薄木单片和塑料带封边收口:先用砂纸磨除封边处的木渣、胶迹等并清理干净,在封口边刷一道稀甲醛作填缝封闭层,然后在封边薄木片或塑料带上涂万能胶,对齐边口贴放。用干净抹布擦净胶迹后再用熨斗烫压,固化后切除毛边和多余处即可。对于微薄木封边条,也有的直接用白乳胶粘贴;对于硬质封边木片也可采用镶装或加胶、加钉安装的方法。

三、施工质量验收

1. 主控项目

(1)橱柜制作与安装所用材料的材质和规格、木材的燃烧性能等级和含水率、花岗石的放射性及人造木板的甲醛含量应符合设计要求及国家现行标准的有关规定。

检验方法:观察;检查产品合格证书、进场验收记录、性能检测报告和复验报告。

（2）橱柜安装预埋件或后置埋件的数量、规格、位置应符合设计要求。

检验方法：检查隐蔽工程验收记录和施工记录。

（3）橱柜的造型、尺寸、安装位置、制作和固定方法应符合设计要求。橱柜安装必须牢固。

检验方法：观察；尺量检查；手扳检查。

（4）橱柜配件的品种、规格应符合设计要求。配件应齐全，安装应牢固。

检验方法：观察；手扳检查；检查进场验收记录。

（5）橱柜的抽屉和柜门应开关灵活、回位正确。

检验方法：观察；开启和关闭检查。

2. 一般项目

（1）橱柜表面应平整、洁净、色泽一致，不得有裂缝、翘曲及损坏。

检验方法：观察。

（2）橱柜裁口应顺直，拼缝应严密。

检验方法：观察。

（3）橱柜安装的允许偏差和检验方法应符合表 11-1 的规定。

表 11-1　橱柜安装的允许偏差和检验方法

项次	项　目	允许偏差（mm）	检验方法
1	外型尺寸	3	用钢尺检查
2	立面垂直度	2	用 1m 垂直检测尺检查
3	门与框架的平行度	2	用钢尺检查

第三节　窗帘盒、窗台板和散热器罩

一、材料控制要点

1. 窗帘盒的材料有木板、金属板、PVC 塑料板等。材料品种、材质、颜色应符合设计要求和国家现行标准的有关规定。

2. 窗台板的材料有木材、水磨石、天然石材、金属板等。材料品种、材质、颜色应符合设计要求和国家现行标准的有关规定。

3. 散热器罩（主要分为木质和金属两类）

（1）散热器罩制作与安装所使用的材料及其规格、木材的燃烧性能等级和含水率及人造板的甲醛含量应符合设计要求和国家标准的规定。

（2）木龙骨料及饰面材料应符合细木工板装修的标准，材料无缺陷，含水率不大于 12％，胶合板不大于 8％。

（3）其他材料：窗帘轨、木龙骨、角钢、扁铁、圆钉、螺钉、胶黏剂、防腐剂、防火涂料、膨胀螺栓等。

二、施工及质量控制要点

1. 窗帘盒

（1）安装窗帘盒：按弹好的水平控制线确定安装标高，在窗帘盒上划出中线，安装时将窗帘盒中线对准窗口的中线，高度对准水平控制线，安装时窗帘盒的靠墙面不应有缝隙。

（2）安装窗帘轨：窗帘轨分为单轨道、双轨道和三轨道三种。当采用单轨道窗宽大于 1200mm 时，窗帘轨中间应进行加固。明窗帘盒一般先安装轨道，后安装窗帘盒。窗帘较厚重时，轨道应使用平头机螺钉固定。暗装窗帘盒一般后安装轨道，采用厚重窗帘时，轨道的固定点间距应加密，固定用的木螺钉规格不小于 4mm×30mm。各条轨道的中心线应保持在一条直线上。采用电动窗帘轨，应严格按产品说明书进行组装调试。

2. 窗台板

（1）木制窗台板安装：在窗下墙的顶面，横向固定梯形断面的木条，间距500mm 左右，用以找平窗台板底线。窗台板宽度大于 150mm 时，一般采用拼合面板，面板底部应穿横向暗带，安装时暗带和窗台板均应插入窗框下冒头的裁口内。窗台板两端伸入窗口墙的尺寸应一致，并保持水平，调平找正后用砸扁钉帽的钉子与梯形断面的木条固定牢固，钉帽冲入木窗台板面内 3mm 左右。

（2）块材窗台板安装：预制混凝土窗台板、预制水磨石窗台板、石材窗台板、金属窗台板安装时，先按设计和构造要求确定好位置后进行预安装，将安装标高、位置、出墙尺寸、接缝等均调整到符合要求后，再按要求进行正式安装固定。固定方式及各尺寸必须符合设计及施工规范要求。窗台板与窗框接缝处应打胶。

3. 散热器罩

（1）弹线定位

根据设计要求在墙面、地面弹出散热器罩的位置线。散热器罩的长度应比散热片长 100mm，高度应在窗台以下或与窗台接平，厚度应比散热器宽 10mm以上，散热罩面积应占散热片面积 80％以上。

（2）按安装线的尺寸，将木龙骨骨架用圆钉固定在墙、地面上，木楔距墙面小于200mm，距离地面小于 150mm，圆钉应钉在木楔上。散热器罩的框架应刨光、平正。

（3）散热器罩侧面板可使用五合板。顶面应加大悬面板底衬,面饰板用三合板。面饰板安装前应在暖气罩框架外侧刷乳胶,面饰板应预留出散热器罩位置,边缘与框架平齐。

（4）侧面及正面顶部用木线条收口、刷漆。制作散热器罩框,框架应刨光、平正,尺寸应与龙骨上的框架吻合,侧面压线条收口,框内可做造型。

三、施工质量验收

1. 主控项目

（1）窗帘盒、窗台板和散热器罩制作与安装所使用材料的材质和规格、木材的燃烧性能等级和含水率、花岗石的放射性及人造木板的甲醛含量应符合设计要求及国家现行标准的有关规定。

检验方法:观察;检查产品合格证书、进场验收记录、性能检测报告和复验报告。

（2）窗帘盒、窗台板和散热器罩的造型、规格、尺寸、安装位置和固定方法必须符合设计要求。窗帘盒、窗台板和散热器罩的安装必须牢固。

检验方法:观察;尺量检查;手扳检查。

（3）窗帘盒配件的品种、规格应符合设计要求,安装应牢固。

检验方法:手扳检查;检查进场验收记录。

2. 一般项目

（1）窗帘盒、窗台板和散热器罩表面应平整、洁净、线条顺直、接缝严密、色泽一致,不得有裂缝、翘曲及损坏。

检验方法:观察。

（2）窗帘盒、窗台板和散热器罩与墙面、窗框的衔接应严密封胶缝应顺直、光滑。

检验方法:观察。

（3）窗帘盒、窗台板和散热器罩安装的允许偏差和检验方法应符合表 11-2 的规定。

表 11-2　窗帘盒、窗台板和散热器罩安装的允许偏差和检验方法

项次	项　目	允许偏差(mm)	检验方法
1	水平度	2	用 1m 水平尺和塞尺检查
2	上口、下口直线度	3	拉 5m 线,不足 5m 拉通线,用钢直尺检查
3	两端距窗洞口长度差	2	用钢直尺检查
4	两端出墙厚度差	3	用钢直尺检查

第四节　门　窗　套

一、材料控制要点

木方材、人造木板（细木工板或密度板、胶合夹板）、石材、胶黏剂、防火、防腐涂料等各种材料的品种、规格、材质、颜色等应符合设计要求和国家现行标准的有关规定。

二、施工及质量控制要点

1. 木门窗套

（1）采用木门窗套的洞口尺寸应比门窗樘宽 40mm，洞口比门窗樘高出25mm，以便安装。

（2）安装龙骨架宜先上端后两侧，龙骨架应与墙体连接牢靠。

（3）龙骨架表面应刨光，并应做好防腐、防潮处理。

（4）一般采用胶合板或细木工板做基层，采用胶钉连接方法与龙骨架固定。板与板间应留 5mm 缝隙，防止变形。

（5）同一房间应挑选木纹和颜色相近的面板。裁板时要略大于基层的实际尺寸，大面净光，小面刮直，木纹根部向下。

（6）固定面板所用钉子的长度为面板厚度的 3 倍，间距一般为 100mm。

2. 石材门窗套

（1）基层抹灰

先湿润基层，随后用 1∶3 水泥砂浆分遍抹灰，压实刮平，并将表面划毛。

（2）设计有图案时，宜先拼图案，后拼其他部位。采用规格材时，同一墙面上不得有一排以上非规格材。

（4）粘贴前，应先分块弹线。粘贴时，在清理湿润过的板背面上抹掺加适量黏结胶的素水泥浆 2～3mm。缝宽 1～1.5mm，逐块由下向上粘贴。粘贴上墙后，应用木槌或橡皮锤轻敲，用托线板找平靠直。先贴有图案的，后贴其他部位。

（5）擦缝或勾缝宜用同色水泥浆擦缝，缝宜凹进板面 1～1.5mm。

（6）表面应擦洗干净，洒水养护 7d。

三、施工质量验收

1. 主控项目

（1）门窗套制作与安装所使用材料的材质、规格、花纹和颜色、木材的燃烧性能等级和含水率、花岗石的放射性及人造木板的甲醛含量应符合设计要求及国家现行标准的有关规定。

检验方法：观察；检查产品合格证书、进场验收记录、性能检测报告和复验报告。

(2)门窗套的造型、尺寸和固定方法应符合设计要求，安装应牢固。

检验方法：观察；尺量检查；手扳检查。

2. 一般项目

(1)门窗套表面应平整、洁净、线条顺直、接缝严密、色泽一致，不得有裂缝、翘曲及损坏。

检验方法：观察。

(2)门窗套安装的允许偏差和检验方法应符合表 11-3 的规定。

表 11-3　门窗套安装的允许偏差和检验方法

项次	项　　目	允许偏差(mm)	检验方法
1	正、侧面垂直度	3	用 1m 垂直检测尺检查
2	门窗套上口水平度	1	用 1m 水平尺和塞尺检查
3	门窗套上口直线度	3	拉 5m 线，不足 5m 拉通线，用钢直尺检查

第五节　护栏和扶手

一、材料控制要求

1. 木扶手

(1)一般采用硬杂木加工的半成品，其材质、规格、尺寸、形状应符合设计要求。

(2)木材应纹理顺直，颜色一致。不得有腐朽、节疤、黑斑、黑点、扭曲、裂纹等缺陷。

(3)含水率不得大于当地平衡含水率(一般为 8%～12%)。

(4)弯头料一般使用扶手料，以 45°斜面相接。断面特殊的木扶手按设计要求备好弯头料。

2. 塑料扶手断面形式、规格、尺寸及色彩应符合设计要求。

3. 金属扶手一般选用不锈钢管，其规格、型号、面层质感、亮度应符合设计要求。

4. 木扶手、塑料扶手原材料的产品合格证、环保、燃烧性能等级检测报告,金属扶手原材料产品合格证,人造合成木扶手的甲醛含量复试报告。

5. 护栏材料一般采用木、不锈钢管、钢管或铁艺栏杆。不锈钢管、钢管的品种、规格、型号、面层颜色、亮度及质感应符合设计要求。铁艺栏杆的规格、型号、颜色、花饰图案、造型形状、颜色应符合设计要求。金属护栏应具有产品合格证。

6. 其他材料

焊条、焊丝应有出厂合格证。胶黏剂应有出厂合格证和环保检测报告。螺钉、帽钉的规格、型号按扶手的规格尺寸确定,颜色按扶手的颜色确定。木砂纸、不锈钢拉丝棉、酒精等。

二、施工及质量控制要点

1. 弹线、检查预埋件

按设计要求的安装位置、固定点间距和固定方式,弹出护栏、扶手的安装位置中心线和标高控制线,在线上标出固定点位置。然后检查预埋件位置是否合适,固定方式是否满足设计或规范要求。预埋件不符合要求时,应按设计要求重新埋设后置埋件。

2. 焊连接件

根据设计要求的安装方式,将不同材质护栏、扶手的安装连接件与预埋件进行焊接,焊接应牢固,焊渣应及时清除干净,不得有夹渣现象。焊接完成后进行防腐处理,做隐蔽工程验收。

3. 安装护栏和扶手

(1)护栏安装:栏杆连接杆的材料、规格、标高、垂直度、直线度、焊接位置应符合设计要求。

1)不锈钢管护栏安装:按照设计图纸要求和施工规范要求,在已弹好的护栏中心线上,先焊接栏杆连接杆,连接杆的长度根据面层材料的厚度确定,一般应高于面层材料踏步面 100mm。待面层踏步饰面材料铺贴完成后,将不锈钢管栏杆插入连接杆。栏杆顶端焊接扶手前,将踏步板法兰盖套入不锈钢管栏杆内。

2)铁艺护栏安装:根据设计图纸和施工规范要求,结合铁艺图案确定连接杆(件)的长度和安装方式,待面层材料铺完后将花饰与连接杆(件)焊接,用磨光机将接搓磨平、磨光。

3)木护栏安装:按照设计图纸、施工规范要求和已弹好的栏杆中心线,在预埋件上焊接连接杆(件),连接杆(件)一般用 φ8mm 钢筋,高度应高于地面面层60mm。待地面面层施工完成后,把木栏杆底部中心钻出直径 φ10mm、深 70mm 的孔洞,在孔洞内注入结构胶,然后插到焊好的连接杆上。

(2)扶手安装:扶手安装的高度、坡度应一致,沿墙安装时出墙尺寸应一致。

1)不锈钢扶手安装:根据扶梯、楼梯和护栏的长度,将不锈钢管型材切断,按标高控制线调好标高,端部与墙、柱面连接件焊接固定,焊完之后用法兰盖盖好。不锈钢管中间的底部与栏杆立柱焊接,焊接前要对栏杆立柱进行调整,保证其垂直度、顶端的标高和直线度,并尽量使其间距相等,然后采用氢弧焊逐根进行焊接。焊接完成后,焊口部位进行磨平、磨光。

2)木扶手安装:木扶手一般安装在钢管或钢筋立柱护栏上,安装前应先对钢管或钢筋立柱的顶端进行调直、调平,然后将一根 3mm×25mm 或 4mm×25mm 的扁钢平放焊在立柱顶上,做木扶手的固定件。木扶手安装时,水平的应从一端开始,倾斜的一般自下而上进行。倾斜扶手安装,一般先按扶手的倾斜度选配起步弯头,通常弯头在工厂进行加工制作。弯头断面应按扶手的断面尺寸选配,一般情况下,稍大于扶手的断面尺寸。弯头和扶手的底部开5mm 深的槽,槽的宽度按扁钢连接件确定。把开好槽的弯头、扶手套入扁钢,用木螺钉进行固定,固定间距控制在 400mm 以内。注意木螺钉不得用锤子直接打入,应打入 1/3 拧入 2/3,木质过硬时,可钻孔后再拧入,但孔径不得大于木螺钉直径的 0.7 倍。木扶手接头下部宜采用暗燕尾榫连接,但榫内均需加胶黏剂,避免将接头拨开或出现裂缝。木扶手埋入面层时应做防腐处理。

3)塑料扶手安装:塑料扶手通常为定型产品,按设计要求进行选择,所用配件应配套。安装时一般先将栏杆立柱的顶端进行调直、调平,把专用固定件安装在栏杆立柱的顶端。楼梯扶手一般从每跑的上端开始,将扶手承插到专用固定件上,从上向下穿入,承插入槽。弯头、转向处用同样的塑料扶手,按起弯、转向角度进行裁切,然后组装成弯头、转角。塑料扶手的接头一般采用热融或黏结法进行连接,然后将接口修平、抛光。

4. 表面处理

安装完成后,不锈钢护栏、扶手的所有焊接处均必须磨平、抛光。木扶手的转弯、接头处必须用刨子刨平、磨光,把弯修平顺,使弯曲自然,断面顺直,最后用砂纸整体磨光,并涂刷底漆。塑料扶手需承插到位,安装牢固,所有接口必须修平、抛光。

三、施工质量验收

1. 主控项目

(1)护栏和扶手制作与安装所使用材料的材质、规格、数量和木材、塑料的燃烧性能等级应符合设计要求。

检验方法:观察;检查产品合格证书、进场验收记录和性能检测报告。

(2)护栏和扶手的造型、尺寸及安装位置应符合设计要求。

检验方法:观察;尺量检查;检查进场验收记录。

(3)护栏和扶手安装预埋件的数量、规格、位置以及护栏与预埋件的连接节点应符合设计要求。

检验方法:检查隐蔽工程验收记录和施工记录。

(4)护栏高度、栏杆间距、安装位置必须符合设计要求。护栏安装必须牢固。

检验方法:观察;尺量检查;手扳检查。

(5)护栏玻璃应使用公称厚度不小于 12mm 的钢化玻璃或钢化夹层玻璃。当护栏一侧距楼地面高度为 5m 及以上时,应使用钢化夹层玻璃。

检验方法:观察;尺量检查;检查产品合格证书和进场验收记录。

2. 一般项目

(1)护栏和扶手转角弧度应符合设计要求,接缝应严密,表面应光滑,色泽应一致,不得有裂缝、翘曲及损坏。

检验方法:观察;手摸检查。

(2)护栏和扶手安装的允许偏差和检验方法应符合表 11-4 的规定。

表 11-4　护栏和扶手安装的允许偏差和检验方法

项次	项 目	允 许 偏 差(mm)	检验方法
1	护栏垂直度	3	用 1m 垂直检测尺检查
2	栏杆间距	3	用钢尺检查
3	扶手直线度	4	拉通线,用钢直尺检查
4	扶手高度	3	用钢直尺检查

第六节　花饰制作与安装工程

一、材料控制要点

(1)各类花饰制品的材质、规格、图案、加工尺寸等应符合设计图纸及有关标准的规定。

(2)木质花饰所用木材应具有木材的等级质量证明和烘干试验等资料。

(3)混凝土、石材、塑料、金属、玻璃、石膏等花饰所用材料应具有产品合格证、性能检测报告。

(4)胶黏剂、螺栓、螺钉、焊接材料、贴砌的粘贴材料等,应有产品合格证及性能检测报告,胶类材料应有环保检测报告。

二、施工及质量控制要点

1. 混凝土花饰

(1)施工部位的基体应平整、干燥,无任何障碍物。

(2)安装、校正、固定

1)把花饰产品在固定基层进行试就位,查看基层、位置线和产品安装就位的符合情况,并做相应调整。

2)重量轻的小型花饰,一般采用砌筑法进行安装。

施工前,将花饰接触基层部位洒水湿润,按照安装墨线,用1:2水泥砂浆进行砌筑。花饰的锚固件应与基体连接牢固。拼砌的花饰饰件,相互间应用钢筋或销子固定,四周应用锚固件与墙、柱、梁等基体连接牢固。

3)重量大的大型花饰构件,应采用螺栓或焊接固定。

花饰安装的底部用1:2水泥砂浆或细石混凝土铺设,按照花饰安装线将花饰就位,用临时支撑固定校正后,再用铁件拧紧或焊接固定。螺栓与螺帽应电焊焊牢。需灌注砂浆时,用1:3水泥砂浆分次分层灌注。

(3)安装调整完毕后,用湿布擦净溢出的多余水泥砂浆,并整修花饰部分不规则外型。

2. 木花饰

(1)选料下料:按设计要求选择合适的木材,选料时,毛料应大于净料尺寸3～5mm,按设计尺寸锯割成段存放备用。

(2)刨面、做装饰线使其符合设计净尺寸。

(3)用锯、凿子在要求连接部位开榫头、榫眼、榫槽,尺寸应准确,保证组装后无缝隙。

(4)竖向板式木花饰常用连接件与墙、梁固定,连接件应在安装前按设计做好,竖向板间的花饰也应做好。

(5)安装花饰:分小花饰和竖向板式花饰两种情况。

1)小面积木花饰的制作安装要点同木窗,先制作好,再安装到位。

2)竖向板式木花饰应将竖向饰件逐一定位安装,先量出每一构件位置,检查是否与预埋件相对应,并做出标记。将竖板立正吊直,并与连接件拧紧,随立竖板随安装木花饰。

3. 金属饰品

(1)金属饰品制作

1)金属饰品的固定件、螺栓螺丝等,设计无要求时,应采用不锈钢制品;采用焊接安装时,焊条材质应与母材相同。

2)根据金属饰品的材质、尺寸规格等在安装面积较大的饰面时,必须考虑留设由于温度变化发生伸缩的变形缝。为不影响质量、美观和装饰效果,必要时可设能伸缩的接缝,以免翘曲起拱。

(2)安装

1)金属饰品安装应按设计要求排列组合。安装时,按施工墨线,拉水平通线及挂垂直线进行安装。安装一般应按从左到右、从下到上的顺序进行。

2)金属饰品安装必须牢固。采用焊接安装时,必须掌握好电流、电压大小及施焊温度。

3)采用螺丝安装金属饰品平整度有误差时,宜用金属薄垫片进行调整。固定金属饰品的螺丝应拧紧,螺丝拧入基层的长度不得少于 5 牙。

(3)嵌密封胶

金属饰品安装完成后,将需嵌密封胶的缝隙等部位,在清理干净后实施嵌胶作业。嵌胶时,表面必须干燥,并根据缝隙大小、深浅,调整油膏枪嘴大小后,嵌密封胶。

(4)金属饰品安装结束后,应对饰品进行清洁整修等工作。将金属饰品的焊接部位用金属锉刀、手提砂轮、铁砂布等仔细打磨平整。

不锈钢、铜合金、铝合金等饰品有抛光要求时,应进行抛光;焊接部位应着色处理,使饰品光洁美观,颜色一致。

4. 石膏饰品

(1)施工基层应平整、干燥,无障碍物。

(2)安装固定

1)安装轻型、小型花饰,一般可用石膏浆或快粘粉进行粘贴,并用竹片等临时工具固定。

2)重量较重、体型较大的花饰构件用石膏浆均匀涂于花饰背面,并用木螺钉固定法进行安装,花饰面积 $0.3\sim0.5m^2$ 时,用 $4\sim6$ 个螺钉拧住,木螺钉不宜拧得过紧,以免损坏花饰。

(3)花饰安装完成后,应立即对花饰的拼接缝进行整修,清除周边余浆。缝隙及螺钉孔,应用白水泥和植物油拌制的石膏浆堵严孔眼,嵌填密实;表面及螺丝帽用石膏修补整齐,不留痕迹。待石膏浆或水泥浆达到一定强度后,拆除临时固定支撑。

三、施工质量验收

1. 主控项目

(1)花饰制作与安装所使用材料的材质、规格应符合设计要求。

检验方法:观察;检查产品合格证书和进场验收记录。

(2)花饰的造型、尺寸应符合设计要求。

检验方法:观察;尺量检查。

(3)花饰的安装位置和固定方法必须符合设计要求,安装必须牢固。

检验方法:观察;尺量检查;手扳检查。

2. 一般项目

(1)花饰表面应洁净,接缝应严密吻合,不得有歪斜、裂缝、翘曲及损坏。

检验方法:观察。

(2)花饰安装的允许偏差和检验方法应符合表 11-5 的规定。

表 11-5　花饰安装的允许偏差和检验方法

项次	项目		允许偏差(mm)		检验方法
			室内	室外	
1	条型花饰的水平度或垂直度	每米	1	2	拉线和用 1m 垂直检测尺检查
		全长	3	6	
2	单独花饰中心位置偏移		10	15	拉线和用钢直尺检查

第十二章 冬期施工

第一节 一般规定

(1)室外建筑装饰装修工程施工不得在五级及以上大风或雨、雪天气下进行。施工前,应采取挡风措施。

(2)外墙饰面板、饰面砖以及马赛克饰面工程采用湿贴法作业时,不宜进行冬期施工。

(3)外墙抹灰后需进行涂料施工时,抹灰砂浆内所掺的防冻剂品种应与所选用的涂料材质相匹配,具有良好的相溶性,防冻剂掺量和使用效果应通过试验确定。

(4)装饰装修施工前,应将墙体基层表面的冰、雪、霜等清理干净。

(5)室内抹灰前,应提前做好屋面防水层、保温层及室内封闭保温层。

(6)室内装饰施工可采用建筑物正式热源、临时性管道或火炉、电气取暖。若采用火炉取暖时,应采取预防煤气中毒的措施。

(7)室内抹灰、块料装饰工程施工与养护期间的温度不应低于5℃。

(8)冬期抹灰及粘贴面砖所用砂浆应采取保温、防冻措施。室外用砂浆内可掺入防冻剂,其掺量应根据施工及养护期间环境温度经试验确定。

(9)室内粘贴壁纸时,其环境温度不宜低于5℃。

第二节 抹灰工程

(1)室内抹灰的环境温度不应低于5℃。抹灰前,应将门口和窗口外墙脚手眼或孔洞等封堵好,施工洞口、运料口及楼梯间等处应封闭保温。

(2)砂浆应在搅拌棚内集中搅拌,并应随用随拌,运输过程中应进行保温。

(3)室内抹灰工程结束后,在7d以内应保持室内温度不低于5℃。当采用热空气加温时,应注意通风,排除湿气。当抹灰砂浆中掺入防冻剂时,温度可相应降低。

(4)室外抹灰采用冷作法施工时,可使用掺防冻剂水泥砂浆或水泥混合砂浆。

（5）含氯盐的防冻剂不宜用于有高压电源部位和有油漆墙面的水泥砂浆基层内。

（6）砂浆防冻剂的掺量应按使用温度与产品说明书的规定经试验确定。当采用氯化钠作为砂浆防冻剂时，其掺量可按表 12-1 选用。当采用亚硝酸钠作为砂浆防冻剂时，其掺量可按表 12-2 选用。

表 12-1　砂浆内氯化钠掺量

	室外气温（℃）	0～－5	－5～－10
氯化钠掺量 （占拌合水质量百分比，%）	挑檐、阳台、雨罩、墙面等抹水泥砂浆	4	4～8
	墙面为水刷石、干粘石水泥砂浆	5	5～8

表 12-2　砂浆内亚硝酸钠掺量

室外温度（℃）	0～－3	－4～－9	－10～－15	－16～－20
亚硝酸钠掺量 （占水泥质量百分比，%）	1	3	5	8

（7）当抹灰基层表面有冰、霜、雪时，可采用与抹灰砂浆同浓度的防冻剂溶液冲刷，并应清除表面的尘土。

（8）当施工要求分层抹灰时，底层灰不得受冻。抹灰砂浆在硬化初期应采取防止受冻的保温措施。

（9）湿拌抹灰砂浆冬期施工时，应适当缩短砂浆凝结时间，但应经试配确定。湿拌砂浆的储存容器应采取保温措施。

（10）寒冷地区不宜进行冬期施工。

第三节　饰面板（砖）工程

1. 饰面板安装工程

（1）基层处理、石材表面处理、嵌缝和灌浆施工时，环境温度不宜低于 5℃。

（2）灌注砂浆时，应采取保温措施，砂浆温度不宜低于 5℃。

（3）灌注砂浆硬化初期不得受冻。气温低于 5℃ 时，室外灌注砂浆可掺入能降低冻结温度的外加剂，如氧化钙等，其掺量应由试验确定。

（4）镶贴饰面板宜供暖，也可采用热空气或带烟囱的火炉加速干燥。采用热空气时，应设通风设备排除湿气，并设专人进行测温控制和管理，保温养护 7～9d。

2. 饰面砖粘贴工程

（1）基层处理、抹灰、面砖粘贴和勾缝施工，环境温度不宜低于 5℃。粘贴砂浆使用中应采取保温措施，上墙温度不宜低于 5℃，砂浆硬化期不得受冻。

（2）外墙面砖不宜冬期施工，特殊情况必须进行冬期施工时，应编制冬期施工方案。根据气温高低在砂浆内掺入不泛碱的防冻外加剂，其掺量由试验确定。

（3）室内施工时应供暖或电暖气取暖，操作环境温度不低于 5℃，设通风排气设备，并应由专人进行测温，保温养护期一般为 7～9d。

（4）采用冻结法砌筑的墙体，应待其解冻后方可进行面砖粘贴施工。

第四节　油漆、刷浆、裱糊、玻璃工程

（1）油漆、刷浆、裱糊、玻璃工程应在采暖条件下进行施工。当需要在室外施工时，其最低环境温度不应低于 5℃。

（2）刷调合漆时，应在其内加入调合漆质量 2.5% 的催干剂和 5.0% 的松香水，施工时应排除烟气和潮气，防止失光和发黏不干。

（3）室外喷、涂、刷油漆、高级涂料时应保持施工均衡。粉浆类料浆宜采用热水配制，随用随配并应将料浆保温，料浆使用温度宜保持 15℃ 左右。

（4）裱糊工程施工时，混凝土或抹灰基层含水率不应大于 8%。施工中当室内温度高于 20℃，且相对湿度大于 80% 时，应开窗换气，防止壁纸皱折起泡。

（5）玻璃工程施工时，应将玻璃、镶嵌用合成橡胶等材料运到有采暖设备的室内，施工环境温度不宜低于 5℃。

（6）外墙铝合金、塑料框、大扇玻璃不宜在冬期安装。

第十三章 幕 墙 工 程

第一节 一 般 规 定

一、技术要求

1. 幕墙及其连接件应具有足够的承载力、刚度和相对于主体结构的位移能力。幕墙构架立柱的连接金属角码与其他连接件应采用螺栓连接,并应有防松动措施。

2. 隐框、半隐框幕墙所采用的结构黏结材料必须是中性硅酮结构密封胶,其性能必须符合《建筑用硅酮结构密封胶》(GB 16776—2005)的规定;硅酮结构密封胶必须在有效期内使用。

3. 立柱和横梁等主要受力构件,其截面受力部分的壁厚应经计算确定,且铝合金型材壁厚不应小于 3.0mm,钢型材壁厚不应小于 3.5mm。

4. 隐框、半隐框幕墙构件中板材与金属框之间硅酮结构密封胶的黏结宽度,应分别计算风荷载标准值和板材自重标准值作用下硅酮结构密封胶的黏结宽度,并取其较大值,且不得小于 7.0mm。

5. 硅酮结构密封胶应打注饱满,并应在温度 15~30℃、相对湿度 50% 以上、洁净的室内进行;不得在现场墙上打注。

6. 幕墙的防火除应符合现行国家标准《建筑设计防火规范》(GB 50016—2014)和《高层民用建筑设计防火规范》(GB 50045)的有关规定外,还应符合下列规定:

(1)应根据防火材料的耐火极限决定防火层的厚度和宽度,并应在楼板处形成防火带。

(2)防火层应采取隔离措施。防火层的衬板应采用经防腐处理且厚度不小于 1.5mm 的钢板,不得采用铝板。

(3)防火层的密封材料应采用防火密封胶。

(4)防火层与玻璃不应直接接触,一块玻璃不应跨两个防火分区。

7. 主体结构与幕墙连接的各种预埋件,其数量、规格、位置和防腐处理必须符合设计要求。

8. 幕墙的金属框架与主体结构预埋件的连接、立柱与横梁的连接及幕墙面板的安装必须符合设计要求,安装必须牢固。

9. 单元幕墙连接处和吊挂处的铝合金型材的壁厚应通过计算确定,并不得小于 5.0mm。

10. 幕墙的金属框架与主体结构应通过预埋件连接,预埋件应在主体结构混凝土施工时埋入,预埋件的位置应准确。当没有条件采用预埋件连接时,应采用其他可靠的逢接措施,并应通过试验确定其承载力。

11. 立柱应采用螺栓与角码连接,螺栓直径应经过计算,并不应小于 10mm。不同金属材料接触时应采用绝缘垫片分隔。

12. 幕墙的抗震缝、伸缩缝、沉降缝等部位的处理应保证缝的使用功能和饰面的完整性。

13. 幕墙工程的设计应满足维护和清洁的要求。

二、验收应检查的文件和记录

1. 幕墙工程的施工图、结构计算书、设计说明及其他设计文件。

2. 建筑设计单位对幕墙工程设计的确认文件。

3. 幕墙工程所用各种材料、五金配件、构件及组件的产品合格证书、性能检测报告、进场验收记录和复验报告。

4. 幕墙工程所用硅酮结构胶的认定证书和抽查合格证明;进口硅酮结构胶的商检证;国家指定检测机构出具的硅酮结构胶相容性和剥离黏结性试验报告;石材用密封胶的耐污染性试验报告。

5. 后置埋件的现场拉拔强度检测报告。

6. 幕墙的抗风压性能、空气渗透性能、雨水渗漏性能及平面变形性能检测报告。

7. 打胶、养护环境的温度、湿度记录;双组份硅酮结构胶的混匀性试验记录及拉断试验记录。

8. 防雷装置测试记录。

9. 隐蔽工程验收记录。

10. 幕墙构件和组件的加工制作记录;幕墙安装施工记录。

三、隐蔽工程验收

幕墙工程应对下列隐蔽工程项目进行验收:
(1)预埋件(或后置埋件)。
(2)构件的连接节点。

（3）变形缝及墙面转角处的构造节点。

（4）幕墙防雷装置。

（5）幕墙防火构造。

四、检验批质量验收的划分及检查数量

1. 检验批质量验收的划分

（1）相同设计、材料、工艺和施工条件的幕墙工程每 $500\sim1000\mathrm{m}^2$ 应划分为一个检验批，不足 $500\mathrm{m}^2$ 也应划分为一个检验批。

（2）同一单位工程的不连续的幕墙工程应单独划分检验批。

（3）对于异型或有特殊要求的幕墙，检验批的划分应根据幕墙的结构、工艺特点及幕墙工程规模，由监理单位（或建设单位）和施工单位协商确定。

2. 检查数量

（1）每个检验批每 $100\mathrm{m}^2$ 应至少抽查一处，每处不得小于 $10\mathrm{m}^2$。

（2）对于异型或有特殊要求的幕墙工程，应根据幕墙的结构和工艺特点，由监理单位（或建设单位）和施工单位协商确定。

五、建筑幕墙产品分类和标记

1. 分类和标记

（1）按主要支承结构形式分类及标记代号（表 13-1）

表 13-1　建筑幕墙主要支承结构形式分类及标记代号

主要支承结构	构件式	单元式	点支承	全玻	双层
代号	GJ	DY	DZ	QB	SM

（2）按密闭形式分类及标记代号（表 13-2）

表 13-2　幕墙密闭形式分类及标记代号

密闭形式	封闭式	开放式
代号	FB	KF

（3）按面板材料分类及标记代号

玻璃幕墙，代号为 BL；

金属板幕墙，代号应符合表 13-3 的要求；

石材幕墙，代号为 SC；

人造板材幕墙，代号应符合表 13-4 的要求；

组合面板幕墙,代号为 ZH。

表 13-3　金属板面板材料分类及标记代号

材料名称	单层铝板	铝塑复合板	蜂窝铝板	彩色涂层钢板	搪瓷涂层钢板	锌合金板	不锈钢板	铜合金板	钛合金板
代号	DL	SL	FW	CG	TG	XB	BG	TN	TB

表 13-4　人造板材材料分类及标记代号

材料名称	瓷板	陶板	微晶玻璃
标记代号	CB	TB	WJ

(4)面板支承形式、单元部件间接口形式分类及标记代号

1)构件式玻璃幕墙面板支承形式分类及标记代号(表 13-5)

表 13-5　构件式玻璃幕墙面板支承形式分类及标记代号

支承形式	隐框结构	半隐框结构	明框结构
代号	YK	BY	MK

2)石材幕墙、人造板材幕墙面板支承形式分类及标记代号(表 13-6)

表 13-6　石材幕墙、人造板材幕墙面板支承形式分类及标记代号

支承形式	嵌入	钢销	短槽	通槽	勾托	平挂	穿透	蝶形背卡	背栓
代号	QR	GX	DC	TC	GT	PG	CT	BK	BS

3)单元式幕墙单元部件间接口形式分类及标记代号(表 13-7)

表 13-7　单元式幕墙单元部件间接口形式分类及标记代号

接口形式	插接型	对接型	连接型
标记代号	CJ	DJ	LJ

4)点支承玻璃幕墙面板支承形式分类及标记代号(表 13-8)

表 13-8　点支承玻璃幕墙面板支承形式分类及标记代号

支承形式	钢结构	索杆结构	玻璃肋
标记代号	GG	RG	BLL

5)全玻幕墙面板支承形式分类及标记代号(表 13-9)

表 13-9　全玻幕墙面板支承形式分类及标记代号

支承形式	落地式	吊挂式
标记代号	LD	DG

(5)双层幕墙分类及标记代号按通风方式分类及标记代号应符合表 13-10 的规定

表 13-10　双层幕墙通风方式分类及标记代号

通风方式	外通风	内通风
代号	WT	NT

2. 标记方法及示例

(1)标记方法

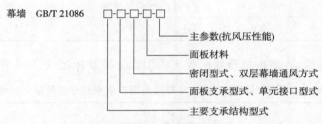

图 13-1　标记方法

(2)标记示例

1)幕墙 GB/T 21086 GJ-YK-FB-BL-3.5(构件式-隐框-封闭-玻璃,抗风压性能 3.5kPa)

2)幕墙 GB/T 21086 GJ-BS-FB-SC-3.5(构件式-背拴-封闭-石材,抗风压性能 3.5kPa)

3)幕墙 GB/T 21086 GJ-YK-FB-DL-3.5(构件式-隐框-封闭-单层铝板,抗风压性能 3.5kPa)

4)幕墙 GB/T 21086 GJ-DC-FB-CB-3.5(构件式-短槽式-封闭-瓷板,抗风压性能 3.5kPa)

5)幕墙 GB/T 21086 DY-DJ-FB-ZB-3.5(单元式-对接型-封闭-组合,抗风压性能 3.5kPa)

6)幕墙 GB/T 21086 DZ-SG-FB-BL-3.5(点支式-索杆结构-封闭-玻璃,抗风压性能 3.5kPa)

7)幕墙 GB/T 21086 QB-LD-FB-BL-3.5(全玻-落地-封闭-玻璃,抗风压性能3.5kPa)

8)幕墙 GB/T 21086 SM-MK-NT-BL-3.5(双层-明框-内通风-玻璃,抗风压性能 3.5kPa)

六、其他要求

1. 幕墙工程应对下列材料及其性能指标进行复验:

(1)铝塑复合板的剥离强度。

(2)石材的弯曲强度;寒冷地区石材的耐冻融性;室内用花岗石的放射性。

(3)玻璃幕墙用结构胶的邵氏硬度、标准条件拉伸黏结强度、相容性试验;石材用结构胶的黏结强度;石材用密封胶的污染性。

2. 结构设计使用年限不宜低于 25 年。

3. 建筑幕墙的防火、防雷功能应符合《玻璃幕墙工程技术规范》(JGJ 102—2003)、《金属与石材幕墙工程技术规范》(JGJ 133—2001)的规定。

第二节 玻璃幕墙制作与安装工程

一、材料控制要点

1. 铝合金

(1)玻璃幕墙采用铝合金材料的牌号所对应的化学成分应符合现行国家标准《变形铝及铝合金化学成分》(GB/T 3190—2008)的有关规定,铝合金型材质量应符合国家现行标准《铝合金建筑型材 第一部分:基材》(GB 5237.1—2008)、《铝合金建筑型材 第 2 部分:阳极氧化型材》(GB 5237.2—2008)、《铝合金建筑型材 第 3 部分:电泳涂漆型材》(GB5237.3—2008)、《铝合金建筑型材 第 4 部分:粉末喷涂型材》(GB 5237.4—2008)、《铝合金建筑型材 第 5 部分:氟碳漆喷涂型材》(GB 5237.5—2008)、《铝合金建筑型材 第 6 部分:隔热型材》(GB 5237.6—2012)、《建筑用隔热铝合金型材》(JG 175—2011)的规定,型材尺寸允许偏差应达到高精级或超高精级。

(2)铝合金型材采用阳极氧化、电泳涂漆、粉末喷涂、氟碳漆喷涂进行表面处理时,应符合现行国家标准《铝合金建筑型材 第 2 部分:阳极氧化型材》(GB 5237.2—2008)、《铝合金建筑型材 第 3 部分:电泳涂漆型材》(GB 5237.3—2008)、《铝合金建筑型材 第 4 部分:粉末喷涂型材》(GB 5237.4—2008)、《铝合金建筑型材 第 5 部分:氟碳漆喷涂型材》(GB 5237.5—2008)的要求,表面处理层的厚度应满足表 13-11 的要求。

表 13-11　铝合金型材表面的处理层厚度要求

表面处理方法	膜厚级别 （涂层种类）	厚度 $t(\mu m)$	
		平均膜厚	最小局部膜厚
阳极氧化	不低于 AA15	$t \geqslant 15$	$t \geqslant 12$
电泳涂漆	阳极氧化膜	B(有光或 亚光透明漆)	—	$t \geqslant 9$
	漆　　膜		—	$t \geqslant 7$
	复　合　膜		—	$t \geqslant 16$
	阳极氧化膜	S(有光或 亚光有色漆)	—	$t \geqslant 6$
	漆　　膜		—	$t \geqslant 15$
	复　合　膜		—	$t \geqslant 21$
粉末喷涂	—		$t \geqslant 40$
氟碳喷涂	二涂	$t \geqslant 30$	$t \geqslant 25$
	三涂	$t \geqslant 40$	$t \geqslant 34$
	四涂	$t \geqslant 65$	$t \geqslant 55$

（3）铝合金隔热型材质量除应符合国家现行标准《铝合金建筑型材 第 6 部分：隔热型材》(GB 5237.6—2012)的规定外，尚应符合现行行业标准《建筑用隔热铝合金型材》(JG 175—2011)的规定。用穿条工艺生产的隔热铝型材，其隔热材料应符合国家现行标准《铝合金建筑型材用辅助材料 第 1 部分：聚酰胺隔热条》(GB/T 23615.1—2009)、《建筑用硬质塑料隔热条》(JG/T 174—2014)的规定。用浇注工艺生产的隔热铝型材，其隔热材料应符合现行国家标准《铝合金建筑型材用辅助材料 第 2 部分：聚氨酯隔热胶材料》(GB/T 23615.2—2012)的规定。

（4）与幕墙配套使用的铝合金门窗应符合现行国家标准《铝合金门窗》(GB/T 8478—2008)的规定。

2. 钢材

（1）碳素结构钢和低合金高强度结构钢的钢种、牌号和质量等级应符合国家现行标准《碳素结构钢》(GB/T 700—2006)、《优质碳素结构钢 技术条件》(GB/T 699—2015)、《合金结构钢 技术条件》(GB/T 3077—2015)、《低合金高强度结构钢》(GB/T 1591—2008)、《碳素结构钢和低合金结构钢热轧钢带》(GB/T 3524—2015)、《碳素结构钢和低合金结构钢热轧薄钢板及钢带》(GB/T 912—2008)、《碳素结构钢和低合金结构钢热轧厚钢板及钢带》(GB/T 3274—2007)、《结构用无缝钢管》(GB/T 8162—2008)、《建筑用钢质拉杆构件》(JG/T 389—2012)、《连续热镀锌板及钢带》(GB/T 2518—2008)等的有关规定。

（2）玻璃幕墙用不锈钢材宜采用奥氏体型不锈钢，且含镍量不应低于 8％。不锈钢材应符合下列现行国家标准《不锈钢棒》(GB/T 1220—2007)、《不锈钢冷加工棒》(GB/T 4226—2009)、《不锈钢冷轧钢板》(GB/T 3280—2015)、《不锈钢热轧钢带》(YB/T 5090—1993)、《不锈钢热轧钢板》(GB/T 4237—2015)、《不锈钢和耐热钢冷轧钢带》(GB/T 4239)、《一般用途耐蚀钢铸件》(GB/T 2100—2012)和《工程结构用中、高强度不锈钢铸件》(GB/T 6967—2009)的规定。

(3)玻璃幕墙用耐候钢应符合现行国家标准《耐候结构钢》(GB/T 4171—2008)。

(4)玻璃幕墙用碳素结构钢和低合金结构钢应采取有效的防腐处理,当采用热浸镀锌防腐蚀处理时,锌膜厚度应符合现行国家标准《金属覆盖层 钢铁制件热浸镀锌层技术要求及试验方法》(GB/T 13912—2002)的规定。

当采用防腐涂料进行表面处理时,除密闭的闭口型材的内表面外,涂层应覆盖钢材表面,其厚度应符合防腐要求。

(5)幕墙支承结构用拉索、钢拉杆应符合下列规定:

1)钢绞线应符合国家现行标准《预应力混凝土用钢绞线》(GB/T 5224—2014)、《高强度低松弛预应力热镀锌钢绞线》(YB/T 152—1999)、《镀锌钢绞线》(YB/T 5004—2012)的规定;锌-5%铝-混合稀土合金镀层钢绞线的要求可按现行国家标准《锌-5%铝-混合稀土合金镀层钢丝、钢绞线》(GB/T 20492—2006)的有关规定执行。

2)不锈钢绞线应符合现行国家标准《不锈钢钢绞线》(GB/T 25821—2010)、行业标准《建筑用不锈钢绞线》(JG/T 200—2007)的规定。

3)钢拉杆的质量、性能应符合现行行业标准《建筑用钢质拉杆构件》(JG/T 389—2012)的规定。

4)钢丝绳的质量、性能应符合现行国家标准《一般用途钢丝绳》(GB/T 20118—2006)的规定。

5)不锈钢钢丝绳的质量、性能、极限抗拉强度应符合现行国家标准《不锈钢丝绳》(GB/T 9944—2015)的规定。

(6)点支承玻璃幕墙用锚具的技术要求应符合国家现行标准《预应力筋用锚具、夹具和连接器》(GB/T 14370—2015)、《预应力筋用锚具、夹具和连接器应用技术规程》JGJ 85 及《建筑幕墙用钢索压管接头》(JG/T 201—2007)的有关规定。

(7)点支承玻璃幕墙用的锚具的应符合国家现行标准《预应力筋用锚具、夹具和连接器》(GB/T 14370—2015)和《预应力筋用锚具、夹具和连接器应用技术规程》(JGJ 85—2010)的有关要求。

(8)焊接材料应符合现行国家标准《碳钢焊条》(GB/T 5117)、《低合金钢焊条》(GB/T 5118)、《不锈钢焊条》(GB/T 983—2012)以及行业标准《建筑钢结构焊接技术规程》(JGJ 81)的规定。

3. 玻璃

(1)幕墙玻璃的外观质量和性能应符合国家现行标准《平板玻璃》(GB

11614—2009)、《中空玻璃》(GB/T 11944—2012)、《建筑用安全玻璃 第1部分：防火玻璃》(GB 15763.1—2009)、《建筑用安全玻璃 第2部分：钢化玻璃》(GB 15763.2—2005)、《建筑用安全玻璃 第3部分：夹层玻璃》(GB 15763.3—2009)、《建筑用安全玻璃 第4部分：均质钢化玻璃》(GB 15763.4—2009)、《半钢化玻璃》(GB/T 17841—2008)、《镀膜玻璃》(GB/T 18915.1～2—2013)以及行业标准《釉面钢化玻璃与釉面半钢化玻璃》(JC/T 1006—2006)、《超白浮法玻璃》(JC/T 2128—2012)、《真空玻璃》(JC/T 1079—2008)的有关规定。

(2)幕墙玻璃应进行机械磨边处理,磨轮的目数不应小于180目。有装饰要求的玻璃边,宜采用抛光磨边。点支承幕墙玻璃的孔、板边缘均应进行磨边和倒棱,磨边宜细磨,倒棱宽度不宜小于1mm。

(3)玻璃幕墙采用镀膜玻璃时,离线法生产的镀膜玻璃应采用真空磁控溅射法生产工艺;在线法生产的镀膜玻璃应采用热喷涂法生产工艺。

(4)玻璃幕墙采用中空玻璃时,除应符合现行国家标准《中空玻璃》(GB/T 11944—2012)的有关规定外,尚应符合下列要求:

1)中空玻璃气体层厚度不应小于9mm;

2)中空玻璃应采用双道密封。第一道密封应采用丁基热熔密封胶,其性能应符合现行行业标准《中空玻璃用丁基热熔密封胶》(JC/T 914—2014)的规定。点支式、隐框、半隐框玻璃幕墙用中空玻璃的第二道密封胶应采用硅酮结构密封胶,其性能应符合现行国家标准《中空玻璃用硅酮结构密封胶》(GB 24266—2009)的规定;

3)中空玻璃的间隔框可采用金属间隔框或金属与高分子材料复合间隔框,间隔框可连续折弯或插角成型,不得使用热熔型间隔胶条。间隔框中的干燥剂宜采用专用设备装填。

(5)玻璃幕墙采用夹层玻璃时,宜采用干法加工合成,其胶片宜采用聚乙烯醇缩丁醛胶片或离子性中间层胶片;外露的聚乙烯醇缩丁醛夹层玻璃边缘应进行封边处理。

(6)玻璃幕墙采用单片低辐射镀膜玻璃时,应使用在线热喷涂低辐射镀膜玻璃;离线镀膜的低辐射镀膜玻璃宜加工成中空玻璃或真空玻璃使用,且镀膜面应朝向中空气体层或真空层。

(7)要求防火功能的幕墙玻璃,应根据防火等级要求采用单片防火玻璃及其制品。

4. 密封材料

(1)玻璃幕墙的橡胶制品,宜采用三元乙丙橡胶、氯丁橡胶及硅橡胶。

(2)密封胶条应符合现行国家标准《建筑门窗、幕墙用密封胶条》(GB/T

24498—2009)的规定。

(3)玻璃幕墙的耐候密封应采用硅酮建筑密封胶,其性能应符合国家现行标准《幕墙玻璃接缝用密封胶》(JC/T 882—2001)的规定。不应使用添加矿物油的硅酮建筑密封胶。

(4)组角胶应具有耐酸碱腐蚀性能,标准条件的下垂度不应大于 2.0mm,表干时间为 5～20min,剪切强度不应小于 10.0MPa。

(5)幕墙用硅酮结构密封胶的性能应符合现行国家标准《建筑用硅酮结构密封胶》(GB 16776—2005)的规定,中空玻璃用硅酮结构密封胶应符合现行国家标准《中空玻璃用硅酮结构密封胶》(GB 24266—2009)的规定。

(6)幕墙用硅酮建筑密封胶和硅酮结构密封胶,应经国家认可的检测机构进行与其相接触的有机材料的相容性试验以及与其相粘接材料的剥离粘接性试验;对硅酮结构密封胶,尚应进行邵氏硬度、标准条件下拉伸粘接性能试验。

(7)硅酮结构密封胶生产商应提供其结构胶拉伸试验的应力应变曲线和质量保证书。

5. 其他材料

(1)与单组分硅酮结构密封胶配合使用的低发泡间隔双面胶带,应具有透气性。

(2)玻璃幕墙宜采用聚乙烯泡沫作填充材料,其密度不宜大于 $37kg/m^3$。

(3)玻璃幕墙的层间防火、防烟封堵材料应符合现行国家标准《防火封堵材料》(GB 23864—2009)和《建筑用阻燃密封胶》(GB/T 24267—2009)的有关要求。

(4)玻璃幕墙的保温材料,宜采用岩棉、矿棉、玻璃棉等不燃或难燃材料,其性能分级应符合现行国家标准《建筑材料及制品燃烧性能分级》(GB 8624—2012)的有关规定。

(5)与玻璃幕墙配套用门窗用五金件、附件及紧固件应符合国家现行标准《紧固件、螺栓和螺钉》(GB/T 5277—1985)、《建筑门窗五金件通用要求》(JG/T 212—2007)以及相关标准的要求。

(6)幕墙构件断热构造所采用的隔热衬垫,其形状和尺寸应经计算确定,内外型材之间应可靠连接并满足设计要求。隔热衬垫宜采用聚酰胺、聚氨酯胶、未增塑聚氯乙烯等耐候性好、导热系数低的材料制作。

二、施工及质量控制要点

(一)加工制作

1. 铝合金

(1)幕墙的铝型材加工,按照工序划分为截料,制孔,槽、豁、榫加工,弯加工等。加工质量应满足设计要求和相应的标准。

（2）铝合金构件的截料应符合下列要求：

1）截料前应对铝型材的弯曲度、扭拧度进行检查，不应使用超偏的铝型材；

2）横梁长度允许偏差为±0.5mm，立柱长度允许偏差为±1.0mm，端头斜度的允许偏差为 0～—15′（图 13-2、13-3）；

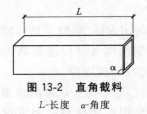

图 13-2　直角截料

L-长度　α-角度

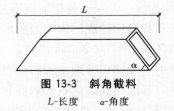

图 13-3　斜角截料

L-长度　α-角度

3）截料端头不应有加工变形，并应去除毛刺。

（3）铝合金构件的制孔应符合下列要求：

1）孔位的允许偏差为±0.5mm，孔距的允许偏差为±0.5mm，累计偏差为±1.0mm；

2）铆钉的通孔尺寸偏差应符合现行国家标准《紧固件 铆钉用通孔》（GB 152.1—1988）的规定；

3）沉头螺钉的沉孔尺寸偏差应符合现行国家标准《紧固件 沉头镙钉用沉孔》（GB 152.2—2014）的规定；

4）圆柱头、螺栓的沉孔尺寸应符合现行国家标准《紧固件 圆柱头用沉孔》（GB 152.3—1988）的规定；

5）螺丝孔的加工应符合设计要求。

（4）铝合金构件的槽、豁、榫的加工应符合下列要求：

1）铝合金构件槽口尺寸（图 13-4）允许偏差应符合表 13-12 的要求；

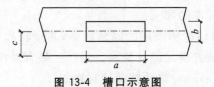

图 13-4　槽口示意图

表 13-12　槽口尺寸允许偏差（mm）

项目	a	b	c
允许偏差	+0.5 0.0	+0.5 0.0	±0.5

2)铝合金构件豁口尺寸(图 13-5)允许偏差应符合表 13-13 的要求;

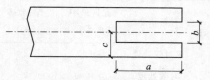

图 13-5　豁口示意图

表 13-13　豁口尺寸允许偏差(mm)

项目	a	b	c
允许偏差	+0.5 0.0	+0.5 0.0	±0.5

3)铝合金构件榫头尺寸(图 13-6)允许偏差应符合表 13-14 的要求。

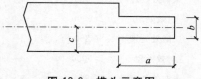

图 13-6　榫头示意图

表 13-14　榫头尺寸允许偏差(mm)

项目	a	b	c
允许偏差	0.0 −0.5	0.0 −0.5	±0.5

(5)铝合金构件弯加工应符合下列要求:

1)铝合金构件宜采用拉弯设备进行弯加工;

2)弯加工后的构件表面应光滑,不得有皱折、凹凸、裂纹。

3)弯加工构件应符合表 13-15 的规定。

表 13-15　弯加工构件外形允许偏差(mm)

材料规格 拉弯方向型材截面最大高度 H	材料状态	允许最小 弯曲半径 r	半径误差 (≤)	材料扭曲度 (≤)	内外弧凹陷度 (≤)
$H \leqslant 60$	未时效处理	≥300	2	2	1
	时效处理	>1000	3	2	1
$60 < H \leqslant 85$	未时效处理	≥500	2	2	1
	时效处理	>1000	3	2	1

（续）

材料规格 拉弯方向型材截面最大高度 H	材料状态	允许最小弯曲半径 r	半径误差（≤）	材料扭曲度（≤）	内外弧凹陷度（≤）
85＜H≤110	未时效处理	≥600	2	2	1
	时效处理	＞1000	3	2	1
110＜H≤130	未时效处理	≥600	2	2	1
	时效处理	＞3000	3	2	1
130＜H≤140	未时效处理	≥600	2	2	1
	时效处理	＞3000	3	2	1
140＜H≤150	未时效处理	≥600	2	2	1
	时效处理	＞3000	3	2	1
150＜H≤160	未时效处理	≥800	2	2	1
	时效处理	＞5000	3	2	1
160＜H≤180	未时效处理	≥800	2	2	1
	时效处理	＞5000	3	2	1
180＜H≤200	未时效处理	≥800	3	3	2
	时效处理	＞5000	5	3	2
200＜H≤220	未时效处理	≥800	4	3	2
	时效处理	＞5000	5	3	2
220＜H≤240	未时效处理	≥800	4	3	2
	时效处理	＞5000	5	3	2
240＜H≤260	未时效处理	≥800	4	3	2
	时效处理	＞5000	6	3	2
260＜H≤280	未时效处理	≥800	4	3	2
	时效处理	＞5000	6	3	2

2. 钢构件

（1）幕墙加工的钢构件主要组成

幕墙加工的钢构件主要包括玻璃幕墙的立柱、横梁、埋件、连接件和支承件等，加工质量应满足设计要求和相应的标准。

（2）平板型预埋件锚板和锚筋的焊接应符合现行国家标准《混凝土结构设计规范》(GB 50010—2010)的规定。预埋件加工精度应符合下列要求：

1）锚板边长允许偏差为±5mm；

2）一般锚筋长度的允许偏差为 0～＋10mm；两面为整块锚板的穿透式预埋

件的锚筋长度的允许偏差为—5～0mm；

　　3)圆锚筋的中心线允许偏差为±5mm；

　　4)锚筋与锚板面的垂直度允许偏差为 $l_s/30$(l_s 为锚固钢筋长度,单位为 mm)。

　　(3)槽型预埋件表面及槽内应进行防腐处理,其加工精度应符合下列要求：

　　1)预埋件长度、宽度和厚度允许偏差分别为 0～+10mm、0～+5mm 和 0～+3mm；

　　2)槽口的允许偏差为 0～+1.5mm；

　　3)锚筋长度允许偏差为 0～+5mm；

　　4)锚筋中心线允许偏差为±1.5mm；

　　5)锚筋与槽板的垂直允许偏差为 $l_s/30$(l_s 为锚固钢筋长度,单位为 mm)。

　　(4)玻璃幕墙的连接件、支承件的加工精度应符合下列要求：

　　1)连接件、支承件外观应平整,不得有裂纹、毛刺、凹凸、翘曲、变形等缺陷；

　　2)连接件、支承件加工尺寸(图 13-7)允许偏差应符合表 13-16 的要求。

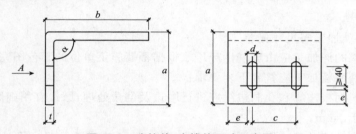

图 13-7　连接件、支撑件尺寸示意图

表 13-16　连接件、支撑件尺寸允许偏差(mm)

项　　目	允许偏差
连接件高 a	+5,—2
连接件长 b	+5,—2
孔距 c	±1.0
孔宽 d	+1.0,0
边距 e	+1.0,0
壁厚 t	+0.5,—0.2
弯曲角度 a	±2°

　　(5)钢型材立柱及横梁的加工、表面涂装

　　钢型材立柱及横梁的加工、表面涂装均应符合现行国家标准《钢结构工程施工质量验收规范》(GB 50205—2001)的有关规定。

　　(6)玻璃幕墙的支承钢结构加工应符合下列要求：

　　1)应合理划分拼装单元；

2)管桁架宜按计算的相贯线采用数控设备切割加工;

3)钢构件拼装单元的节点位置允许偏差为±2.0mm;

4)构件长度、拼装单元长度的允许正、负偏差均可取长度的1/2000;

5)管件连接焊缝应沿全长连续、均匀、饱满、平滑、无气泡和夹渣;支管壁厚小于6mm时可不切坡口;角焊缝的焊脚高度不宜大于支管壁厚的2倍;

6)分单元组装的钢结构,宜进行预拼装。

(7)钢拉杆、拉索加工除应符合现行国家标准《索结构技术规程》(JGJ 257—2012)、《钢拉杆》(GB/T 20934—2007)、《建筑用钢质拉杆构件》(JG/T 389—2012)的相关规定外,尚应符合下列要求:

1)钢拉杆、拉索不应采用焊接连接;

2)自平衡索桁架应在工作台座上进行拼装,并应防止表面损伤。

(8)钢构件焊接、螺栓连接应符合现行国家标准《钢结构设计规范》(GB 50017—2003)及《钢结构焊接规程》(GB/T 8162—2008)的有关规定。

3. 玻璃

(1)玻璃加工与尺寸偏差

1)玻璃的深加工应由玻璃生产厂家根据幕墙施工单位的工艺图完成。

2)玻璃面板加工应符合下列要求:

①玻璃面板边缘和孔洞边缘应进行磨边及倒角处理,磨边宜用细磨,倒角宽度宜不小于1mm。

②孔中心至玻璃边缘的距离不应小于2.5d(d为玻璃孔径),孔边与板边的距离不宜小于70mm;玻璃钻孔周边应进行可靠的密封处理,中空玻璃钻孔周边应采取多道密封措施。

③玻璃钻孔的允许偏差为:直孔直径0~+0.5mm,锥孔直径0~+0.5mm,夹层玻璃两孔同轴度为2.5mm。

④玻璃钻孔中心距偏差不应大于±1.5mm。

(2)玻璃幕墙的单片玻璃、中空玻璃、夹层玻璃的加工精度应符合下列要求:

1)单片玻璃的尺寸允许偏差应符合表13-17的要求;

表 13-17　单片玻璃尺寸允许偏差(mm)

项目	玻璃厚度(mm)	玻璃边长 L≤2000	玻璃边长 L>2000
边长	6,8,10,12	±1.5	±2.0
	15,19	±2.0	±3.0
对角线差	6,8,10,12	≤2.0	≤3.0
	15,19	≤3.0	≤3.5

2)中空玻璃的尺寸允许偏差应符合表13-18的要求;

表 13-18　中空玻璃尺寸允许偏差(mm)

项　目		允许偏差
边长	L<1000	±2.0
	1000≤L<2000	+2.0,−3.0
	L≥2000	±3.0
对角线差	L≤2000	≤2.5
	L>2000	≤3.5
厚度	t<17	±1.0
	17≤t<22	±1.5
	t≥22	±2.0
叠差	L<1000	±2.0
	1000≤L<2000	±3.0
	2000≤L<4000	±4.0
	L≥4000	±6.0

3)夹层玻璃的尺寸允许偏差应符合表 13-19 的要求。

表 13-19　夹层玻璃尺寸允许偏差(mm)

项　目		允许偏差
边长	L≤2000	±2.0
	L>2000	±2.5
对角线差	L≤2000	≤2.5
	L>2000	≤3.5
叠差	L<1000	±2.0
	1000≤L<2000	±3.0
	2000≤L<4000	±4.0
	L≥4000	±6.0

(3)玻璃弯加工后,其每米弦长内拱高的允许偏差为±3.0mm,且玻璃的曲边应顺滑一致;玻璃直边的弯曲度,拱形时不应超过 0.5%,波形时不应超过 0.3%。

(4)全玻幕墙的玻璃加工应符合下列要求:

1)玻璃边缘应倒棱并细磨,外露玻璃的边缘应抛光磨;

2)采用钻孔安装时,孔边缘应进行倒角处理,并不应出现崩边。

(5)点支承玻璃加工应符合下列要求:

1)玻璃面板及其孔洞边缘均应倒棱和磨边,倒棱宽度不宜小于 1mm,磨边宜细磨;

2)玻璃切角、钻孔、磨边应在钢化前进行;

3)玻璃加工的允许偏差应符合表 13-20 的规定;

表 13-20　点支承玻璃加工允许偏差

项目	边长尺寸	对角线差	钻孔位置	孔距	孔轴与玻璃平面垂直度
允许偏差	±1.0mm	≤2.0mm	±0.8mm	±1.0mm	±12′

4)中空玻璃开孔后,开孔处应采取多道密封措施;

5)夹层玻璃、中空玻璃的钻孔可采用大、小孔相对的方式。

(6)中空玻璃合片加工时,应考虑制作处和安装处不同气压的影响,采取防止玻璃大面变形的措施。

(7)吊挂式玻璃夹板要求楔形夹板和衬垫材料应满涂专用强力胶黏剂,双面粘贴夹紧后静置养护至胶黏剂完全固化。

4. 明框幕墙组件

(1)明框幕墙组件加工尺寸允许偏差应符合下列要求:

1)组件装配尺寸允许偏差应符合表 13-21 的要求;

表 13-21　组件装配尺寸允许偏差(mm)

项目	构件长度	允许偏差
型材槽口尺寸	≤2000	±2.0
	>2000	±2.5
组件对边尺寸差	≤2000	≤2.0
	>2000	≤3.0
组件对角线尺寸差	≤2000	≤3.0
	>2000	≤3.5

2)相邻构件装配间隙及同一平面度的允许偏差应符合表 13-22 的要求。

表 13-22　相邻构件装配间隙及同一平面度的允许偏差(mm)

项　目	允 许 偏 差
装配间隙	≤0.5
同一平面度差	≤0.5

(2)单层玻璃与槽口的配合尺寸(图 13-8)应符合表 13-23 的要求

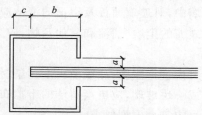

图 13-8　单层玻璃与槽口的配合示意

表 13-23　单层玻璃与槽口的配合尺寸(mm)

玻璃厚度(mm)	a	b	c
5～6	≥3.5	≥15	≥5
8～10	≥4.5	≥16	≥5
≥12	≥5.5	≥18	≥5

(3)中空玻璃与槽口的配合尺寸(图 13-9)应符合表 13-24 的要求

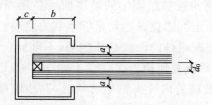

图13-9　中空玻璃与槽口的配合示意

表 13-24　中空玻璃与槽口的配合尺寸(mm)

中空玻璃厚度（mm）	a	b	c		
			下边	上边	侧边
$6+d_a+6$	≥5	≥17	≥7	≥5	≥5
$8+d_a+8$ 及以上	≥6	≥18	≥7	≥5	≥5

注:d_a为气体层厚度,不应小于 9mm。

（4）导气孔及排水孔的设置与组装

明框幕墙组件的导气孔及排水孔设置应符合设计要求，组装时应保证导气孔及排水孔通畅。

（5）组件拼装及密封

明框幕墙组件应拼装严密。设计要求密封时，应采用硅酮建筑密封胶进行密封。

5. 隐框半隐框幕墙组件

（1）半隐框、隐框幕墙中，对玻璃面板及铝框的清洁应符合下列要求：

1）玻璃和铝框黏结表面的尘埃、油渍和其他污物，应分别使用带溶剂的擦布和干擦布清除干净；

2）应在清洁后一小时内进行注胶；注胶前再度污染时，应重新清洁；

3）每清洁一个构件或一块玻璃，应更换清洁的干擦布。

（2）使用溶剂清洁时，应符合下列要求：

1）不应将擦布浸泡在溶剂里，应将溶剂倾倒在擦布上；

2）使用和贮存溶剂，应采用干净的容器；

3）使用溶剂的场所严禁烟火；

4）应遵守所用溶剂标签或包装上标明的注意事项。

（3）注胶

1）硅酮结构密封胶注胶前，与其相接触的有机材料必须取得合格的相容性试验、剥离粘接性试验报告，必要时应加涂底胶；双组分硅酮结构密封胶应检查混合均匀性（蝴蝶试验）和混合后的固化速度（拉断试验）。

2）采用硅酮结构密封胶黏结固定的玻璃面板必须经静置养护，养护时间根据结构胶的固化程度确定。固化未达到足够承载力之前，不应搬动。

3）隐框玻璃幕墙装配组件的注胶必须饱满，不得出现气泡，胶缝表面应平整光滑；收胶缝的余胶不得重复使用。

4）隐框幕墙中空玻璃的内片为钢化玻璃时，其注胶部位应与中空玻璃结构胶部位对应。

（4）隐框玻璃幕墙组件的尺寸允许偏差

硅酮结构密封胶完全固化后，隐框玻璃幕墙装配组件的尺寸偏差应符合表 13-25 的规定。

表 13-25　结构胶完全固化后隐框玻璃幕墙组件的尺寸允许偏差(mm)

序号	项　目	尺寸范围	允许偏差
1	框长宽尺寸		±1.0
2	组件长宽尺寸		±2.5

（续）

序号	项　目	尺寸范围	允许偏差
3	框接缝高度差		≤0.5
4	框内侧对角线差及 组件对角线差	当长边≤2000 时 当长边>2000 时	≤2.5 ≤3.5
5	框组装间隙		≤0.5
6	胶缝宽度		+2.0 0
7	胶缝厚度		+0.5 0
8	组件周边玻璃与铝框位置差		±1.0
9	结构组件平面度		≤3.0
10	组件厚度		±1.5

（5）悬挑玻璃尺寸

当隐框玻璃幕墙采用悬挑玻璃时，玻璃的悬挑尺寸应符合计算要求，且不宜超过 300mm。

6. 单元式玻璃幕墙组件

（1）单元式玻璃幕墙在加工前应对各板块编号，并应注明加工、运输、安装方向和顺序。

（2）单元板块的构件连接应牢固，构件连接处的缝隙应采用硅酮建筑密封胶密封。

（3）单元板块的硅酮结构密封胶不宜外露。

（4）单元板块吊挂件的厚度应不小于 5mm。吊挂件应可调节，用不锈钢螺栓与立柱连接，螺栓不得少于 2 个。

（5）面板宜有可更换措施。

（6）明框单元板块在搬动、运输、吊装过程中，应采取措施防止玻璃滑动或变形。

（7）单元板块组装完成后，工艺孔宜封堵，通气孔及排水孔应畅通。

（8）采用自攻螺钉连接单元组件框时，每处螺钉不应少于 3 个，直径不应少于 4mm，拧入深度不应小于 25mm。螺钉连接部位应采用硅酮建筑密封胶做好密封处理。螺钉槽内径和扭矩应符合表 13-26 的要求。

表 13-26 螺钉槽内径和扭矩要求

螺钉公称直径(mm)	螺钉槽内径及允许偏差(mm)	扭矩(N·m)
4.2	3.7±0.1	4.4
4.8	4.3±0.1	6.3
5.5	4.9±0.1	10.0
6.3	5.8±0.1	13.6

(9)单元组件框加工制作允许偏差应符合表 13-27 的规定。

表 13-27 单元组件框加工制作允许尺寸偏差

序号	项　目		允许偏差	检查方法
1	框长(宽)度(mm)	≤2000	±1.5mm	金属直尺
		>2000	±2.0mm	
2	分格长(宽)度(mm)	≤2000	±1.5mm	金属直尺
		>2000	±2.0mm	
3	对角线长度差(mm)	≤2000	≤2.5mm	金属直尺
		>2000	≤3.5mm	
4	接缝高低差		≤0.5mm	游标深度尺
5	接缝间隙		≤0.5mm	塞片
6	框面划伤		≤3 处且总长≤100mm	
7	框料擦伤		≤3 处且总面积≤200mm²	

(10)单元组件组装允许偏差应符合表 13-28 的规定。

表 13-28 单元组件组装允许偏差

序号	项　目		允许偏差(mm)	检查方法
1	组件长度、宽度(mm)	≤2000	±1.5	金属直尺
		>2000	±2.0	
2	组件对角线长度差(mm)	≤2000	≤2.5	金属直尺
		>2000	≤3.5	
3	胶缝宽度		+1.0 0	卡尺或金属直尺
4	胶缝厚度		+0.5 0	卡尺或金属直尺

（续）

序号	项　　目	允许偏差(mm)	检查方法
5	各搭接量(与设计值比)	+1.0 0	金属直尺
6	组件平面度	≤1.5	1m靠尺
7	组件内镶板间接缝宽度(与设计值比)	±1.0	塞尺
8	连接构件竖向中轴线距组件外表面 (与设计值比)	±1.0	金属直尺
9	连接构件水平轴线距组件水平对插中心线	±1.0 (可上、下调节时±2.0)	金属直尺
10	连接构件竖向轴线距组件竖向对插中心线	±1.0	金属直尺
11	两连接构件中心线水平距离	±1.0	金属直尺
12	两连接构件上、下端水平距离差	±0.5	金属直尺
13	两连接构件上、下端对角线差	≤1.0	金属直尺

（11）在组件上有门或窗时，其加工应分别符合现行国家标准《铝合金门窗》（GB/T 8478—2008）的规定。

（12）在组件上安装附件，其连接强度、功能和外观应符合设计要求。

（二）安装

1. 预埋件、后锚固连接件

（1）玻璃幕墙与主体结构连接的预埋件，应在主体结构施工时按设计要求埋设。预埋件的形状、尺寸应符合设计要求，预埋件的焊接应符合现行国家标准《混凝土结构设计规范》（GB 50010—2010）的规定。

（2）预埋件位置偏差过大或未设预埋件时，应制订补救措施或可靠连接方案，经与业主、土建设计单位洽商同意后，方可实施。

（3）锚栓孔的位置应符合设计要求。锚栓孔的直径、孔深和形状应符合锚栓产品的规定，并不得损伤主体结构构件钢筋。化学锚栓用锚栓孔应采用毛刷和压缩空气等方法将孔壁的粉尘清理干净。

（4）膨胀型锚栓和扩孔型锚栓安装，应采取有效措施，防止损坏锚栓头部螺纹。

（5）化学锚栓的安装应符合下列规定：

1）化学锚栓的表面应干燥、洁净无油污；

2）锚固胶容器无破损、药剂凝固等异常现象；放置方向和位置应符合产品要求；

3)螺杆安装时,宜采用专用工具,将螺杆旋转插入孔底。螺杆到达孔底后,应及时停止旋转;

4)螺杆安装完成后,应采取有效措施固定螺杆,防止螺杆松动、移位,并随时检查锚固胶固化是否正常。

(6)后置锚固连接件锚板安装时,应采取防止后置锚栓螺母松动和锚板滑移的措施。

(7)平板型预埋件和后置锚固连接件锚板的安装允许偏差应符合表 13-29 的规定。槽型预埋件的允许偏差应符合设计要求。

表 13-29　平板型预埋件和后置锚固连接件锚板的安装允许偏差(mm)

项目 尺寸	允许偏差
标高	±10
平面位置	±20

注:设计无要求时,标高和平面位置的允许偏差均为±20。

2. 构件式玻璃幕墙

(1)玻璃幕墙立柱的安装应符合下列要求:

1)立柱安装轴线的允许偏差为 2mm;

2)相邻两根立柱安装标高差不应大于 3mm,同层立柱最大标高差不应大于 5mm;相邻两根立柱固定点距离的允许偏差为±2mm;

3)立柱安装就位、调整后应及时紧固。

(2)玻璃幕墙横梁安装应符合下列要求:

1)横梁应安装牢固、贴缝严密。横梁与立柱间留有伸缩间隙时,其尺寸应满足设计要求;横梁与立柱的连接螺钉或螺栓每个连接点应不少于 2 个,横梁为开口型材时宜不少于 3 个。不应采用沉头、半沉头螺钉或螺栓。采用密封胶缝时,胶缝施工应均匀、密实、连续;

2)同一根横梁两端或相邻两根横梁端部的水平标高差不应大于 1mm。同层横梁最大标高偏差:当一幅幕墙宽度不大于 35m 时,可取 5mm;当一幅幕墙宽度大于 35m 时,可取 7mm;

3)安装完成一层后,应及时进行检查、校正和固定。

(3)玻璃幕墙其他主要附件安装应符合下列要求:

1)隔热层及防火、保温材料应铺设平整、可靠固定,拼接处不应留缝隙;

2)冷凝水排出管及其附件应与水平构件预留孔连接严密,与内衬板排水孔连接处应采取密封措施；

3）通气槽、孔及雨水排出口等应按设计要求施工，不得遗漏；

4）封口处应进行封闭处理；

5）安装施工采用的临时螺栓等，应在幕墙固定后及时拆除；

6）采用现场焊接或高强螺栓紧固的构件，应在紧固后及时进行防锈处理。

（4）幕墙玻璃安装应按下列要求进行：

1）玻璃安装前应进行表面清洁。除设计另有要求外，应将单片阳光控制镀膜玻璃的镀膜面朝向室内，非镀膜面朝向室外；

2）应按规定型号选用玻璃四周的橡胶条，其长度宜比边框内槽口长1.5％～2％；橡胶条斜面断开后应拼成预定的设计角度，并应采用专用黏结剂黏结牢固；镶嵌应平整。

（5）铝合金装饰压板的安装，应表面平整、色彩一致，接缝应均匀严密。

（6）构件式玻璃幕墙中硅酮建筑密封胶在接缝内应两对面黏结，不应三面黏结。

（7）明框与隐框幕墙安装：

1）明框幕墙组件的导气孔和排水孔设置应符合设计要求，并保持通畅。

2）明框幕墙安装时，应控制面板与框料之间的间隙。面板的下边缘应衬垫2块压模成型的氯丁橡胶垫块，垫块宽度应与槽口宽度相同，厚度不小于5mm，每块长度不小于100mm。

3）明框幕墙采用压板固定时，压板应连续条形配置，压板与幕墙框架采用螺钉连接。紧固螺钉间距按压板和紧固件受力分析计算确定，且间距不大于400mm，螺钉直径不小于5mm。装饰条、扣板与压板间如扣合连接，其构造应安全可靠，必要时可采用机械连接。

4）明框幕墙采用硅酮密封胶密封处，基层应清洁处理，注胶符合设计要求。

5）隐框玻璃幕墙的压板厚度应不小于5mm，压板连接螺钉的公称直径应不小于5mm。压板间距应符合设计要求，无设计要求时，间距为300～400mm。

3. 单元式幕墙

（1）在场内堆放单元板块时，应符合下列要求：

1）宜设置专用堆放场地，并应有安全保护措施。短期露天存放时应采取防护措施；

2）宜存放在周转架上；

3）应依照安装顺序先出后进的原则按编号排列放置；

4）不应直接叠层堆放；

5）不宜频繁装卸。

（2）板块起吊和就位应符合下列要求：

1）板块上的吊挂点位置、数量应根据板块的形状和重心设计,吊点不应少于2个。必要时,可增设吊点加固措施；

2）应进行试吊装；

3）起吊单元板块时,应使各吊点均匀受力,起吊过程应保持单元板块平稳；

4）单元板块严禁超重吊装。雨、雪、雾和风力5级及以上天气不得吊装。吊装应有防碰撞防坠落措施。

5）吊装升降和平移应使单元板块不摆动、不撞击其他物体；

6）吊装过程应采取措施保证装饰面不受磨损和挤压；

7）单元板块就位时,应先将其挂到主体结构的挂点上,板块未固定前,吊具不得拆除。

（3）固定于主体结构上的连接件（挂座）安装,应符合下列要求：

1）连接件调整完毕后,应及时进行防腐处理；

2）连接件安装允许偏差应符合表13-30的规定。

表 13-30　连接件安装允许偏差

序号	项　　目	允许偏差（mm）	检查方法
1	标高	±1.0 （可上下调节时±2.0）	水准仪
2	连接件两端点平行度	≤1.0	金属直尺
3	距安装轴线水平距离	≤1.0	金属直尺
4	垂直偏差（上、下两端点与垂线偏差）	±1.0	金属直尺
5	两连接件连接点中心水平距离	±1.0	金属直尺
6	两连接件上、下端对角线差	≤1.0	金属直尺
7	相邻三连接件（上下、左右）偏差	±1.0	金属直尺

（4）单元部件连接

1）插接型单元部件之间应有一定的搭接长度,竖向搭接长度不应小于10mm,横向搭接长度不应小于15mm。

2）单元连接件和单元锚固连接件的连接应具有三维可调节性,三个方向的调整量不应小于20mm。

3）单元部件间十字接口处应采取防渗漏措施。

4）单元式幕墙的通气孔和排水孔处应采用透水材料封堵。

（5）板块安装应按下列规定进行

1）板块安装前,应对下一层板块的上横框型材进行清理,并检查板块接口之

间的防水装置、密封措施是否符合设计要求;

2)安装施工中,严禁用铁锤等敲击板块;

3)每一板块安装后应进行测量,使幕墙的水平度和垂直度偏差不大于板块相应边长的1/1000。

(6)板块校正及固定应按下列规定进行

1)单元板块就位后,应及时调整、校正;

2)单元板块调整、校正后,应及时安装防松脱、防双向滑移和防倾覆装置。采用焊接施工时,应及时对焊接部位进行防腐处理;

3)单元板块固定完成后,应及时清洁单元板块上部型材槽口,并按设计要求完成板块接口之间的防水密封处理;

4)按设计要求安装防雷装置、保温层、防火层。防火材料应采用锚钉固定牢固,防火层应平整,拼接处不留缝隙,完成后应进行隐蔽工程验收。幕墙工程安装完毕后,应及时清洁幕墙;清洁时应选用合适的清洁剂,避免腐蚀和污染已安装完毕的幕墙;

5)单元式幕墙安装固定后的偏差应符合表13-31的要求。

表 13-31　单元式幕墙安装允许偏差

序号	项　目		允许偏差(mm)	检查方法
1	竖缝及墙面垂直度	幕墙高度 H(m)		
		$H \leqslant 30$	$\leqslant 10$	激光经纬仪或经纬仪
		$30 < H \leqslant 60$	$\leqslant 15$	
		$60 < H \leqslant 90$	$\leqslant 20$	
		$90 < H$	$\leqslant 25$	
2	幕墙平面度		$\leqslant 2.5$	2m靠尺、金属直尺
3	竖缝直线度		$\leqslant 2.5$	2m靠尺、金属直尺
4	横缝直线度		$\leqslant 2.5$	2m靠尺、金属直尺
5	缝宽度(与设计值比)		± 2	卡尺
6	耐候胶缝直线度	$L \leqslant 20$m	1	金属直尺
		$20m < L \leqslant 60m$	3	
		$60m < L \leqslant 100m$	6	
		$L > 100m$	10	
7	两相邻面板之间接缝高低差		$\leqslant 1.0$	深度尺

（续）

序号	项　目		允许偏差（mm）	检查方法
8	同层单元组件标高	宽度不大于35m	≤3.0	激光经纬仪或经纬仪
		宽度大于35m	≤5.0	
9	相邻两组件面板表面高低差		≤1.0	深度尺
10	两组件对插件接缝搭接长度（与设计值比）		±1.0	卡尺
11	两组件对插件距槽底距离（与设计值比）		±1.0	卡尺

4. 全玻幕墙

（1）全玻幕墙安装前，应清洁镶嵌槽；中途暂停施工时，应对槽口采取保护措施。

（2）全玻幕墙安装过程中，应随时检测和调整面板、玻璃肋的水平度和垂直度，使墙面安装平整。

（3）每块玻璃的吊夹应位于同一平面，吊夹的受力应均匀。

（4）全玻幕墙玻璃两边嵌入槽口深度及预留空隙应符合设计要求，左右空隙尺寸宜相同。

（5）全玻幕墙的玻璃宜采用机械吸盘安装，并应采取必要的安全措施。

（6）全玻幕墙施工质量应符合表 13-32 的要求。

表 13-32　全玻幕墙施工质量要求

序号	项　目		允许偏差	测量方法
1	幕墙平面的垂直度	幕墙高度 H(m)	10mm	激光仪或经纬仪
		$H \leqslant 30$	15mm	
		$30 < H \leqslant 60$	20mm	
		$60 < H \leqslant 90$		
		$H > 90$	25mm	
2	幕墙的平面度		2.5mm	2m靠尺，金属直尺
3	竖缝的直线度		2.5mm	2m靠尺，金属直尺
4	横缝的直线度		2.5mm	2m靠尺，金属直尺
5	线缝宽度（与设计值比较）		±2.0mm	卡尺
6	两相邻面板之间的高低差		1.0mm	深度尺
7	玻璃面板与肋板夹角与设计值偏差		≤1°	量角器

（7）吊挂玻璃安装要求：

玻璃吊夹具与夹板配合紧密不松动，夹具不得与玻璃直接接触。吊夹具与主体结构挂点连接牢固，吊点受力应均衡。

（8）吊挂玻璃底部构造应符合下列规定：

1）全玻璃幕墙的周边收口槽壁与玻璃面板或玻璃肋的空隙均应不小于 8mm；

2）玻璃与下槽底应采用不少于两块的弹性垫块，垫块长度应不小于 100mm，厚度应不小于 10mm；

3）吊挂玻璃下端与下槽底垫块之间的空隙应满足玻璃伸长变形的要求，且不得小于 10mm，玻璃入槽深度不小于 15mm，槽壁与玻璃间应采用硅酮密封胶密封。

5. 支承结构及构件

（1）点支承玻璃幕墙支承结构的安装要求：

1）支承结构安装过程中，组装、焊接和涂装修补等，应符合相关标准的规定。

2）大型支承结构构件应进行吊装设计，并应试吊。

3）支承结构安装就位，经调整后应及时紧固定位，并进行隐蔽工程验收。

（2）点支承幕墙玻璃与金属连接件不得直接接触，应有橡胶垫片。

（3）玻璃幕墙大面应平整，胶缝横平竖直、宽度均匀。

（4）点支承玻璃幕墙爪件安装前，应精确定出其安装位置。爪座安装的允许偏差应符合表 13-33 的要求。

表 13-33　支承结构安装允许偏差

名　　称	允许偏差（mm）
相邻两竖向构件间距	±2.5
竖向构件垂直度	$l/1000$ 或≤5，l 为跨度
相邻三竖向构件外表面平面度	5
相邻两爪座水平间距和竖向距离	±1.5
相邻两爪座水平高低差	1.5
爪座水平度	2
同层高度内爪座高低差：间距不大于 35m	5
间距大于 35m	7
相邻两爪座垂直间距	±2.0
单个分格爪座对角线差	4
爪座端面平面度	6.0

（5）点支承玻璃幕墙面板安装质量应符合表 13-34 的相应规定。

表 13-34　玻璃面板安装质量允许偏差

项　目	尺寸范围	允许偏差（mm）	检查方法
相邻两玻璃面接缝高低差		1.0	2.0m 靠尺
上下两玻璃接缝垂直偏差		1.0	2.0m 靠尺
左右两玻璃接缝水平偏差		1.0	2.0m 靠尺
玻璃外表面垂直接缝偏差	$H \leqslant 20m$	3.0	金属直尺
	$H > 20m$	5.0	
玻璃外表面水平接缝偏差	$L \leqslant 20m$	3.0	金属直尺
	$L > 20m$	5.0	
玻璃外表面平整度	$H(L) \leqslant 20m$	4.0	激光仪
	$H(L) > 20m$	6.0	
胶缝宽度（与设计值比）		±1.5	2.0m 靠尺

6. 张拉索杆支承结构

（1）幕墙张拉索杆支承结构的安装施工应符合国家现行标准《钢结构工程施工规范》（GB 50755—2012）、《索结构技术规程》（JGJ 257—2012）的有关规定。

（2）张拉索杆支承结构中拉杆和拉索预拉力的施工应符合下列要求：

1）钢拉杆和钢拉索安装时，应按设计要求施加预拉力，并宜设置预拉力调节装置。钢拉索和钢拉杆采用液压千斤顶张拉时，预拉力宜采用油压表控制；分级张拉结束时，宜采用测力计进行拉力复核；

2）钢拉杆采用扭力扳手施加预拉力时，应事先进行标定；

3）张拉前应评估索体张拉对相邻索位形及其中张拉力的影响；影响程度大时，应通过预应力施工全过程模拟计算确定预应力张拉方案；

4）施加预应力宜以张拉力为控制量；对结构重要部位宜进行索力和位移双控；

5）拉索张拉应遵循分阶段、分级、对称、缓慢匀速、同步加载的原则；在张拉过程中，应对拉杆、拉索的预拉力依据现场实际状况作必要调整；

6）张拉前必须对构件、锚具等进行全面检查，并应签发张拉通知单。张拉通知单应包括张拉日期、张拉分批次数、每次张拉控制力、张拉用机具、测力仪器及使用安全措施和注意事项；

7）应建立张拉记录；

8）拉杆、拉索实际施加的预拉力值应考虑施工温度的影响；

9)可结合张拉索杆支承结构的受力特性,从千斤顶直接张拉、拉索调节器调节、索端支座强迫就位、索体横向牵拉或顶推等方法中选择合适的张拉方法。

(3)玻璃幕墙张拉索杆支承结构施工完成后,在面板安装前可根据重力荷载分布情况悬挂配重荷载,索体位形调整正确后,再替换配重安装面板。配重重量可取面板自重的 1.05～1.15 倍。

三、施工质量验收

1. 主控项目

(1)玻璃幕墙工程所使用的各种材料、构件和组件的质量,应符合设计要求及国家现行产品标准和工程技术规范的规定。

检验方法:检查材料、构件、组件的产品合格证书、进场验收记录、性能检测报告和材料的复验报告。

(2)玻璃幕墙的造型和立面分格应符合设计要求。

检验方法:观察;尺量检查。

(3)玻璃幕墙使用的玻璃应符合下列规定:

1)幕墙应使用安全玻璃,玻璃的品种、规格、颜色、光学性能及安装方向应符合设计要求。

2)幕墙玻璃的厚度不应小于 6.0mm。全玻幕墙肋玻璃的厚度不应小于 12mm。

3)幕墙的中空玻璃应采用双道密封。明框幕墙的中空玻璃应采用聚硫密封胶及丁基密封胶;隐框和半隐框幕墙的中空玻璃应采用硅酮结构密封胶及丁基密封胶;镀膜面应在中空玻璃的第 2 或第 3 面上。

4)幕墙的夹层玻璃应采用聚乙烯醇缩丁醛(PVB)胶片干法加工合成的夹层玻璃。点支承玻璃幕墙夹层玻璃的夹层胶片(PVB)厚度不应小于 0.76mm。

5)钢化玻璃表面不得有损伤;8.0mm 以下的钢化玻璃应进行引爆处理。

6)所有幕墙玻璃均应进行边缘处理。

检验方法:观察;尺量检查;检查施工记录。

(4)玻璃幕墙与主体结构连接的各种预埋件、连接件、紧固件必须安装牢固,其数量、规格、位置、连接方法和防腐处理应符合设计要求。

检验方法:观察;检查隐蔽工程验收记录和施工记录。

(5)各种连接件、紧固件的螺栓应有防松动措施;焊接连接应符合设计要求和焊接规范的规定。

检验方法:观察;检查隐蔽工程验收记录和施工记录。

(6)隐框或半隐框玻璃幕墙,每块玻璃下端应设置两个铝合金或不锈钢托条,其长度不应小于 100mm,厚度不应小于 2mm,托条外端应低于玻璃外表面 2mm。

检验方法:观察;检查施工记录。

(7)明框玻璃幕墙的玻璃安装应符合下列规定:

1)玻璃槽口与玻璃的配合尺寸应符合设计要求和技术标准的规定。

2)玻璃与构件不得直接接触,玻璃四周与构件凹槽底部应保持一定的空隙,每块玻璃下部应至少放置两块宽度与槽口宽度相同、长度不小于 100mm 的弹性定位垫块;玻璃两边嵌入量及空隙应符合设计要求。

3)玻璃四周橡胶条的材质、型号应符合设计要求,镶嵌应平整,橡胶条长度应比边框内槽长 1.5%～2.0%,橡胶条在转角处应斜面断开,并应用黏结剂黏结牢固后嵌入槽内。

检验方法:观察;检查施工记录。

(8)高度超过 4m 的全玻幕墙应吊挂在主体结构上,吊夹具应符合设计要求,玻璃与玻璃、玻璃与玻璃肋之间的缝隙,应采用硅酮结构密封胶填嵌严密。

检验方法:观察;检查隐蔽工程验收记录和施工记录。

(9)点支承玻璃幕墙应采用带万向头的活动不锈钢爪,其钢爪间的中心距离应大于 250mm。

检验方法:观察;尺量检查。

(10)玻璃幕墙四周、玻璃幕墙内表面与主体结构之间的连接节点、各种变形缝、墙角的连接节点应符合设计要求和技术标准的规定。

检验方法:观察;检查隐蔽工程验收记录和施工记录。

(11)玻璃幕墙应无渗漏。

检验方法:在易渗漏部位进行淋水检查。

(12)玻璃幕墙结构胶和密封胶的打注应饱满、密实、连续、均匀、无气泡,宽度和厚度应符合设计要求和技术标准的规定。

检验方法:观察;尺量检查;检查施工记录。

(13)玻璃幕墙开启窗的配件应齐全,安装应牢固,安装位置和开启方向、角度应正确;开启应灵活,关闭应严密。

检验方法:观察;手扳检查;开启和关闭检查。

(14)玻璃幕墙的防雷装置必须与主体结构的防雷装置可靠连接。

检验方法:观察;检查隐蔽工程验收记录和施工记录。

2. 一般项目

(1)玻璃幕墙表面应平整、洁净;整幅玻璃的色泽应均匀一致;不得有污染和镀膜损坏。

检验方法：观察。

（2）每平方米玻璃的表面质量和检验方法应符合表 13-35 的规定。

表 13-35　每平方米玻璃的表面质量和检验方法

项次	项　目	质量要求	检验方法
1	明显划伤和长度＞100mm 的轻微划伤	不允许	观察
2	长度≤100mm 的轻微划伤	≤8 条	用钢尺检查
3	擦伤总面积	≤500mm²	用钢尺检查

（3）一个分格铝合金型材的表面质量和检验方法应符合表 13-36 的规定。

表 13-36　一个分格铝合金型材的表面质量和检验方法

项次	项　目	质量要求	检验方法
1	明显划伤和长度＞100mm 的轻微划伤	不允许	观察
2	长度≤100mm 的轻微划伤	≤2 条	用钢尺检查
3	擦伤总面积	≤500mm²	用钢尺检查

（4）明框玻璃幕墙的外露框或压条应横平竖直，颜色、规格应符合设计要求，压条安装应牢固。单元玻璃幕墙的单元拼缝或隐框玻璃幕墙的分格玻璃拼缝应横平竖直、均匀一致。

检验方法：观察；手扳检查；检查进场验收记录。

（5）玻璃幕墙的密封胶缝应横平竖直、深浅一致、宽窄均匀、光滑顺直。

检验方法：观察；手摸检查。

（6）防火、保温材料填充应饱满、均匀，表面应密实、平整。

检验方法：检查隐蔽工程验收记录。

（7）玻璃幕墙隐蔽节点的遮封装修应牢固、整齐、美观。

检验方法：观察；手扳检查。

（8）明框玻璃幕墙安装的允许偏差和检验方法应符合表 13-37 的规定。

表 13-37　明框玻璃幕安装的允许偏差和检验方法

项次	项　目		允许偏差（mm）	检验方法
1	幕墙垂直度	幕墙高度≤30m	10	用经纬仪检查
		30m＜幕墙高度≤60m	15	
		60m＜幕墙高度≤90m	20	
		幕墙高度＞90m	25	

（续）

项次	项　目		允许偏差(mm)	检验方法
2	幕墙水平度	幕墙幅宽≤35m	5	用水平仪检查
		幕墙幅宽＞35m	7	
3	构件直线度		2	用2m靠尺和塞尺检查
4	构件水平度	构件长度≤2m	2	用水平仪检查
		构件长度＞2m	3	
5	相邻构件错位		1	用钢直尺检查
6	分格框对角线长度差	对角线长度≤2m	3	用钢尺检查
		对角线长度＞2m	4	

（9）隐框、半隐框玻璃幕墙安装的允许偏差和检验方法应符合表 13-38 的规定。

表 13-38　隐框、半隐框玻璃幕墙安装的允许偏差和检验方法

项次	项　目		允许偏差(mm)	检验方法
1	幕墙垂直度	幕墙高度≤30m	10	用经纬仪检查
		30m＜幕墙高度≤60m	15	
		60m＜幕墙高度≤90m	20	
		幕墙高度＞90m	25	
2	幕墙水平度	层高≤3m	3	用水平仪检查
		层高＞3m	5	
3	幕墙表面平整度		2	用2m靠尺和塞尺检查
4	板材立面垂直度		2	用垂直检测尺检查
5	板材上沿水平度		2	用1m水平尺和钢直尺检查
6	相邻板材板角错位		1	用钢直尺检查
7	阳角方正			用直角检测尺检查

（续）

项次	项　目	允许偏差（mm）	检验方法
8	接缝直线度	3	拉 5m 线，不足 5m 拉通线，用钢直尺检查
9	接缝高低差	1	用钢直尺和塞尺检查
10	接缝宽度	1	用钢直尺检查

第三节　金属幕墙制作与安装工程

一、材料控制要点

1. 铝型材

（1）铝合金材料的牌号所对应的化学成分应符合现行国家标准《变形铝及铝合金化学成分》（GB/T 3190—2008）的有关规定。

（2）铝合金型材质量应符合国家现行标准《铝合金建筑型材》（GB 5237）、《建筑用隔热铝合金型材》（JG 175—2011）的规定，其截面尺寸允许偏差不应低于高精级的要求。当采用经表面处理的铝型材时，应符合本章"第二节玻璃幕墙"的相关规定。

2. 钢材

（1）碳素结构钢与低合金高强度结构钢的规定同本章"第二节玻璃幕墙"的相关规定。

（2）与空气接触的碳素结构钢和低合金高强度结构钢应采取有效的表面防腐处理，并应符合下列要求：

1）当采用热浸镀锌进行表面处理时，锌膜质量和厚度应符合现行国家《金属覆盖层钢铁制品热镀锌层技术要求及试验方法》（GB/T 13912—2002）的规定；

2）当采用防腐涂料进行表面处理时，除密闭的闭口型材的内表面外，涂层应完全覆盖钢材表面，其厚度应符合防腐要求；

3）当采用氟碳漆喷涂或聚氨酯漆喷涂时，漆膜的厚度不宜小于 $35\mu m$，在空气污染严重及海滨地区，涂膜厚度不宜小于 $45\mu m$。

（3）采用耐候结构钢时，其质量和性能应符合国家现行标准《耐候结构钢》（GB/T 4171—2008）的规定。

（4）焊接材料应符合现行国家标准《碳钢焊条》（GB/T 5117）、《低合金钢焊条》（GB/T 5118）、《建筑钢结构焊接技术规程》（JGJ 81）的规定。

（5）幕墙用不锈钢宜采用奥氏体型不锈钢材且应符合现行国家标准《不锈钢及耐热钢 牌号及化学成分》（GB/T 20878—2007）的要求。奥氏体型不锈钢的铬、镍总含量不宜低于 25％，其中镍含量不宜低于 8％。幕墙用不锈钢材尚应符合现行国家标准《不锈钢棒》（GB/T 1220—2007）、《不锈钢热轧钢板》（GB/T 4237—2015）、《结构用不锈钢无缝钢管》（GB/T 14975—2012）。

3. 金属面板

（1）单层铝板

1）单层铝板宜采用铝锰合金板、铝镁合金板，并应符合国家现行标准《一般工业用铝及铝合金板、带材》（GB/T 3880.1～3）、《变形铝及铝合金牌号表示方法》（GB/T 16474—2011）、《变形铝及铝合金状态代号》（GB/T 16475—2008）、《铝幕墙板 第 1 部分：板基》（YS/T 429.1—2014）、《铝幕墙板 第 2 部分：有机聚合物喷漆铝单板》（YS/T 429.2—2012）的规定。

2）铝板表面采用氟碳涂层时，应符合下列规定：

①氟碳树脂含量不应低于树脂总量的 70％；

②涂层厚度宜符合表 13-39 的要求。

表 13-39　氟碳涂层厚度（μm）

涂层	涂装工艺类型	喷　涂		辊　涂	
		平均膜厚	最小局部膜厚	平均膜厚	最小局部膜厚
二涂		≥30	≥25	≥25	≥22
三涂		≥40	≥35	≥35	≥30
四涂		≥65	≥55		

3）单层铝板的板基厚度宜符合表 13-40 的规定。

表 13-40　单层铝板的板基厚度

铝板屈服强度 $\sigma_{0.2}$（N/mm²）	<100	$100 \leqslant \sigma_{0.2} < 150$	≥150
铝板的厚度 t（mm）	≥3.0	≥2.5	≥2.0

注：波纹形单层铝板的板基厚度可小于本表的规定。

（2）铝塑复合板

1）幕墙用铝塑复合板应符合下列规定：

①铝塑复合板应符合现行国家标准《建筑幕墙用铝塑复合板》（GB/T 17748—2008）的有关要求。所用铝合金板平均厚度（不包括涂层厚度）不应小于

0.50mm,最小厚度不应小于 0.48mm,所用铝合金材质应是符合现行国家标准《一般工业用铝及铝合金板、带材 第 2 部分:力学性能》(GB/T 3880.2—2012)和《变形铝及铝合金化学成分》(GB/T 3190—2008)要求的铝合金板材。

②铝合金板材与夹芯层的剥离强度平均值不应小于 130N·mm/mm,单个测试值不应小于 120N·mm/mm。

③用于高层建筑上的铝塑复合板的选择应符合现行国家标准《高层民用建筑设计防火规范》(GB 50045)的规定。

2)根据防腐、装饰及建筑物耐久年限的要求,幕墙用铝塑复合板表面涂层材质宜采用耐候性能优异的聚偏二氟乙烯(PVDF)氟碳树脂,也可采用其他性能相当或更优异的材质。当采用 PVDF 氟碳树脂涂层时,应符合本条第 1 款第(2)项的规定。

3)铝塑复合板的耐候性应按照表 13-41 的要求。

（3）蜂窝铝板

铝蜂窝板应符合下列要求:

1)截面厚度不宜小于 10mm;

2)芯材应采用铝蜂窝,板基宜采用铝锰合金板、铝镁合金板,板基的厚度允许偏差应取±0.025mm;

3)面板厚度不宜小于 1.0mm。铝蜂窝板的厚度为 10mm 时,其背板厚度不宜小于 0.5mm;铝蜂窝板的厚度不小于 12mm 时,其背板厚度不宜小于 1.0mm;

4)当表面采用氟碳涂层时,应符合本条第 1 款第(2)项的要求。

表 13-41 铝塑复合板的耐候性要求

	自然环境曝晒测试	人工气候加速老化
试验条件	19°02′(N)113°13′(E)以 45°角朝南	按照标准《建筑材料人工气候加速老化试验方法》(GB/T 16259—2008)
试验时间	5 年	4000 小时
试验后应满足的条件	色差 ΔE≤5.0;失光等级不次于 2 级;粉化 0 级;涂层无开裂、鼓泡、脱落;板面无鼓泡、开胶现象	色差 ΔE≤4.0;失光等级不次于 2 级;粉化 0 级;涂层无开裂、鼓泡、脱落;板面无鼓泡、开胶现象

（4）不锈钢板

1)不锈钢板作面板时,其材质应符合本章"玻璃幕墙"的有关规定;其截面厚度,当为平板时不宜小于 2.5mm,当为波纹板时,不宜小于 1.0mm。海边或严重腐蚀地区,可采用单面涂层或双面涂层的不锈钢板,涂层厚度不宜小于 35μm。

2）彩色涂层钢板应符合现行国家标准《彩色涂层钢板及钢带》（GB/T 12754—2006）的规定。基材钢板宜镀锌，板厚不宜小于 1.5mm，并应具有适合室外使用的氟碳涂层、聚酯涂层或丙烯酸涂层。

4. 建筑密封材料和黏结材料

金属幕墙工程采用的密封材料和黏结材料可参照本章"第二节玻璃幕墙"的有关内容。

二、施工及质量控制要点

（一）加工制作

1. 铝型材

金属幕墙工程采用的铝型材构件的加工同本章"第二节玻璃幕墙"的相关规定。

2. 钢构件

金属幕墙工程采用的钢构件的加工精度除应符合本章"第二节玻璃幕墙"的相关规定外尚应符合下列规定：

（1）钢构件焊接、螺栓连接应符合现行国家标准《钢结构设计规范》（GB 50017—2003）、《冷弯薄壁型钢结构技术规范》（GB 50018—2002）及行业标准《建筑钢结构焊接技术规程》（JGJ 81）的有关规定。

（2）钢构件表面处理应符合现行国家标准《钢结构工程施工质量验收规范》（GB 50205—2001）的有关规定。

3. 金属板

（1）金属板材的品种、规格、色泽及金属板材表面涂层类型和厚度应符合设计要求；

（2）金属板材加工允许偏差应符合表 13-42 的规定；

（3）单层铝板加工应符合下列规定：

1）单层铝板折弯加工时，折弯外圆弧半径不应小于板厚的 1.5 倍；采用开槽折弯时，应控制刻槽深度，保留的铝材厚度不应小于 1.0mm，并在开槽部位采取加强措施；

2）单层铝板加强肋的固定可采用电栓钉，但应确保铝板外表面不变形、不褪色，固定应牢固；

3）单层铝板的固定耳板应符合设计要求。固定耳板可采用焊接、铆接或在铝板边上直接冲压而成。耳板应位置准确、调整方便、固定牢固；

表 13-42　金属板材加工允许偏差

项　目		允许偏差（mm）
边长（mm）	≤2000	±2.0
	>2000	±2.5
对边长度差	边长≤2000mm	2.5
	边长>2000mm	3.0
对角线长度差	长度≤2000mm	2.5
	长度>2000mm	3.0
折弯高度		+1.0,0
平面度		2/1000
孔的中心距		±1.5

4）单层铝板构件四周边可采用铆接、螺栓、粘胶和机械连接相结合的形式固定，并应固定牢固；

5）单层铝板折边的角部宜相互连接；作为面板支承的加强肋，其端部与面板折边相交处应连接牢固；

6）厚度不大于 2mm 的金属板，其内置加强边框、加强肋与面板的连接，不应采用焊钉连接。

（4）铝塑复合板的加工应符合下列规定：

1）在切割铝塑复合板内层铝板和芯材时，不得划伤外层铝板的内表面，裁切后加工边不得有毛刺和芯材碎屑。当铝塑复合板阴角转折时，刻槽宜在内侧；

2）开槽加工宜在铝塑复合板专用开槽机上进行。开槽深度应控制在正面铝板后至少保留 0.3mm 厚的塑料芯材。不同折角应采用相对应的刀具进行开槽。加工不同厚度的铝塑复合板，必须使用该厚度所配套的开槽深度控制轮。开槽宜一次完成。不得在装饰面板一侧开槽；

3）打孔、切口等外露的芯材及角缝，应采用中性密封胶密封；

4）孔加工时加工台面不得有杂质和表面不平整，孔中心距板边缘的距离不应小于 2 倍的孔径，孔的中心距不得小于 3 倍的孔径；

5）铝塑复合板不应反复弯折；

6）折边时角部的接缝要求严密、平滑，宜使用专用的冲角机冲切。组角时宜在接缝处背后衬厚度不小于 1.5mm 的铝板，用铆钉连接铝塑复合板与衬板；

7）铝塑复合板应冷弯，不能加热弯曲。应在专用弯曲设备上加工。铝塑复合板的最小卷曲半径应符合表 13-43 的要求；

表 13-43　铝塑复合板的最小卷曲半径(mm)

普通铝塑复合板的最小弯弧半径,R		
板材厚度	4	6
垂直方向半径	100	150
平行方向半径	150	200
防火铝塑复合板的最小卷曲半径,R		
板材厚度	4	6
垂直方向半径	250	400
平行方向半径	350	600

8)在加工过程中,应保持加工环境清洁、干燥,不得与水接触;

9)加工后的铝塑复合板,不得堆放在潮湿环境中。

(5)铝塑复合板幕墙面板的组装应符合下列要求。

1)铆钉连接

①铝塑复合板幕墙宜使用不锈钢芯的抽芯铆钉,不应采用沉头铆钉;

②铆固连接时,铆钉孔和铆钉应配合;

③打铆钉前应先将铆钉孔四周的保护膜去除。

2)螺栓连接

①铝塑复合板宜采用有密封垫圈的不锈钢螺栓进行连接;

②螺栓连接时,螺栓孔和螺栓应配合;

③连接前应先将螺栓孔四周的保护膜去除。

(6)铝塑复合板加工允许偏差应符合表 13-44 的规定。

表 13-44　铝塑复合板加工允许偏差(mm)

项　　目		允　许　偏　差	检　测　工　具
边长	≤2000	±2.00	钢卷尺,钢直尺
	>2000	±2.5	钢卷尺
对边尺寸	≤2000	≤2.50	钢卷尺,钢直尺
	>2000	≤3.00	钢卷尺
对角线长度	≤2000	≤2.50	钢卷尺,钢直尺
	>2000	≤3.00	钢卷尺
折弯高度		≤1.00	钢卷尺,钢直尺
平面度		≤2/1000	钢卷尺,平尺
孔的中心距		±1.50	钢卷尺,钢直尺

（7）加强肋的装配应符合下列规定：

1）加强肋的两头应与板块的加强边框有效连接；

2）加强肋与铝塑复合板的背面采用结构胶进行结构装配时，加强肋的材料和涂层应与结构胶相容。

（8）蜂窝铝板的加工应符合下列规定：

1）应根据组装要求决定切口的尺寸和形状，应采用机械铣槽；

2）折角部位应加强，角缝应采用中性密封胶密封；

3）蜂窝铝板刻槽后面板剩余的铝板厚度不应小于0.5mm。

（9）不锈钢板加工时应符合下列要求：

1）折弯加工时，折弯外圆弧半径不应小于板厚的2倍；采用开槽折弯时，应严格控制刻槽深度并在开槽部位采取加强措施；

2）加强肋的固定可采用电栓钉，但应采取措施使不锈钢板外表面不变形、不变色，并且可靠固定；

3）不锈钢板加强肋端部与面板折边相交处应连接牢固。

4. 组件装配及质量要求

（1）金属幕墙工程单元板组装要求可参照本章"第二节玻璃幕墙"的相关规定。

（2）组件制作质量要求

1）金属板幕墙组件装配尺寸应符合表13-45的要求。

表 13-45　金属板幕墙组件装配尺寸允许偏差（mm）

项目	尺寸范围	允许偏差	检测方法
长度尺寸	≤2000	±2.0	钢直尺或钢卷尺
	>2000	±2.5	钢直尺或钢卷尺
对边尺寸	≤2000	≤2.5	钢直尺或钢卷尺
	>2000	≤3.0	钢直尺或钢卷尺
对角线尺寸	≤2000	≤2.5	钢直尺或钢卷尺
	>2000	≤3.0	钢直尺或钢卷尺
折弯高度		≤1.0	钢直尺或钢卷尺

2）金属板幕墙组件的板折边角的最小半径，应保证折边部位的金属内部结

构及表面饰层不遭到破坏。

3)金属板幕墙组件的板折边角度允许偏差不大于 2°,组角处缝隙不大于 1mm。

4)采用铝塑复合板幕墙时,铝塑复合板开槽和折边部位的塑料芯板应保留的厚度不得少于 0.3mm。铝塑复合板切边部位不得直接处于外墙面。

5)金属板幕墙组件的加强边框和肋与面板及折边之间应采用正确的结构装配连接方法,连接孔中心到板边距离不宜小于 2.5d(d 为孔直径),孔间中心距不宜小于 3d 并满足金属板幕墙组件承载和传递风荷载的要求。

6)封闭式金属板幕墙组件的角接缝和孔眼应进行密封处理。

7)2mm 及以下厚度的单层铝板幕墙其内置加强框架与面板的连接,不应用焊钉连接结构。

8)搪瓷涂层钢板背衬材料的粘接应牢固可靠,不得有影响搪瓷涂层钢板性能和造型的缺陷。

9)金属板组件的板长度、宽度和板厚度设计,应确保金属板组件组装后的平面度允许偏差符合表 13-46 的要求。当建筑设计对板面造型另有要求时,金属板组件平面度的允许偏差应符合设计的要求。

表 13-46　金属板幕墙组件平面度允许偏差

板材厚度(mm)	允许偏差(长边)(%)	检测方法
≥2	≤0.2	钢直尺,塞尺
<2	≤0.5	钢直尺,塞尺

(二)安装

1. 构件式幕墙

(1)铝合金横梁两端至少有一端不应与立柱固接并留有伸缩间隙,间隙宽度、连接件安装位置应符合设计要求,间隙应用垫片或密封胶封堵。钢横梁安装应符合设计要求。

(2)构件式幕墙安装允许偏差应符合表 13-47 的规定。

(3)金属板幕墙安装应符合下列要求。

1)对横、竖连接件进行检查、测量和调整,减少金属板块的安装误差;

2)按照设计要求安装金属板块,调整完毕后进行固定。

(4)构件式幕墙中,硅酮建筑密封胶不宜在夜晚、雨天、雾天施工,注胶温度、湿度应符合产品和设计要求,注胶前应使注胶面保持清洁、干燥。

表 13-47　构件式幕墙安装允许偏差

序号	项　目	尺寸范围	允许偏差(mm)	检查方法
1	相邻立柱间距(固定端)	—	±2.0	金属直尺
2	相邻两横梁间距(mm)	≤2000mm	±1.5	金属直尺
		>2000mm	±2.0	金属直尺
3	框格对角线长度差	$l≤2000mm$	3.0	金属直尺或钢卷尺
		$l>2000mm$	3.5	金属直尺或钢卷尺
4	立柱、竖缝及墙面的垂直度	$H≤30m$	10.0	激光仪或经纬仪
		$30m<H≤60m$	15.0	
		$60m<H≤90m$	20.0	
		$90m<H≤150m$	25.0	
		$H>150m$	30.0	
5	立柱、竖缝直线度	—	2.0	2.0m靠尺或塞尺
6	立柱、墙面的平面度	相邻两立柱墙面	2.0	2.0m靠尺或塞尺
		$B≤20m$	4.0	
		$20m<B≤40m$	5.0	
		$40m<B≤60m$	6.0	激光仪或经纬仪
		$60m<B≤80m$	10.0	
		$B>80m$	15.0	
7	横梁、横缝水平度	长度≤2000mm	1.0	水平仪或水平尺
		长度>2000mm	2.0	
8	同一标高横梁的高度差	相邻两横梁、面板	1.0	金属直尺、塞尺或水平仪
		$B<35m$	5.0	
		$B>35m$	7.0	
9	缝宽度(与设计值比较)	—	±1.0	卡尺
10	弧形幕墙立柱外表面与设计位置差	—	2.0	激光仪或经纬仪

注:H 为幕墙总高度,B 为幕墙总宽度,l 为框格长边边长。

2. 单元式幕墙

金属幕墙工程单元式幕墙安装,可参照本章"第二节玻璃幕墙"的相关规定。

3. 铝塑复合板幕墙

(1)安装时间和材料要求

1)铝塑复合板幕墙的安装应在主体结构验收合格后进行。

2)铝塑复合板幕墙的构件和附件的材料品种、规格和性能,应符合设计要求。

(2)铝塑复合板幕墙的安装施工应编制施工组织设计方案,并应包括下列内容:

1)工程概况、组织机构、责任和权利、施工进度计划安排;

2)与主体结构施工、设备安装、装饰装修的协调配合方案,材料质量标准及技术要求;

3)平面运输及垂直运输方法;

4)测量方法及注意事项;

5)安装方法及允许偏差要求,关键部位、重点、难点施工部位安装方法应单独标出;

6)安装顺序及嵌缝收口要求;

7)构件、组件和成品的现场保护方法;

8)质量要求及检查验收计划;

9)安全措施及劳动保护计划。

(3)铝塑复合板幕墙立柱的安装应符合下列规定:

1)立柱安装轴线的允许偏差为±2mm;特别是建筑平面呈弧形、圆形和四周封闭的幕墙,因其内外轴线距离影响幕墙的周长及金属与石材板块的封闭,在安装施工时应认真对待。

2)相邻两根立柱安装标高的允许偏差为±3mm,同层立柱的最大标高的允许偏差为±5mm,相邻两根立柱的距离的允许偏差为±2mm;

3)立柱安装就位、调整后应及时紧固。立柱一般根据建筑要求、受力情况、施工及运输条件确定其长度,通常一层楼高为一整根,接头应有一定的间隙,间隙应大于15mm。

4)为适应和消除建筑受力变形及温差变形的影响,立柱之间宜采用芯柱连接方式。

(4)铝塑复合板幕墙横梁的安装应符合下列规定:

1)横梁应安装牢固,贴缝严密。横梁与立柱间留有伸缩间隙时,应满足设计要求;采用密封胶时,胶缝施工应均匀、密实、连续。

2)同一根横梁两端或相邻两根横梁的水平标高的允许偏差为±1mm。同层横梁标高的允许偏差:当一幅幕墙宽度不大于35m时,可取5mm;当一幅幕墙宽度大于35m时,可取7mm。

3)安装完成一层高度时,应及时进行检查、校正和固定。

（5）幕墙其他主要附件安装应符合下列要求：

1）防火、保温材料应铺设平整、可靠固定，拼接处不应留缝隙；

2）冷凝水排出管及其附件应与水平构件预留孔连接严密，与内衬板排水孔连接处应采取密封措施，否则冷凝水可能会进入幕墙内部，造成内部浸水和腐蚀，影响幕墙性能和使用寿命；

3）其他通气槽、孔及雨水排出口等应按设计要求施工，不得遗漏；

4）封口处应进行封闭处理；

5）安装施工采取的临时螺栓等，应在幕墙固定后及时拆除。

（6）铝塑复合板幕墙安装应符合下列规定：

1）应对横、竖连接件进行检查、测量和调整，减少铝塑复合板块的安装误差；

2）由于铝塑复合板的涂装工艺为辊涂，横纵两个方向上的光泽有可能会有差别，又以金属色泽的涂层较为明显，因此，为了保证铝塑复合板幕墙的色泽一致，铝塑复合板面板在设计、加工、安装时保护膜上的标识应始终保持指向同一方向；

3）板之间的缝隙最小应为 8mm；避免因主体结构变形而造成的挤压；

4）铝塑复合板面板打铆钉时，宜按从板的中间到两端的顺序固定，并且考虑到铝塑复合板在温度变化时会出现伸缩，应将复合板上面的孔径比铆钉直径大约 1mm，以保证铝塑复合板面板的平整度；

5）在室外进行结构性固定的铆钉，杆部直径应为 5mm，铆钉头直径为 11～14mm；

6）铝塑复合板幕墙接缝填充硅酮耐候密封胶时（湿法密封隐藏式板接缝），铝塑复合板缝的宽度、厚度应根据硅酮耐候密封胶的技术参数进行设计，并应满足计算结果的要求；

7）幕墙的收口处应有可靠的防水密封措施；

8）板表面的保护膜应按照保护膜上标明的日期内去除掉，以减小因保护膜的老化而造成撕膜困难、严重遗胶或严重污染铝塑复合板表面等的可能性；

9）幕墙施工中幕墙板面的黏附物应及时清除。

（7）铝塑复合板幕墙的安装允许偏差应符合表 13-48 和表 13-49 的规定。

（8）硅酮耐候密封胶的施工应满足：

1）硅酮耐候密封胶的施工必须严格遵照施工工艺进行；

2）夜晚光照不足，雨天缝内潮湿，均不宜打胶。如果确因各种原因必须施工时，应采取必要的防护措施；

3）打胶温度应符合设计要求和产品要求，并应在产品指定的温度范围内，打胶前应使打胶面干燥、清洁；

表 13-48　铝塑复合板幕墙竖向和横向板材的组装允许偏差（mm）

项　目	尺寸范围	允许偏差	检查方法
相邻两竖向板材间距尺寸（固定端头）	—	±2.00	钢卷尺
两块相邻的铝塑复合板	—	±1.50	靠尺
相邻两横向板材的间距尺寸	间距小于或等于 2000 时	±1.50	钢卷尺
	间距大于 2000 时	±2.00	
分格对角线差	对角线长小于或等于 2000 时	≤3.00	钢卷尺或伸缩尺
	对角线长大于 2000 时	≤3.50	
相邻两横向板材的水平标高差	—	≤1.00	钢板尺或水平仪
横向板材水平度	构件长小于或等于 2000 时	≤2.00	水平仪或水平尺
	构件长大于 2000 时	≤3.00	
竖向板材直线度	—	2.50	2m 靠尺、钢板尺

表 13-49　幕墙安装允许偏差

项　目		允许偏差	检查方法
立柱、竖缝及幕墙面垂直度	幕墙高度，H		
	$H \leqslant 30m$	≤10.00mm	激光经纬仪或经纬仪
	$30m < H \leqslant 60m$	≤15.00mm	
	$60m < H \leqslant 90m$	≤20.00mm	
	$90m < H \leqslant 150m$	≤25.00mm	
	$H > 150m$	≤30.00mm	
幕墙平面度		≤2.50mm/2m	2m 靠尺、钢板尺
竖缝直线度		≤2.50mm/2m	2m 靠尺、钢板尺
横缝直线度		≤2.50mm/2m	2m 靠尺、钢板尺
拼缝宽度（与设计值比较）		±2.00mm	卡尺
两相邻面板之间接缝高低差		≤1.00mm	深度尺

4）框支承幕墙板材之间的硅酮耐候密封胶的施工厚度，一般应控制在3.50～4.50mm，太薄对保证密封质量和防止雨水渗漏不利，同时对承受铝合金框热胀冷缩产生的变形也不利。当承受拉应力时，胶缝太厚也容易被拉断或破坏，失去密封和防渗漏作用。硅酮耐候密封胶的施工宽度不宜小于厚度的 2 倍或根据实际计算厚度决定。较深的密封槽口底部应采用聚乙烯发泡材料填塞，

以保证硅酮耐候密封胶的设计施工位置;

5)硅酮耐候密封胶在接缝内应两对面黏结,不应三面黏结,否则,胶在反复拉压时,容易被撕裂,失去密封和防渗漏作用。为防止形成三面黏结,可在硅酮耐候密封胶施工前,用无黏结胶带置于胶缝的底部(槽口底部),将缝底与胶分开。

三、施工质量验收

(一)铝塑复合板幕墙

1. 主控项目

(1)铝塑复合板幕墙工程所使用的各种材料和配件,应符合设计要求及国家现行产品标准和工程技术规范的规定。

检验方法:检查产品合格证书、性能检测报告、材料进场验收记录和复检报告。

(2)铝塑复合板幕墙的造型和立面分格应符合设计要求。

检验方法:观察;尺量检查。

(3)金属面板的品种、规格应符合设计要求。

检验方法:观察;检查进场验收记录。

(4)铝塑复合板面板的折边处不应有开裂现象。

检查方法:观察。

(5)铝塑复合板幕墙主体结构上的预埋件、后置埋件的数量、位置及后置埋件的拉拔力必须符合设计要求。

检验方法:检查拉拔力检测报告和隐蔽工程验收记录。

(6)铝塑复合板幕墙的金属框架立柱与主体结构预埋件的连接、立柱与横梁的连接、铝塑复合板面板的安装必须符合设计要求,安装必须牢固。

检验方法:手扳检查;检查隐蔽工程验收记录。

(7)铝塑复合板幕墙的防火、保温、防潮材料的设置应符合设计要求,安装必须牢固。

检验方法:检查隐蔽工程验收记录。

(8)金属框架及连接件的防腐处理应符合设计要求。

检验方法:检查隐蔽工程验收记录和施工记录。

(9)铝塑复合板幕墙的防雷装置必须与主体结构的防雷装置可靠连接。

检验方法:检查隐蔽工程验收记录。

(10)各种变形缝、墙角的连接节点应符合设计要求和技术标准的规定。

检验方法:观察;检查隐蔽工程验收记录。

(11)封闭式铝塑复合板幕墙应无渗漏。

检验方法:观察。

2. 一般项目

(1)铝塑复合板表面应平整、洁净、无起泡、分层现象,颜色、光泽及安装方向应符合设计要求。

检查方法:观察。

(2)铝塑复合板幕墙整体表面侧面目测观察应平整,无明显色差和肉眼可观察的波纹或局部压砸等缺陷。

检查方法:观察。

(3)铝塑复合板的密封胶缝应横平竖直、宽窄均匀、光滑顺直,胶缝表面应平滑、密实、深浅一致、无气泡、无空隙,且应对面板无污染。

检查方法:观察。

(4)每平方米铝塑复合板的表面质量和检验方法应符合表 13-50 的规定。

表 13-50　铝塑复合板的表面质量

项次	项　目	质量要求	检验方法
1	划伤深度	不大于表面涂层厚度	目测观察
2	划伤总长度	不大于 100mm	钢尺
3	擦伤总面积	不大于 300mm²	钢尺
4	划伤、擦伤总处数	不大于 4 处	目测观察

注:1. 露出金属基体的为划伤;
　　2. 没有露出金属基体的为擦伤。

(5)铝塑复合板幕墙安装质量应符合本章表 13-47 和表 13-48 的规定,检查应在风力不大于 4 级时进行。

(二)金属幕墙

1. 主控项目

(1)金属幕墙工程所使用的各种材料和配件,应符合设计要求及国家现行产品标准和工程技术规范的规定。

检验方法:检查产品合格证书、性能检测报告、材料进场验收记录和复验报告。

(2)金属幕墙的造型和立面分格应符合设计要求。

检验方法:观察;尺量检查。

(3)金属面板的品种、规格、颜色、光泽及安装方向应符合设计要求。

检验方法:观察;检查进场验收记录。

(4)金属幕墙主体结构上的预埋件、后置埋件的数量、位置及后置埋件的拉拔力必须符合设计要求。

检验方法：检查拉拔力检测报告和隐蔽工程验收记录。

（5）金属幕墙的金属框架立柱与主体结构预埋件的连接、立柱与横梁的连接、金属面板的安装必须符合设计要求，安装必须牢固。

检验方法：手扳检查；检查隐蔽工程验收记录。

（6）金属幕墙的防火、保温、防潮材料的设置应符合设计要求，并应密实、均匀、厚度一致。

检验方法：检查隐蔽工程验收记录。

（7）金属框架及连接件的防腐处理应符合设计要求。

检验方法：检查隐蔽工程验收记录和施工记录。

（8）金属幕墙的防雷装置必须与主体结构的防雷装置可靠连接。

检验方法：检查隐蔽工程验收记录。

（9）各种变形缝、墙角的连接节点应符合设计要求和技术标准的规定。

检验方法：观察；检查隐蔽工程验收记录。

（10）金属幕墙的板缝注胶应饱满、密实、连续、均匀、无气泡，宽度和厚度应符合设计要求和技术标准的规定。

检验方法：观察；尺量检查；检查施工记录．

（11）金属幕墙应无渗漏。

检验方法：在易渗漏部位进行淋水检查。

2．一般项目

（1）金属板表面应平整、洁净、色泽一致。

检验方法：观察。

（2）金属幕墙的压条应平直、洁净、接口严密、安装牢固。

检验方法：观察；手扳检查。

（3）金属幕墙的密封胶缝应横平竖直、深浅一致、宽窄均匀、光滑顺直。

检验方法：观察。

（4）金属幕墙上的滴水线、流水坡向应正确、顺直。

检验方法：观察；用水平尺检查。

（5）每平方米金属板的表面质量和检验方法应符合表 13-51 的规定。

表 13-51　每平方米金属板的表面质量和检验方法

项次	项　目	质量要求	检验方法
1	明显划伤和长度＞100mm 的轻微划伤	不允许	观察
2	长度≤100mm 的轻微划伤	≤8 条	用钢尺检查
3	擦伤总面积	≤500mm²	用钢尺检查

（6）金属幕墙安装的允许偏差和检验方法应符合表 13-52 的规定。

表 13-52　金属幕墙安装的允许偏差和检验方法

项次	项　目		允许偏差（mm）	检验方法
1	幕墙垂直度	幕墙高度≤30m	10	用经纬仪检查
		30m＜幕墙高度≤60m	15	
		60m＜幕墙高度≤90m	20	
		幕墙高度＞90m	25	
2	幕墙水平度	层高≤3m	3	用水平仪检查
		层高＞3m	5	
3	幕墙表面平整度		2	用 2m 靠尺和塞尺检查
4	板材立面垂直度		3	用垂直检测尺检查
5	板材上沿水平度		2	用 1m 水平尺和钢直尺检查
6	相邻板材板角错位		1	用钢直尺检查
7	阳角方正		2	用直角检测尺检查
8	接缝直线度		3	拉 5m 线，不足 5m 拉通线，用钢直尺检查
9	接缝高低差		1	用钢直尺和塞尺检查
10	接缝宽度		1	用钢直尺检查

第四节　石材幕墙制作与安装工程

一、材料控制要点

1. 石材面板

（1）石材幕墙面板宜采用功能用途的花岗石板材。

（2）幕墙面板石材不应有软弱夹层或软弱矿脉。有层状花纹的石材不宜有粗粒、松散、多孔的条纹。石材面板的技术、质量要求应符合现行国家标准《天然花岗石建筑板材》（GB/T 18601—2009）、《天然大理石建筑板材》（GB/T 19766—2005）、《天然砂岩建筑板材》（GB/T 23452—2009）和《天然石灰石建筑板材》(GB/T 23453—2009)的规定。

（3）幕墙石材面板宜进行表面防护处理。石材面板的吸水率大于1%时,应进行表面防护处理,处理后的含水率不应大于1%。

（4）用于严寒地区和寒冷地区的石材,其冻融系数不宜小于0.8。

（5）石材的放射性核素应符合《建筑材料放射性核素限量》(GB 6566—2010)的要求。

（6）在干燥状态下,石材面板的弯曲强度应符合下列要求:

1）花岗石的试验平均值f_{rm}不应小于10.0N/mm²,标准值f_{rk}不应小于8.0N/mm²;其他类型石材的试验平均值f_{rm}不应小于5.0N/mm²,标准值f_{rk}不应小于4.0N/mm²;

2）当石材面板的两个方向具有不同力学性能时,对双向受力板,每个方向的强度指标均应符合本条第(6)项第1)目的规定;对单向受力板,其主受力方向的强度应符合本条第(6)项第1)目的规定。

（7）幕墙石材面板的厚度、吸水率和单块面积应符合表13-53的规定。烧毛板和天然粗糙表面的石板,其最小厚度应按表13-53中数值增加3mm采用。

表 13-53 石材面板的厚度、吸水率、单块面积要求

石材种类	花岗石	其他类型石材	
f_{rk}(N/mm²)	≥8.0	≥8.0	8.0>f_{rk}≥4.0
厚度t(mm)	≥25	≥35	≥40
吸水率(%)	≤0.6	≤5	≤5
单块面积(m²)	不宜大于1.5	不宜大于1.5	不宜大于1.5

（8）幕墙高度超过100m时,花岗石面板的弯曲强度试验平均值f_m不应小于12.0N/mm²,标准值f_{rk}不应小于10.0N/mm²,厚度不应小于30mm。

2. 建筑密封材料和粘接材料

石材幕墙采用的建筑密封材料和黏结材料除应符合本章第二节玻璃幕墙的相关规定外尚应符合下列规定。

（1）石材幕墙的建筑密封胶性能应符合现行国家标准《石材用建筑密封胶》(GB/T 23261—2009)的规定。

（2）石材挂件可采用环氧树脂胶黏剂粘接,环氧树脂胶黏剂的性能应符合现行行业标准《干挂石材幕墙用环氧胶黏剂》(JC 887—2001)的规定;不得采用不饱和聚酯树脂胶。

（3）用于石材定位、修补等非结构承载粘接用途的云石胶,应符合现行行业标准《非结构承载用石材胶黏剂》(JC/T 989—2006)的有关规定。

3. 其他材料

(1)幕墙专用五金配件应符合相关标准的要求,主要五金配件的使用寿命应满足设计要求。

(2)紧固件规格和尺寸应根据设计计算确定,应有足够的承载力和可靠性。

(3)幕墙采用的转接件及其材料应满足设计要求,应具有足够的承载力和可靠性以及三维位置可调能力。

(4)板材挂装系统宜设置防脱落装置。

(5)支承构件与板材的挂组合单元的挂装强度,以及板材挂装系统结构强度,应满足设计要求。

(6)石材表面防护剂应符合《建筑装饰用天然石材防护剂》JC/T 973 的有关规定。

二、施工及质量控制要点

(一)加工制作

1. 钢构件

石材幕墙的连接件、支承件的加工精度及其他要求可参见本章第二节玻璃幕墙的相关规定。

2. 石材

(1)天然石材的加工应符合下列要求:

1)尺寸偏差应符合《天然花岗石建筑板材》(GB/T 18601—2009)、《天然大理石建筑板材》(GB/T 19766—2005)、《天然砂岩建筑板材》(GB/T 23452—2009)和《天然石灰石建筑板材》(GB/T 23453—2009)等规范中有关一等品或优等品的要求;

2)幕墙用石材宜采用先磨后切工艺进行加工;

3)镜面石材的光泽度应符合《天然花岗石建筑板材》(GB/T 18601—2009)、《天然大理石建筑板材》(GB/T 19766—2005)的规定。同一工程中镜面石材光泽度的差异应符合设计要求;

4)火烧板应按样板检查火烧后的均匀程度,火烧石不得有暗纹、崩裂情况。

(2)石材的边部加工应符合下列规定:

1)石材连接部位应无缺棱、缺角、裂纹等缺陷;其他部位缺棱不大于 5mm×20mm 或缺角不大于 20mm 时可修补后使用,但每层修补的石材块数不应大于2%,且宜用于视觉不明显部位。受力部位的缺损不得有修补;

2)石材正面宜采用倒角处理;

3)石材的端面可视时,应进行定厚处理;

4）开放式石材幕墙的石材宜采用磨边处理。

（3）石材的开槽打孔应符合下列规定：

1）石材开槽、打孔后，应进行孔壁、槽口的清洁处理，清洁时不得采用有机溶剂型清洁剂；

2）石材开槽、打孔后不得有损坏或崩裂现象。

（4）短槽、通槽连接的石材，其加工应符合下列规定：

1）石材幕墙采用开放式宜采用 $06Cr_{17}Ni_{12}Mo_2$（S31608）材质的连接挂件，封闭式宜采用 $06Cr_{19}Ni_{10}$（S30408）材质的连接挂件；

2）槽口尺寸和位置应符合下列要求：

①短槽连接的石材面板，槽口深度大于 20mm 的有效长度不宜大于 80mm，也不宜比挂件长度长 10mm 以上，槽口深度宜比挂件入槽深度大 5mm；槽口端部与石板对应端部的距离不宜小于板厚的 3 倍，也不宜大于 180mm。槽口宽度不宜大于 8mm，也不宜小于 5mm。

②通槽连接的石材面板，其槽口深度可为 20～25mm，槽口宽度可为 6～12mm。

3）槽口内注环氧胶时，注胶应饱满；

4）金属挂件安装到石材槽口内，在石材胶固化前应将挂件做临时固定；

5）槽口应打磨成 45°倒角，槽内应光滑、洁净；

6）应采用机械开槽，开槽锯片的直径不宜大于 350mm，宜采用水平推进方式开槽。除个别增补槽口外，不应在现场采用手持锯片开槽；

7）槽口长度方向的中位线与石板正面的偏差不宜大于 1mm；

8）石板槽口其他项目加工的允许偏差应符合表 13-54 的要求。

表 13-54　石板开槽加工允许偏差（mm）

序号	项目 槽口类型	短槽	通槽
1	槽口深度	±1.5	±1.5
2	槽口有效长度	±2.0	—
3	槽口宽度	±0.5	±0.5
4	相邻槽口中心距	±2.0	—

（5）背栓连接式石板的加工，应符合下列要求：

1）背栓直径允许偏差 ±0.4mm，长度允许偏差 ±1.0mm，直线度公差为 1mm；

2）背栓的螺杆直径不小于 6.0mm。锚固深度不宜小于石材厚度的 1/2，也不宜大于石材厚度的 2/3；

3）背栓孔宜采用专用钻孔机械成孔及专用测孔器检查，背栓孔允许偏差应符合表 13-55 要求；

表 13-55　背栓孔加工允许偏差（mm）

项目	直 孔		扩 孔		孔位	孔距	孔位到短边的距离
	直径	孔深	直径	孔深			
允许偏差	+0.4 −0.2	±0.3	±0.3	±0.2	±0.5	±1.0	最小 50

4）幕墙石材用背栓与面板的连接应牢固可靠，背栓的安装方法和紧固力矩应符合背栓生产厂家的要求；

（6）板材外形尺寸允许误差应符合表 13-56 的要求：

表 13-56　石材面板外形尺寸允许误差（mm）

项　　目	长度、宽度	对角线差	平面度	厚度	检测方法
亚光面、镜面板	±1.0	±1.5	1	+2.0	卡尺
粗面板	±1.0	±1.5	2	+3.0 −1.0	卡尺

（7）板材正面外观尺寸应符合表 13-57 要求：

表 13-57　每块板材正面外观缺陷的要求

项目	规 定 内 容	质量要求
缺棱	长度不超过 10mm，宽度不超过 1.2mm（长度小于 5mm 不计，宽度小于 1.0 不计）周边每米长允许个数（个）	1 个
缺角	面积不超过 5mm×2mm（面积小于 2mm×2mm 不计），每块板允许个数（个）	1 个
色斑	面积不超过 20mm×30mm（面积小于 10mm×10mm 不计），每块板允许个数（个）	1 个
色线	长度不超过两端顺延至板边总长的 1/10，（长度小于 40mm 的不计），每块板允许条数（条）	2 条
裂纹		不允许
窝坑	粗面板的正面出现窝坑	不明显

(8)石材转角组拼不应采用粘接连接方式。

(9)加工好的石材面板应立放于通风良好的仓库内,其与水平面夹角不应小于85°。

(二)安装

1. 石板安装

石板安装应符合下列要求:

(1)检查石材表面防护是否符合设计要求;

(2)根据连接方式确定石材面板的安装顺序,安装并调整后进行固定;

(3)构件式石材幕墙安装允许偏差除应符合表 13-46 的规定外,其石材挂件安装尚应符合表 13-58 的要求。

表 13-58　石材幕墙挂件安装允许偏差

项　　目	允许偏差(mm)	检查方法
挂件水平位置	1.0	水平仪
挂件标高	±1.0	水平仪、水平尺
挂件前后水平标高差	1.0	水平尺
挂件挂钩中心线与石板槽口中心线差	2.0	金属直尺
挂件入槽深度(与设计值比)	±2.0	金属直尺
背栓挂件钩尖至背栓中心线距离	±1.0	金属直尺
背栓挂件插入(锚入)支承横梁凸缘的深度(与设计值比)	±1.0	金属直尺

2. 外观质量

每平方米压光面和镜面板材的正面质量应符合表 13-59 要求。

表 13-59　每平方米压光面和镜面板材的正面质量

项目	规　定　内　容
划伤	宽度不超过 0.3mm(宽度小于 0.1mm 不计),长度小于 100mm,不多于 2 条
擦伤	面积总和不超过 500mm²(面积小于 100mm² 不计)

注:1. 石材花纹出现损坏的为划伤;
　　2. 石材花纹出现模糊现象的为擦伤。

三、施工质量验收

1. 主控项目

(1)石材幕墙工程所用材料的品种、规格、性能和等级,应符合设计要求及国家现行产品标准和工程技术规范的规定。石材的弯曲强度不应小于 8.0MPa；吸水率应小于 0.8%。石材幕墙的铝合金挂件厚度不应小于 4.0mm，不锈钢挂件厚度不应小于 3.0mm。

检验方法：观察；尺量检查；检查产品合格证书、性能检测报告、材料进场验收记录和复验报告。

（2）石材幕墙的造型、立面分格、颜色、光泽、花纹和图案应符合设计要求。

检验方法：观察。

（3）石材孔、槽的数量、深度、位置、尺寸应符合设计要求。

检验方法：检查进场验收记录或施工记录。

（4）石材幕墙主体结构上的预埋件和后置埋件的位置、数量及后置埋件的拉拔力必须符合设计要求。

检验方法：检查拉拔力检测报告和隐蔽工程验收记录。

（5）石材幕墙的金属框架立柱与主体结构预埋件的连接、立柱与横梁的连接、连接件与金属框架的连接、连接件与石材面板的连接必须符合设计要求，安装必须牢固。

检验方法：手扳检查；检查隐蔽工程验收记录。

（6）金属框架和连接件的防腐处理应符合设计要求。

检验方法：检查隐蔽工程验收记录。

（7）石材幕墙的防雷装置必须与主体结构防雷装置可靠连接。

检验方法：观察；检查隐蔽工程验收记录和施工记录。

（8）石材幕墙的防火、保温、防潮材料的设置应符合设计要求，填充应密实、均匀、厚度一致。

检验方法：检查隐蔽工程验收记录。

（9）各种结构变形缝、墙角的连接节点应符合设计要求和技术标准的规定。

检验方法：检查隐蔽工程验收记录和施工记录。

（10）石材表面和板缝的处理应符合设计要求。

检验方法：观察。

（11）石材幕墙的板缝注胶应饱满、密实、连续、均匀、无气泡，板缝宽度和厚度应符合设计要求和技术标准的规定。

检验方法：观察；尺量检查；检查施工记录。

（12）石材幕墙应无渗漏。

检验方法：在易渗漏部位进行淋水检查。

2. 一般项目

（1）石材幕墙表面应平整、洁净，无污染、缺损和裂痕。颜色和花纹应协调一致,无明显色差,无明显修痕。

检验方法:观察。

(2)石材幕墙的压条应平直、洁净、接口严密、安装牢固。

检验方法:观察;手板检查。

(3)石材接缝应横平竖直、宽窄均匀;阴阳角石板压向应正确,板边合缝应顺直;凸凹线出墙厚度应一致,上下口应平直;石材面板上洞口、槽边应套割吻合,边缘应整齐。

检验方法:观察;尺量检查。.

(4)石材幕墙的密封胶缝应横平竖直、深浅一致、宽窄均匀、光滑顺直。

检验方法:观察。

(5)石材幕墙上的滴水线、流水坡向应正确、顺直。

检验方法:观察;用水平尺检查。

(6)每平方米石材的表面质量和检验方法应符合表 13-60 的规定。

表 13-60　每平方米石材的表面质量和检验方法

项次	项　　目	质量要求	检验方法
1	裂痕、明显划伤和长度＞100mm 的轻微划伤	不允许	观察
2	长度≤100mm 的轻微划伤	≤8 条	用钢尺检查
3	擦伤总面积	≤500mm²	用钢尺检查

(7)石材幕墙安装的允许偏差和检验方法应符合表 13-61 的规定。

表 13-61　石材幕墙安装的允许偏差和检验方法

项次	项　　目	允许偏差(mm)		检验方法
		光面	麻面	
1	幕墙垂直度	幕墙高度≤30m　10		用经纬仪检查
		30m＜幕墙高度≤60m　15		
		60m＜幕墙高度≤90m　20		
		幕墙高度＞90m　25		
2	幕墙水平度	3		用水平仪检查
3	板材立面垂直度	3		用水平仪检查
4	板材上沿水平度	2		用 1m 水平尺和钢直尺检查
5	相邻板材板角错位	1		用钢直尺检查
6	幕墙表面平整度	2	3	用垂直检测尺检查

（续）

项次	项　　目	允许偏差（mm）		检 验 方 法
		光面	麻面	
7	阳角方正	2	4	用直角检测尺检查
8	接缝直线度	3	4	拉 5m 线，不足 5m 拉通线，用钢直尺检查
9	接缝高低差	1	—	用钢直尺和塞尺检查
10	接缝宽度	1	2	用钢直尺检查